萬物的起源
從大霹靂到文明的圖文史

NewScientist
THE ORIGIN OF
(ALMOST)
EVERYTHING

《新科學人》New Scientist 雜誌／策畫出版

格雷恩·羅騰 Graham Lawton／撰文

珍妮佛·丹尼爾 Jennifer Daniel／插畫

畢馨云／譯

目錄

Chapter 1 宇宙

Chapter 2 地球

Chapter 3 生命

Chapter4 文明

Chapter 5 知識

Chapter 6 發明

引言
史蒂芬 · 霍金教授
Professor Stephen Hawking

存在：我們來自何方？

為什麼我們在這裡？我們來自何方？根據中非波桑哥人（Boshongo）的神話傳說，在有人類以前，世上只有黑暗、水與偉大之神班巴（Bumba）。某天班巴胃痛發作，吐出了太陽，結果太陽讓一部分的水蒸發，露出大地。可是班巴仍舊很不舒服，繼續吐出月亮、星辰，還有花豹、鱷魚、烏龜，最後吐出了人類。

就像其他許多神話，這個創世神話思索的問題，如今仍然讓我們困惑，但很幸運，我們現在有個工具——科學，可以幫忙解答，這本書將讓你清楚看到這一點。

說到這些關於存在的謎團，第一個科學證據是在 1920 年代發現的。當時哈伯（Edwin Hubble）使用加州威爾遜山（Mount Wilson）天文台的望遠鏡進行觀測，發現幾乎所有的星系都在離我們而去，這令他大感意外。不僅如此，離我們越遠的星系，飛離得越快。宇宙擴張可說是有史以來最重要的發現之一。

這項發現徹底改變了關於宇宙是否有起點的爭論。倘若星系此刻正在彼此分開，那麼過去相互之間一定靠得更近。假如星系是以定速遠離，那麼數十億年前可能就是重疊在一起的。宇宙是這樣開始的嗎？

當時許多科學家並不接受宇宙有起點這個論點，因為這似乎暗指物理學已經瓦解了。必須借助一個外部的代理者，為了方便起見可以稱為神，來決定宇宙如何起始。因此他們提出一些理論，說明宇宙目前正在擴張，但沒有起點。

最為大家熟知的，也許就是在 1948 年提出的「穩態理論」（steady state theory），認為宇宙恆久以前就一直存在，而且看起來一直是相同的。最後這個性質有個很大的好處，在於它本身是個可讓人檢驗的預測，這是科學方法的要素。結果證明這個理論還不夠好。

1965 年 10 月，有科學家發現太空中瀰漫著一種微弱的微波背景，這項觀測證據證實了宇宙有個密度非常大的發端。唯一的合理解釋是，這個「宇宙微波背景輻射」是從早期高溫、高密度的狀態留下來的輻射。隨著宇宙不斷擴張，輻射也逐漸冷卻，最後就變成我們今天看到的遺跡。

理論很快就支持這個想法。我和牛津大學的羅傑·潘若斯（Roger Penrose）證明，如果愛因斯坦的廣義相對論是對的，那就會有一個奇異點，這個點有無限大的密度及時空曲率，時間在此有個起點。

宇宙始於大霹靂，接著迅速擴張，這個過程稱為「暴脹」（inflation），發生得極快：短短幾分之一秒，宇宙的大小就加倍了好幾次。

暴脹讓宇宙變得非常大、非常平滑、非常平坦。然而宇宙並不是完全平滑的：處處都有微小的變異。這些變異最後就產生出星系、恆星及恆星系統。

我們能夠存在，多虧了這些變異。倘若早期宇宙是全然平滑的，就不會有恆星，生命也不可能孕育出來。我們是原始量子漲落（quantum fluctuation）的產物。

這本書將讓你清楚看到，仍有許多很玄妙的謎團留待解決。不過，我們此刻正穩健地逐步解開這些古老的疑問：我們來自何方？我們是宇宙中唯一能提出這些疑問的生物嗎？

序言
一切是怎麼發生的？

我一直對事物的成因著迷。小時候我常跟爸媽和妹妹去約克夏的海邊；我們會從峭壁上挖出菊石、箭石和卷嘴蠣，而我很想知道：這些化石是從哪裡來的？這些生物當時生活的地球是什麼模樣？

童年時我好奇的不只是自然界的事物來自何方。我還記得我看電視的時候，腦袋裡想著：是誰發明了電視？那時候可能是黑白電視，但仍舊是個技術奇蹟。當時我不懂竟有人能發明一種有螢幕的箱子，把畫面從遠方放映出來。我心想，要是讓我自己做的話，我永遠也辦不到。

二十年前我開始當科學記者，領悟到了關於成因的故事對於想像力的強烈影響。「我們來自何處？」是我們自問的問題中最深切、最根本的問題之一。（其他兩個問題則是「我們該如何生存？」及「我們要往何處去？」，但這些問題改天再談。）我深深相信，看到某件事物或思考某個關於存在的問題，然後問：那是怎麼產生的？

我們所知道的每個社會，都有一些關於宇宙及其住民起源的流傳故事。最早有文字記載的創世神話是史詩〈埃努瑪埃利什〉（Enuma Elish），書寫在幾塊有 2,700 年歷史、由青銅器時代巴比倫人留下來的泥板上。不過，關於起源的故事一定更早以前就有了，可以推到至少四萬年前，在我們的祖先變成現代人類之時。據了解，他們的頭腦和我們一樣，這說明他們也有時光神遊的能力 —— 能夠把自己投射到過去及未來，超越此刻，甚至有生之年的涯際，去尋思遠古與遙遠的未來。他們想必也像我們一樣，想知道世間的一切從何而來。

也許還要回推到更早的時候。也許人類最早的祖先有個關於起源的神話，在一百萬年前直立人的營火邊，以原始語言輾轉傳述。的確，就連關於起源的故事也需要一個起源的故事。

創作這些古代故事的人當然沒多少東西可以繼續講述：僅只是他們的直接經歷和想像。他們多半借助超自然的解釋。我們自己的文化起源神話 ——《舊約聖經》的〈創世記〉，就是這樣的故事。它其實提供了兩個機會 —— 第一個是眾所熟悉的六天創世神話，然後是稍有出入、而且還有點矛盾的版本。也許這是在默認我們永遠無法非常確定，只是被迫一試。

然而，把科學方法的力量加進來後，時光神遊就成為精確的工具了。我們可以使用望遠鏡往早期宇宙看，還可以充分運用數學把宇宙的性質

弄清楚。正如霍金在〈引言〉中解釋的，以這種方式替時鐘重新上緊發條，確實帶我們走了很遠——幾乎走到了宇宙本身的起點。

同時，研究歷史的幾門科學——地質學、演化生物學及宇宙學，則讓我們重建出人類存在之前，在「地質時間」上更往回推的遠古時代就已發生的事件：太陽系的誕生、生命的起源、人類的演化等等。考古學與歷史學幫助我們了解自己的過去，以及人類直接掌管的各種事物的起源，從烹調食物之類的早期新方法，到全球資訊網等近代技術。

本書集結了由科學揭開的近代起源故事，把最重要、最有趣、最意想不到的內容彙集成六篇主要章節，再搭配珍妮佛‧丹尼爾生動、往往展現出幽默的圖解。

我剛開始蒐羅構想時，有些東西顯然一定要寫，譬如大霹靂、生命起源及人類演化。人類文明的興起，也是可發揮的豐富素材。一萬五千年前，我們的祖先過著游牧式的狩獵採集生活，而現在我們住在房子裡，去超市採買，靠車輛四處移動。這是怎麼發生的？

其他的構想就沒那麼清楚，對此我很感謝《新科學人》的許多優秀同事和 John Murray 出版社，提出了幾個更加與眾不同的構想：零、土

壤及個人衛生，是我最喜歡的幾個。到最後，我們想塞進一本書的素材實在太多了，捨掉不用的構想有一長串，例如板球和 Viennetta 千層雪糕的發源。也許有一天我會再寫一本《其它萬物的起源》（ The Origin of (almost) Everything Else）。

關於這個時光神遊，談得夠多了。我為這本書感到非常自豪，對我來說這是一趟發現之旅，我希望對各位來說也是。由於有新的發現公諸於世，書裡所講的許多故事在這本書的進行期間也有所更動演變，這正是科學永不止息之美。

我唯一的遺憾，就是最後並未採用當初暫定的書名副標（如果你想知道的話，這個副標是 From the Big Bang to Belly-button Fluff，「從大霹靂到肚臍絨毛」，我認為這會讓你約略了解此書包羅的範圍）。這本書正式萌芽於《新科學人》與 John Murray 出版社之間的腦力激盪中，但我倒是認為，它真正的源頭在約克夏海邊，在一個小男孩的腦袋裡，靈感來自大自然的奇蹟。

但我又在倒流時光，試圖追溯某件事的源頭了。我們就是控制不住自己呀。

格雷恩‧羅騰
2016 年 5 月寫於倫敦

Chapter 1

The Universe

宇宙

萬物是如何開始的？

宇宙很大，或該說是非常大，只不過，如果我們對於宇宙起源的說法是對的，那麼宇宙曾經很小，甚至可說是非常非常小。的確，宇宙一度是不存在的。大約在 138 億年前，發生了我們所知道的「大霹靂」（Big Bang），物質、能量、時間及空間從空無中自發創生出來。

那是怎麼發生的？或者換個問法：萬物的起源是什麼？

這是最典型的起源之謎。對於歷史上的大多數人來說，唯一的合理答案就是「神創造的」，有很長一段時間，連科學都避開這個議題。20世紀初，物理學家普遍認為宇宙是無限且永恆存在的，但在 1929 年，哈伯發現星系就像炸彈爆炸後的碎片般，正在彼此遠離，這項發現首次暗示，宇宙並非大家所想的那樣。

合乎邏輯的結論是，宇宙必定在擴張，因而過去一定更小。天文學家假想宇宙擴張的過程往回倒退，就像倒放電影，結果得出了另一個合乎邏輯、卻非常奇怪的結論：宇宙一定有個起點。

最初的起點

起先，許多科學家並沒有欣然接受宇宙有最初起點的這個想法，所以又提出了不需要起點的其他解釋，其中最有名的，大概就是在 1948 年提出的穩態宇宙。根據這個假說，宇宙恆久以前就一直存在，而且看起來一直是相同的。天文學家很快就找到一些方法檢驗這個說法，結果發現它不夠好。有些天體，譬如類星體（quasar），只有在離我們很遠的地方才找得到，這代表宇宙並非一直不變。儘管如此，支持穩態理論的人倒是留下了永久的遺產，把他們的用語「大霹靂」留給我們，但最初創造這個用詞是出於嘲諷主張

宇宙有一個終極開端的理論。

致命的一擊在 1965 年出現，當時科學家無意間發現太空中瀰漫著微弱的輻射。根據他們的解釋，這種宇宙微波背景是一個溫度與密度比今天高出許多的宇宙遺留下來的「餘暉」。

這些觀測結果很快就得到理論的支持。霍金和潘若斯證明，廣義相對論如果是正確的，那麼在某個時刻宇宙一定是有無窮小的體積和無限大的密度——也就是時間起始的那一刻。

大霹靂現在是主流科學。宇宙學家認為，他們可以描繪出宇宙從創生後的瞬間一直到當今的演變過程，包括很短暫的飛速擴張時期，稱為暴

並非大霹靂

大霹靂雖然是宇宙起源的主流解釋，但它本身並沒有立足點。有個替代方案是以反彈（bounce）取代爆炸。在這個場景中，宇宙不僅一路倒推回那個極高溫、密度極大的起點，還會再推進到另一邊，進入前一個宇宙極高溫、密度極大的終點。還有一個選項則認為，大霹靂是許多次爆炸的其中一次。根據多重宇宙理論（multiverse theory），我們的宇宙不過是翻騰宇宙泡沫中的一個泡沫。然而，這兩個想法都暗示了宇宙沒有起點，比起說宇宙突然就這麼誕生了，這是更難理解的概念。

脹（inflation），以及第一批恆星的誕生過程。然而，實際創生出來的那一刻仍然只是臆測，在那個起點，我們解釋真實世界的理論開始站不住腳，為了有所進展，我們必須研究出如何讓廣義相對論與量子理論達成一致。不過，儘管花了數十年腦力，物理學家仍舊不改初衷。但是我們確實大概知道，如何回答大霹靂理論核心處那個惱人的問題：如何無中生有？

如何從無生有？

這是個非常合理的問題，因為某些基本物理學顯示，宇宙幾乎不可能存在。熱力學第二定律說，無序的狀態（或熵）永遠會隨著時間增加。「熵」（entropy）就是在衡量能有多少種方法，把系統的組成構件重新排列，又不會改變總體外觀。以高溫氣體中的分子為例，這些分子可以有許多排列方法，來產生相同的總體溫度以及壓力，所以這種氣體是高熵的系統。相較之下，生物的分子就不太能重新排列，而又不會把它變成非生物，這就使我們成為低熵的系統。

由同樣的邏輯，空無是熵最高的狀態；你可以對它為所欲為，結果看起來仍然像什麼事也沒發生。

根據這個定律，我們很難理解怎麼可能從無生有，更別說誕生出宇宙了。但熵只是故事的一部分。另外一部分是一種特性，物理學家稱為對稱性——這與我們平常跟形狀聯想在一起的那種對稱性，不完全相同。對物理學家來說，一件東西具有對稱性，是指我們可以對這樣東西做某種運作，而在做完之後它看起來沒變。由這個定義，空無是全然對稱的：你可以對它做任何事，而結果仍然是什麼也沒有。

物理學家已經明白，對稱性注定被打破，而當對稱性一打破，就為宇宙帶來深遠的影響。

量子理論事實上在告訴我們，沒有空無這樣的東西。空無的完美對稱性太過完美，無法長久，結果被粒子渾湯打破，這些粒子只是突然出現接著就消失了。

這產生了一個違反直覺的結論：儘管有熵，「有」是比「無」更自然的狀態。在這種意義上，宇宙萬物都只是量子真空的激發（excitation）。

會不會有類似的東西能真正解釋宇宙的起源？很有可能。也許大霹靂只是空無的狀態在做自然而然發生的事：是一次讓整個宇宙突然形成的量子起伏（quantum fluctuation）。

空間與時間之外

這當然引出了另外的問題：在大霹靂之前有什麼？這個事態持續了多久？不幸的是，我們覺得是常識的一些概念，譬如「以前」，在此刻變得毫無意義。

這還引出了一個更棘手的問題。對於宇宙創生的這份認識，取決於物理定律是否站得住腳，但這等於在暗示，這些定律在宇宙存在前就這麼存在了。

物理定律怎麼有辦法存在於空間與時間之外，而沒有自己的來由？或者換個說法，為什麼會有東西，而不是空空如也？

15

可以區別有……

其實不行。有和無之間沒有差異。量子理論告訴我們,「空無一物」是不可能存在的:它永遠會產生出東西,也許是宇宙。事實上,這可能解釋了大霹靂。如果把宇宙裡所有的物質和能量加起來,包括能量為負值的重力,結果會得到零。整個宇宙是由……「空無」組成的。

……和無嗎？

為什麼星星會發光？

看向夜空時，你其實是看著過去。天空中最亮的天狼星 A（Sirius A）發出的星光，需要大約八年半的時間穿越星際空間，才能抵達地球。肉眼能看見的最遙遠恆星天津四（Deneb），距離我們差不多 2,600 光年遠。說不定這兩顆恆星現在根本都不存在了。

朝更遠方看去，我們看著的是更久遠前的過去。2012 年，哈伯太空望遠鏡公布了一張取名為極深空（eXtreme Deep Field）的影像，是在 23 天內從天空的一小塊區域收集微弱星光，再合成出來的。照片裡妝點著遠方的星系，有的星系距離我們實在遙遠，所發出的星光來自才誕生了五億年的宇宙。

這個影像證實了天文學家長久以來的疑惑：宇宙在各個方面基本上是相同的，以恆星與星系為主，這些恆星和星系與我們的太陽和銀河系並不相似。但如果哈伯望遠鏡可以看到更早的過去，說不定會看見一個截然不同的宇宙。

現在普遍相信，剛開始宇宙是個由物質與能量組成的火球，這顆火球的體積極小，密度極大，溫度極高。這個宇宙裡沒有恆星和星系，接下來的五億年也不會有。

我們已知最古老的星系是 EGSY8p7，大約誕生於大霹靂過後六億年。等到宇宙充滿星系後五億年，每個星系裡都有了幾千億顆恆星。到底是怎麼從一個極端走到另一個極端的？

要回答這個問題，必須回溯到很早以前，回到大霹靂剛發生後的 3×10^{-44} 秒。這是宇宙暴脹的起點，在僅僅幾分之一毫秒的暴脹過程中，宇宙呈指數擴張。

像吹氣球般變大

暴脹過程讓宇宙從一團翻騰的物質與能量，變成平滑、均勻許多的東西，有點像是把皺著的氣球吹大。然而結果並不是完全一致的：到處都有微小的變異，這些都是引起大霹靂的那些量子起伏留下的遺跡。暴脹結束後，宇宙以放慢許多的速度繼續擴張，進一步拉大這些變異。這些就是發展成恆星與星系的種子。

讓我們得知這一切的，是來自宇宙背景輻射的觀測結果，這種輻射是瀰漫整個太空的微波微光，我們通常把它稱為大霹靂的「餘暉」。一開

由黑洞一手建造

一般認為，星系會受重力的影響而逐漸合併，但可考慮另一個更為戲劇性的可能性。撞上氣體雲的高能物質噴流，可能促使這些星系迅速出現。這些噴流是從類星體爆發出來的，一般認為，類星體這種極亮的天體的能量，是來自超大質量的黑洞。若真是如此，那就表示在大多數星系中心發現的超大質量黑洞，是周邊事物的建築師，而非周圍環境的產物。

橢圓星系

螺旋星系

始，宇宙微波背景看起來是處處等溫的：比絕對零度高 2.7℃的低溫。但在 1992 年，美國航太總署（NASA）的宇宙背景探測者（COBE）衛星做了很詳盡的測繪，而且偵測到有些區域的溫度略低於平均溫度，有些區域則略高。

這些差距很微小，只有十萬分之幾，但已經很足夠了。

較冷的地點對應到的區域屬於早期宇宙，所含的物質比較多，主要是氫和氦，因而略高於平均密度。其餘則靠萬有引力（重力）的作用，把這些物質逐漸聚集起來，變成一團團體積和密度越來越大的結構，到最後，體積和密度大到讓核心點燃起核融合反應，恆星就誕生了。

重力也促成了星系以及星系團的形成，星系是許多恆星組成的群體，而星系團又是由多個星系聚集成的集團。星系團的範圍有可能大到超過一億光年。

我們的銀河系就是這樣形成的，而且仍在持續演變。舉例來說，銀河系目前正從附近兩個衛星星系（即大、小麥哲倫雲）吸納物質，同時也從太空中吸入氣體。巨大的銀河系已經比大部分的星系更大更亮，最後將與鄰近的仙女座星系合併，而變得更加壯大。

在星際塵埃密度較高、我們稱為恆星孵育場（stellar nursery）的區域中，也仍有恆星不斷形成。哈伯太空望遠鏡拍攝到壯觀的影像，氣體與塵埃形成的高聳雲柱深處有剛誕生的恆星，周圍環繞著原行星盤（protoplanetary disc），恆星系統最後將會從原行星盤發展成形。銀河系每年總共孕育大約十顆恆星。

恆星誕生方式雖然大同小異，但各具特色。有的亮，有的暗；有的是藍色，有些則是白色、黃色、橘色或紅色的；有的很大，有的很小。

趁青春年華，盡情燃燒生命

恆星之間的差異來自於質量的隨機變化。大約 90%的恆星是主序星，主序星都在做同樣的事：把核心的氫核擠壓在一起，形成氦核，也就是進行核融合的過程。恆星的質量越大，核心的溫度越高，氫核就會融合得越快——於是亮度越亮。恆星越亮，顏色就越藍。

恆星的質量也決定了壽命有多長。雖然質量較大的恆星有較多燃料可燃燒，但也燃燒得更快，死亡得更早。那些質量最大的恆星，短短幾百萬年就會把氫消耗殆盡。相較之下，太陽已經燃燒了 46 億年，而且還會繼續燃燒數十億年。

每顆主序星終有一天會用完核心的氫，那時就會一邊膨脹冷卻，一邊開始燃燒核心外圍的氫，這時就成了一顆巨星或超巨星。

這些巨大的恆星過著短暫卻戲劇性的生活。它們開始融合氦、碳、氖、氧、矽和硫，矽和硫又會融合成鐵。但鐵不會融合成更重的元素，到了這個階段，這顆恆星就注定爆炸成為超新星。爆炸後，殘骸會塌縮成一個體積很小、密度卻很大的球體，這可能是黑洞，也可能是中子星。

較小型的巨星不會爆炸，而是慢慢縮成高溫、高密度的幽靈，稱為白矮星，如果經過的時間夠久，白矮星會完全變暗，成為黑矮星。不過目前還沒有黑矮星，因為宇宙還不夠老。

棒旋星系

一閃一閃
亮晶晶

如果根據星星的亮度及顏色，把我們看得見的
恆星畫出來，就會浮現出模式。這些星星會形
成三群，而不是隨機分布，這讓我們清楚知道
恆星的生命及演化過程。

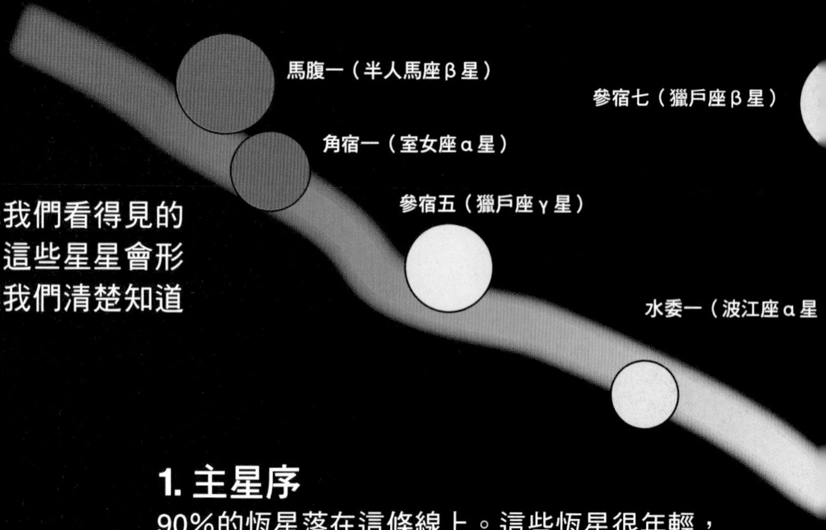

馬腹一（半人馬座 β 星）

參宿七（獵戶座 β 星）

角宿一（室女座 α 星）

參宿五（獵戶座 γ 星）

水委一（波江座 α 星

10^2

恆星的特徵可由望遠鏡所能觀測
的兩個參數來描述：**亮度及顏
色**。這些星星肉眼看上去不是白
色就是黃色，但實際上有藍色到
深紅色的變化。

1. 主星序

90％的恆星落在這條線上。這些恆星很年輕，
做年輕恆星會做的事：恆星核心的氫核不斷融
合成氦核。最巨大的恆星位於左上角，最小的
則在右下角，這是因為恆星越大，溫度越高，
亮度越亮。

10

1

.1

天狼星 B

10^{-2}

3. 白矮星

處於老年期的恆星，已經走過了主序星和巨星
的階段。白矮星體積小，密度大，溫度高，而
且無法用肉眼看見。如果經過的時間夠久，白
矮星最後會完全變暗，成為黑矮星。

10^{-3}

亮度軸
以太陽光度（L☉）為
計量單位。1 單位等
於太陽的亮度。

顏色軸
代表溫度。顏色越
藍，溫度越高。

10^{-4}

10^{-5} 太陽光度

溫度遞增

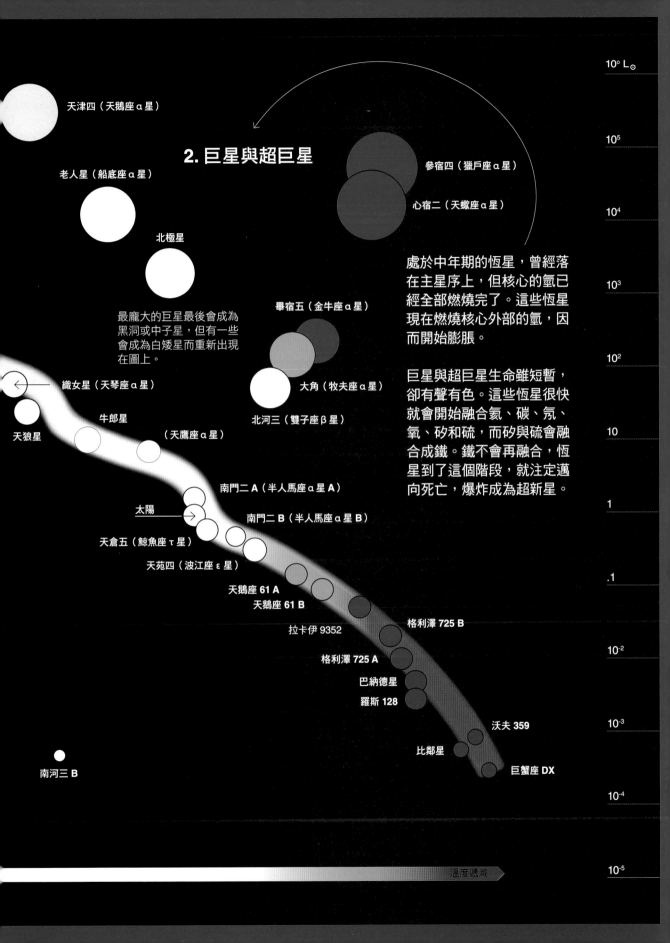

2. 巨星與超巨星

天津四（天鵝座 α 星）

老人星（船底座 α 星）

北極星

參宿四（獵戶座 α 星）

心宿二（天蠍座 α 星）

最龐大的巨星最後會成為黑洞或中子星，但有一些會成為白矮星而重新出現在圖上。

畢宿五（金牛座 α 星）

織女星（天琴座 α 星）

牛郎星
（天鷹座 α 星）

大角（牧夫座 α 星）

北河三（雙子座 β 星）

天狼星

南門二 A（半人馬座 α 星 A）

太陽

南門二 B（半人馬座 α 星 B）

天倉五（鯨魚座 τ 星）

天苑四（波江座 ε 星）

天鵝座 61 A

天鵝座 61 B

格利澤 725 B

拉卡伊 9352

格利澤 725 A

巴納德星

羅斯 128

沃夫 359

比鄰星

巨蟹座 DX

南河三 B

處於中年期的恆星，曾經落在主星序上，但核心的氫已經全部燃燒完了。這些恆星現在燃燒核心外部的氫，因而開始膨脹。

巨星與超巨星生命雖短暫，卻有聲有色。這些恆星很快就會開始融合氦、碳、氖、氧、矽和硫，而矽與硫會融合成鐵。鐵不會再融合，恆星到了這個階段，就注定邁向死亡，爆炸成為超新星。

$10^6 \, L_\odot$

10^5

10^4

10^3

10^2

10

1

$.1$

10^{-2}

10^{-3}

10^{-4}

10^{-5}

溫度遞減

物質是由什麼東西組成的？

想像一下，在你過第一個生日時，你收到了相當奇怪的禮物：一瓶氫氣。隔年，你收到一些氦氣，而在第三年收到一塊鋰。到了第 21 個生日，你成為稀有金屬鈧的擁有人，歡度第 40 個生日時，禮物是一塊晶瑩剔透的鋯石。假如你活到了 92 歲，你會收到鈾，但是若要收藏齊全，你得再多活好幾年。

說得確切些，你得活到 118 歲。我們知道的化學元素就有這麼多：許多的固體、液體、氣體、金屬及非金屬，有的很稀有，有的很常見，有些非常有用，有些沒什麼用。這些元素是構成化學與生命的基本要素。它們是從哪兒來的？

輕率的答案是大霹靂，但這個答案並不令人滿意，因為大霹靂本身只製造出最輕的三種元素：氫、氦和微量的鋰。其餘的元素呢？

完整的答案需要關於原子的知識與一點基本算術。最單純的原子是氫，由一個質子和一個電子組成，再來就是氘和氚，是由氫加上一個或兩個中子所構成的元素。接下來是氦原子，裡面的質子、電子、中子各有兩個。下一個是鋰，帶有三個質子、電子與中子。按照常識推斷，把較小的元素結合在一起，可以構成較大的元素，這些元素就是這麼形成的。

用力擠壓

但事情沒那麼簡單。由於兩個原子核需要大量的能量才能融合，因此這樣的反應很難發生。要有這麼大的能量，需要超高的溫度：最起碼攝氏一千萬度。宇宙裡只有兩個地方符合這個條件：一是在大霹靂剛發生不久，一是在恆星內

部。元素形成的第一階段，就發生在大霹靂過後不久，這個過程稱為核合成（nucleosynthesis），質子、中子與電子在 0.01 秒間，從火球中冷凝出來。幾秒鐘後，質子和中子開始結合起來，一方面靠著火球巨大能量的推動力，另一方面則是靠核力讓它們黏合在一起。這些融合反應剛開始會形成氘核，氘核再和更多質子反應，生成穩定的氦核。

但融合到此為止。到氦核出現時，溫度已經

非常重的金屬

直到 1940 年代初，化學家利用中子撞擊鈾，製造出鈽和錼，大家才知道地球上有比鈾更重的元素。從那之後，又有 24 種超鈾元素在實驗室中合成出來。目前最大的是第 118 號元素鿫（oganesson）。

我們通常以為超鈾元素全是人造的，但事實並非如此。這些元素就像普通的重元素，是在超新星爆炸中產生的。然而這些元素並不穩定，往往很快就會分崩離析。自然存在的超鈾元素在太陽系形成之後就完全衰變了，這正是這些元素在地球上只存在於實驗室裡的原因。

95	鋂（Am)
96	鋦（Cm)
97	鉳（Bk)
98	鉲（Cf)
99	鑀（Es)
100	鐨（Fm)
101	鍆（Md)
102	鍩（No)
103	鐒（Lr)
104	鑪（Rf)
105	𨧀（Db)
106	𨭎（Sg)
107	𨨏（Bh)
108	𨭆（Hs)
109	䥑（Mt)
110	鐽（Ds)
111	錀（Rg)
112	鎶（Cn)
113	鉨（Nh) *
114	鈇（Fl) *
115	鏌（Mc) *
116	鉝（Lv) *
117	鿭（Ts) *
118	鿫（Og) *

降到無法進一步產生可觀的融合，可能生成了一點鋰，除此就沒有更重的元素了。核合成幾乎是才剛開始就結束了。

　　大約 377,000 年後，融合又重新開始。這時溫度降到差不多 3,000 度，低到讓原子能夠存在。氫核與氦核把自由電子掃光，形成第一批完整的原子，即元素 1 和元素 2。雖然占了可見宇宙的 99%，但這些元素不是宇宙的唯一組成。要製造更重、更有意思的元素，就需要恆星。

　　大量的氣體受到自己的重力影響而收縮，就形成了恆星。壓縮會使中心增溫，溫度升高到最後，原子核就可以開始融合。在大約攝氏一千萬度，會發生第一個反應，氫核開始融合，形成氦核，直到氫用完為止。

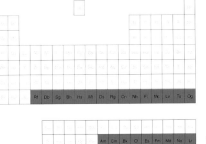

* 暫定名稱

繼續融合

　　接下來發生的情形取決於恆星的質量，若質量相當小，融合會停下來，核心就變成白矮星，但如果質量超過太陽的八倍，融合就會繼續。氦核結合成鈹（元素 4），鈹又與更多的氦反應，形成碳和氧。在質量最大的恆星內部，核心的溫度會升高到讓碳和氧進一步融合，形成像鐵（元素 26）這麼重的元素。接著反應會停住，因為鐵核是所有元素中最穩定的，無法在現有的這些條件下融合。但在恆星的外層，牽涉到中子捕獲的其他核反應，正逐漸構成更大的原子核，一直到鉍（元素 83）。

　　隨著核心的鐵越積越多，這顆恆星也來日無多了。它無法再藉著核融合製造能量，但重力卻勢不可當：重力會繼續壓縮核心，讓溫度飆高到數十億度。然後突然間，這顆恆星的核心塌縮了，外層先往內陷，接著反彈，在超新星爆炸中把恆星內部的東西向外噴進太空。爆炸產生了大量的中子，就又製造了更多的重元素，一直到鈾（元素 92，這是自然存在於地球上的最重的元素），甚至比鈾更重的元素。超新星爆炸把碎片噴進太空中，最後讓後代恆星及行星（包括地球）收納。

　　鋰、鈹、硼是例外，這三種元素並不是從恆星內部生成的。這些元素的原子核很不穩定，瞬間就會被恆星內部的核反應吞噬。它們都是稀有元素，而科學家認為，（除了大霹靂中形成的鋰）僅存下來的少量是由宇宙射線產生的——宇宙射線就是以高速穿過太空的大原子核。這些原子核帶有很高的能量，一旦與其他原子發生碰撞，原子核就會分裂成較小的碎片。除了人造元素，地球上所有的原子要不是大霹靂時遺留下來的，就是早已死亡的恆星或宇宙射線的碎片。到最後，當我們自己的太陽死亡，這些原子就可以拋回太空中，在新的恆星系統裡重新凝聚起來。這種盛大的復出不錯吧？

我們（主要）是由星塵組成的

人體大約含有 20 種元素，這些元素大多是在古老恆星內部組成的。如果你把 80 公斤的人解構成原子，大概會得到以下這些：

你身上的氫原子是在大霹靂時形成的，至於其他所有的元素，則是很久以前在一顆恆星內部產生，隨後在一場超新星爆炸中飛濺到太空裡。因此，雖然你可能聽過「我們都是星塵」（We are all stardust.）這句名言，但這個說法不完全正確。

氧 52 公斤

這個元素占了身上超過一半的質量，但原子的數目只占了全身的四分之一。

氫、氧、碳、氮是人體內含量最豐富的四個元素，占了你身上 99%以上的原子。這些元素在你的全身都找得到，主要是水的構成元素，但也有蛋白質、脂肪、DNA、醣類等生物分子的組成成分。

你身體內的原子有 12%是碳。

氯 120 公克

銅 0.08 公克
許多酵素的成分。缺乏銅會導致神經及血液方面的病症。

碳 14.4 公斤
最重要的構造元素，這也是我們為什麼會被稱為以碳為基礎的生命形式。

磷 880 公克

↑
錳
0.0136 公克

氟 3.0 公克
可讓牙齒更加強固，但不被視為生命的必要元素。

鍶 0.37 公克
幾乎只存在於骨骼中，對骨骼的生長及密度可能有益處。

鈉 120 公克

氮 2.4 公斤

鐵 4.8 公克
可在血基質中發現，血基質是紅血球內血紅素分子的構成部分，負責攜帶氧。

鉬
0.0104 公克

硫 200 公克

矽 1.6 公克
主要存在於主動脈中，是從心臟發出的最大的動脈，生物學上的作用尚未確認。

氫 8 公斤
我們身上大約有 $7×10^{27}$ 個原子，其中大部分是水分子裡的氫原子。

鈣 1.12 公斤

鎂 40 公克
是重要解毒酵素超氧化物歧化酶的主要成分。

碘
0.0128 公克

鋅 2.6 公克

甲狀腺素的基本成分。是人體必需元素當中最重的元素。

鉀 200 公克

隕石從哪裡來的？

2013 年 2 月 15 日，位於俄羅斯南部烏拉山脈以東的車里雅賓斯克（Chelyabinsk）高空，有個巨大物體爆炸開來，大部分都在大氣層中燃燒殆盡，但有些碎塊掉落到地球上。其中一塊砸穿了車巴庫爾湖（Lake Chebarkul）結了冰的湖面，留下七公尺寬的破洞。這個碎塊在同年 10 月由潛水伕尋獲，有 570 公斤重，而從該地區的各個角落，也收集到其他比較小的碎塊。

天文學家推斷，爆炸物是一顆小行星，直徑有 17 到 20 公尺寬，質量是一萬噸。爆炸是在大約 30 公里高空發生的，攜帶的能量相當於 50 萬噸黃色炸藥，差不多是 30 顆廣島原子彈。這是世人記憶中最大的地球受撞擊事件。

車里雅賓斯克隕石現在是地球表面上發現的三萬多顆隕石的其中一個，有些隕石在墜地當下就被發現，但大多數的隕石在撞擊事件過後很久都還躺在原處。每塊隕石都有一段有趣的故事。

岩石構成的殘塊

大部分的隕石是小行星的碎片，而小行星本身也是太陽系形成過程的遺留物。在內行星與充滿氣體和冰的外太陽系巨行星之間有個碎石帶，小行星通常就閒散地安坐在此，不過出於某種原因，有時小行星會被拉離軌道或砸碎，最後偶然會朝地球衝撞而來。這些在太空中遊走的岩塊就稱為隕石。

對於一心揭開太陽系歷史祕密的行星科學家來説，隕石只要落地或讓人發現，就會成為極其珍貴的資產。

第一件任務是查出它是哪種隕石，這可以透露它可能來自哪裡。隕石分類很複雜，但大致可分成三類：石隕石、鐵隕石和石鐵隕石。

車里雅賓斯克隕石後來證明是一種相當常見的石隕石類型，叫做球粒隕石，會這麼稱呼是因為這種隕石含有球粒（chondrule）——由矽酸鹽物質組成的圓形小顆粒。

沒有人知道球粒的來歷，只曉得球粒最初可能是太陽系誕生的氣體塵埃雲裡的熔岩團。大約 86% 的隕石是球粒隕石，主要的組成物是岩石，而且來自小行星帶，表示這些從形成太陽系的物質殘留下來的隕石狀況相當完好。

有機行星

有一種比較不常見的石隕石，稱為碳粒隕石，因為這種隕石的有機化學物質（譬如胺基酸）含量十分高。科學家認為，這些隕石十分完好地把形成太陽系的太初物質保留下來。

還有一種石隕石是無球粒隕石，顧名思義，這種隕石沒有球粒。約有 8% 的隕石屬於這一類。無球粒隕石似乎是行星發展初期的產物，而非大塊的太初物質，在行星發展初期，物質受到重力的影響積聚在一起，形成了原行星（protoplanet）。原行星逐漸變大、溫度越來越高，就開始熔融，這會破壞球粒，也促使鐵、鎳等重元素下沉到中心，而留下岩質的覆蓋層。這個外層似乎是大多數無球粒隕石的源頭；這種隕石是未能成形的行星的殘餘物。

少數無球粒隕石有很不平凡的來歷：它們曾經是火星或月球的一部分。

20 個隕石當中大約有一個是鐵隕石，這類

隕石的主要成分是鐵及鎳，也是行星發展過程的殘餘物——是富含金屬的原行星核心被撞碎後產生的碎片。我們可以從這些太空金屬塊，更加了解我們自己的地核、地函及地殼是如何成形的。

第三大類的石鐵隕石，是介於石隕石和鐵隕石的折衷，這些罕見的隕石（只占了 1%）似乎也來自未能成形的行星的內部，但比較靠近鐵核與外圍岩石層的交界處。

要找隕石並不容易。不毛之地是最容易發現隕石的地點：在南極洲找到的隕石特別多，因為整片大地白茫茫的，加上冰河翻攪，會使隕石集中在冰山底部。

小心頭頂

如果你真的找到一塊隕石，它很可能來自一顆四億七千萬年前左右解體的巨大小行星。發生在奧陶紀的那次事件，當時地球遭受一陣猛烈的球粒隕石轟擊，大多數的碎片還在，即使到今天，掉落在地球上的隕石當中大多數是當時遺留下來的。

偶爾有隕石砸到人，不過還沒有確切的死亡案例。1954 年 11 月，有一塊隕石撞破了美國阿拉巴馬州一間民房的屋頂，砸中一件家具之後反彈，打到 34 歲的安·霍吉斯（Ann Elizabeth Hodges）的肋部。她嚴重瘀傷，但後來完全康復了。1992 年 8 月，烏干達的木巴列（Mbale）遭受大批隕石襲擊，其中一塊打到一棵樹，反彈回來時擊中一個男孩的頭部，但他毫髮無傷。

月球及火星的碎塊

1969 年到 1976 年之間，美蘇兩國的太空任務帶回了大約 380 公斤的月岩，不過地球上的月岩不只這些。有大量的月岩，可能是月球表面受到撞擊而產生的碎片，然後以隕石的形式來到地球。

火星也常朝地球扔石塊，約有 130 顆隕石來自火星。其中最著名的，是在南極洲發現的隕石艾倫山 84001（ALH 84001）。1996 年，NASA 的科學家發布了一個聳動的消息，聲稱這塊隕石裡含有火星細菌的化石遺跡，但很遺憾，科學界的共識是，此證據不足以證實外星人存在。

太空石從天而降！

在地表發現的隕石已超過三萬四千顆，甚至有不少隕石還是有人眼見著撞擊到地面的。

隕石數量較少 ● ● ● ● ● 隕石數量較多

861 年掉落
日本九州直方市
掉落日期可確定的最古老隕石。

1805 年發現
德國比特堡
鐵隕石。在歐洲發現的最大隕石（1.6 噸）。

歐洲

亞洲

2013 年掉落
車里雅賓斯克
球粒隕石。世人記憶中最大的隕石撞擊事件。

1920 年發現
納米比亞霍巴
鐵隕石。已知最大的完整隕石，達 60 噸。

非洲

1992 年掉落
烏干達木巴列
從樹上反彈時擊中一個男孩的頭部；他沒有受傷。

1838 年發現
納米比亞吉丙
鐵隕石。世界上已知最大的散布區（275×100公里）。

澳洲

1969 年掉落
維多利亞省默奇森
碳粒隕石。世界上研究得最多的隕石。

南極洲

1954 年掉落

美國阿拉巴馬州夕拉科加

球粒隕石。砸破屋頂,打中 34 歲的
安·霍吉斯,是第一塊經證實把人打
傷的隕石。

1894 年發現

格陵蘭約克角半島

鐵隕石。有一塊 34 公噸的隕
石陳列在美國自然史博物館,
是最大的隕石展覽品。

約五萬年掉落

美國亞利桑那州
代亞布羅峽谷

鐵隕石。與巴林傑隕石坑
(Meteor Crater)有關的
隕石群。

密集程度並不代表隕石最有可能
掉落在這些地點,而是顯示這些
地方的人尋找得最積極……

……但冰河會讓隕
石聚集,尤其是南
極洲的艾倫山。

北美洲

1969 年掉落

墨西哥阿顏德

碳粒隕石。
已知最大的石隕石。

南美洲

1982 年發現

艾倫山 A81005

最早發現的月球隕石。

1984 年發現

艾倫山 84001

據稱帶有火星生命
的證據。

資料來源:隕石學會

宇宙到底是由什麼組成的？

宇宙比你原先想的還要複雜，而且是複雜得多。事實上，就宇宙的大部分而言，你我是很奇怪且又微不足道的。組成我們自身和我們在乎的一切事物的普通物質，只占了宇宙的十分之一不到；其餘都是由暗物質與暗能量這些神祕的實體構成的。暗物質與暗能量共同組成了當今最大的宇宙謎團之一。然而，暗物質與暗能量究竟是什麼，誰也不曉得。

首先被注意到的是暗物質。早在 1930 年代初，荷蘭天文學家歐特（Jan Oort）就注意到銀河中的恆星軌道運動有一些反常現象，唯一的解釋就是去假想大半個太空中充滿了某種黑暗、看不見的物質。

後來，瑞士天文學家茨維奇（Fritz Zwicky）在一個三億兩千萬光年外的星系團中，觀測到類似的反常行為；他發現這些星系彼此繞行的速度，比重力根據星系內恆星的總質量，所推算出的應有速度快了許多。如果不是這些星系含有的物質必定比看得見的物質更多，不然就是牛頓的重力定律錯了。茨維奇選擇前者，把它歸為大量看不見的氣體。

團團轉

1970 年代，天文學家針對個別星系做了類似的觀測，結果發現這些星系旋轉得非常快，快到應該會把自己扯開。起先他們選擇了茨維奇的解釋（看不見的氣體），但遇到瓶頸。如果這種看不見的物質是由質子、中子及電子組成的普通物質，那麼我們對於恆星和星系形成的理解就是錯的：這些東西應該永遠不會迅速塌縮，形成最初的恆星與星系。

因此他們開始認為有其他的東西，這是一種神祕的物質，不會吸收或發出光或其他的電磁輻射，這正是我們看不見它的原因。但這種物質與重力有交互作用，因此我們看得見它對普通物質的影響。他們把它稱為暗物質。

如今宇宙學家認為，暗物質是宇宙的重要成分，大約占了宇宙的 27%。如果少了暗物質提供的額外重力，星系就不會那麼快形成，我們今天看到的星系團及超星系團也不會形成。

暗物質主要集中在星系周圍的球狀暈。事實上，像銀河系這樣的螺旋星系，大部分的質量不在恆星和行星上，而是集中在環繞這些星體的無形物質裡。

大質量弱作用粒子

然而令人沮喪的是，我們仍然不知道暗物質是什麼。根據現有最好的理論，暗物質是由一種叫做大質量弱作用粒子的假想粒子組成的，如果這是對的，那麼每秒一定有上兆個這種粒子通過地球。科學家已經做了許多實驗，想偵測到大質量弱作用粒子或在實驗室製造這種粒子，但都沒有成功。

而且，天文觀測越詳細，事情就越詭祕。有時候似乎有太多暗物質，就像環繞著銀河系的矮星系發生的情形。這些星系旋轉得非常快，因此必定充滿了暗物質，但這和我們從星系形成理論了解到的事理恰好相反；星系形成理論告訴我們，星系中的暗物質總量和星系大小應該是大致成比例的。

在其他時候，我們看到的暗物質又太少了。在整個宇宙中，小星系的數量比我們的星系形成

理論所預測的少了百分之一到十分之一。此外還有一些星系，儘管環繞在周圍的星團有如受到額外引力似的，但看起來似乎完全不含暗物質。

重力問題

最根本的問題是，我們亟需知道暗物質的組成物。如果暗物質不存在，我們對重力的理解就是錯的。對大多數的天文學家來說，這件事難以想像，他們會繼續把希望寄託在暗物質上，並利用星系移動和旋轉的觀測結果，來確認暗物質的性質。

我們對大約 27% 的宇宙蒙昧無知，這個說法聽起來已經挺糟的，如果說我們對另外的 70% 根本什麼也不知道呢？宇宙學家在 1998 年發現一種奇怪的反重力時，就發覺自己身陷這尷尬的處境，這種反重力現在稱為暗能量。

這件事始於一個要測量宇宙擴張速率的例行實驗，當時大家預期重力會逐漸控制住大霹靂，而使宇宙擴張的速度放慢下來。天文學家當時在找尋超新星，這些爆炸恆星發出的光將確認這些細節。

超新星卻述說了不同的故事。結果發現，遠方的超新星比假設宇宙擴張一直在減速所預測出來的還要遙遠。這個結論讓天文學家大為震驚：宇宙在加速擴張，而非減速。但原因是什麼？

這成了天文物理學上最令人苦惱的問題，而且是我們還回答不出來的問題。大多數的物理學家認為，答案要從一種難以描述的作用力——暗能量中尋找，暗能量藏在空無一物的空間裡，大約占據了宇宙中物質與能量的 70%，讓空間以不斷增加的速率膨脹。

愛因斯坦聰明的失誤

暗能量這個概念出現還不到 20 年，但愛因斯坦在 1917 年其實就創造了非常類似的概念，附加在他的廣義相對論上。他意識到重力可能會導致宇宙自己塌縮，所以附加了一個臨時因子——宇宙常數，這是空無一物的空間固有的一種神祕反重力。他後來改變主意，說這個常數是他「最大的錯誤」。但現在我們知道他其實走在時代的前端。

這個暗能量究竟是什麼？呃……我們也不曉得。但還是有點概念。它也許是空間結構固有的能量，也可能是一種使空間以變動速率膨脹的奇異能量場，稱為第五元素（quintessence）又或許是改良的重力形式，在某些情況下是斥力而非引力。甚至可能只是一種幻覺。

為什麼我們有 95％ 渾然不知

就像畫面中的雷根糖一般，宇宙大部分是黑暗的：暗能量占了 68％，而暗物質占了 27％，這表示約有 95％的宇宙是由我們看不見、不了解的東西組成的。畫面中的白色雷根糖，代表我們理解的小部分真實世界。

在靠近日內瓦的粒子物理研究中心費米實驗室，真的倒了一攤雷根糖，用來展示我們對宇宙的無知程度。

黑暗的宇宙

我們只知道，暗物質傾向
把宇宙拉在一起，
而暗能量傾向把宇宙扯開。

可觀測宇宙

這是指我們可用眼睛和望遠鏡
觀看到的一切，
包括星系際和星際間所有的
氣體與塵埃、恆星、行星
以及生命。

黑洞從哪裡來的？

不妨在清朗的夜晚，到戶外找一找人馬座。在人馬座之外的某處隱伏著一個怪物：一個超級巨大的黑洞，但它在非常遙遠的天外，你大可放心。你不會看見這個黑洞；它被塵埃遮住了，而且它是全黑的，距離我們 27,000 光年那麼遠。但我們相信它在那裡，就位在銀河系的中心。

我們怎能這麼肯定？那個黑洞是怎麼跑到那兒的？

首先要說明，還沒有人見過黑洞。那我們又是如何知道黑洞的呢？

我們通常把黑洞視為 20 世紀的發現，但這個概念可以回溯到 1783 年，約克郡的一位牧師兼業餘哲學家米歇爾（John Michell）在那年向倫敦皇家學會投了一篇根據臆測而寫出的論文。

米歇爾當時在思索要如何測量恆星的距離及星等（就連現在的天文學家也對這個問題很頭痛），他從牛頓的光的微粒說出發，該理論主張光是由許多無窮小的粒子組成的。米歇爾推斷，恆星發出的光會因為恆星本身的重力而放慢，所以我們可以透過速度的減少量來測量這顆恆星的質量，進而就能得知它與地球的距離。

在 1784 年，皇家學會的《自然哲學會刊》（*Philosophical Transactions*）刊登了米歇爾的長篇論文，這篇論文主要就在談如何運用稜鏡從地球上測量出這個減少量。但也是在異想天開。

米歇爾推斷，如果恆星夠巨大，它的重力就很強大，大到連光都無法逃離魔掌。他還計算出，如果要以這種方式把光困住，這顆恆星的直徑必須是太陽的五百倍左右。他寫道，若有這樣的天體存在，「它發出的光永遠到不了地球」。

這個完全原創的想法偏離了米歇爾的目標

所以他就把它放著。「我不會繼續鑽研下去，」他寫道。

米歇爾說到做到。他在 1793 年過世前，都沒有再提過這個想法。

幾年後，法國學者拉普拉斯（Pierre-Simon Laplace）在思索非常大的恆星的性質時，也得出了同樣的想法。這些恆星的引力將「非常大，大到沒有光能夠脫離恆星表面。因此，我們可能看不見宇宙中最大的天體」。

拉普拉斯可能有打算要繼續發展這個想法，但在 1804 年，這個想法被一個新理論淘汰了，新的理論主張光是一種波，而非粒子流。若真如這個理論所說，光就不會受重力影響。這個想法就此被人遺忘。

重回黑暗之中

1915 年愛因斯坦提出了廣義相對論，事情再次有了變化，廣義相對論把重力重新定義成巨大物體（譬如恆星）對時空造成的扭曲。

麵條化

跑到黑洞事件視界的東西都會被吸進去，再也看不到，這個過程叫做麵條化——由於重力實在非常強大，因此不幸誤闖的物體（例如太空船或太空人）會被拉成細長的線狀，接著就像吸麵條般被吞噬。

這個理論做出了一個奇怪的預測，但愛因斯坦本人並沒有注意到，而是天文學家史瓦西（Karl Schwarzschild）告訴他的。史瓦西在參加東線戰事（他在 1914 年、40 歲時志願加入德軍）的閒暇之餘發現了這件事。

史瓦西證明，如果有足夠的質量集中到夠小的空間中，時空曲率會變無限大，結果就得到一個「奇異點」——這是時空中的一個點，在這個點有非常大的重力，大到連光線都無法逃脫。愛因斯坦對此印象深刻，但不相信這樣的物體真的有可能存在。史瓦西在 1916 年因病（他在戰壕中感染的疾病）過世，而他提出的奇異點終究被斥為純理論上的實體。愛因斯坦在 1939 年發表一篇論文，據信「證明」了這個論點，這件事就平息了。至少平息了一段時間。

1950 年代，天文學家開始利用無線電波探測深太空，結果發現一些非常非常遙遠的天體，譬如類星體，這種天體釋放出龐大的能量，只能藉由廣義相對論來理解。在這之後，大家對於解釋非常巨大的天體的物理學有了新的理解，物理學家開始相信也許有、甚至很可能有奇異點存在。有個很關鍵的突破是「事件視界」（event horizon）這個概念，這是指黑洞的「表面」，一條在時空中的邊界，重力在這裡會變得無比強大，沒有任何東西能夠逃脫。

1960 年代末尾，大多數的物理學家相信黑洞是廣義相對論的必然結果。

黑洞的故事

沒人完全肯定「黑洞」這個名稱來自何處。一般認為出自物理學家惠勒（John A. Wheeler）在 1967 年一場演講中提出。但根據《耶魯名句集》（*Yale Book of Quotations*），黑洞一詞最早見於美國科學促進會（AAAS）在 1964 年的一篇會議報告裡。看樣子在惠勒得知並推廣黑洞一詞之前，這個稱呼可能正在天文物理學家之間流傳——惠勒擅長記住朗朗上口的用語。

黑洞是如何形成的？

質量是太陽兩倍或更多倍的恆星，都注定會變成黑洞。這樣的恆星有巨大的重力場，會產生一股向內的壓力。這些恆星在有生之年，會透過自身核心的核融合反應抵消這股壓力，但燃料耗盡時就無法再抗衡，而開始向自身內縮，這個過程稱為重力塌縮（gravitational collapse）。

有時候這會直接導致黑洞形成，不然就是造成巨大的爆炸，稱為超新星，把外層炸開，留下星核。如果這顆恆星的質量夠大，它會繼續塌縮，隨著塌縮物質的密度越來越大，重力場就變得奇大無比，此後再也沒有回頭路，甚至連光線都逃不出去。一個黑洞就此誕生。

不過，這個過程並沒有解釋超大黑洞的成因，有些超大黑洞的質量至少是太陽的十萬倍。這些黑洞也許只是由大量的物質經年累月盤旋成的普通黑洞，或者是許多普通黑洞合併而成的，也可能是早期宇宙的超大恆星塌縮後的產物。

然而很有趣的是，雖然我們已經普遍相信黑洞存在，但還沒有人看過黑洞。近年來偵測到兩個黑洞碰撞引起的重力波，算是最接近的一次。

目前進行中的計畫是要直接取得黑洞的影像，到時候，黑洞存在將會是無可否認的事實。

如何在時空中形成黑洞？

雖然黑洞看不見又令人費解，但我們知道黑洞一定就在那裡……

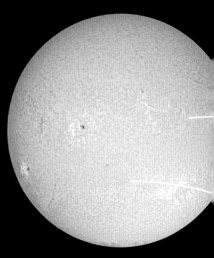

巨星
超過太陽兩倍大的恆星都將變成黑洞。

恆星在有生之年會透過核心的核融合反應，來抵消自身的重力。

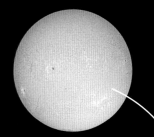

恆星
較小的恆星也會塌縮，只是重力不夠大，沒辦法走到終點。這些恆星最後會變成白矮星或中子星。

向外推的壓力…

…與向內拉的重力保持平衡

白矮星

但當燃料用完了，就再也無力抵抗，而開始內縮。

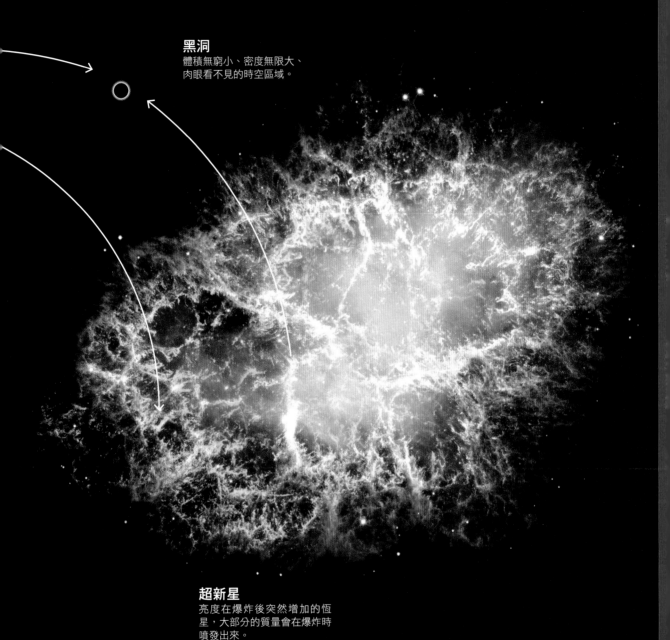

這種重力塌縮會直接造成黑洞，或導致巨大的超新星爆炸，讓恆星外層炸得支離破碎。

如果爆炸後的殘留物質量夠大，還會繼續塌縮，直到重力場變得無比強大為止，這時就連光線都逃不出來。

黑洞
體積無窮小、密度無限大、
肉眼看不見的時空區域。

超新星
亮度在爆炸後突然增加的恆
星，大部分的質量會在爆炸時
噴發出來。

如果地球塌縮成黑洞（但並不會發生），事件視
界的直徑大概會是這麼大，但重量沒變。

1.77cm

Chapter 2

Our Planet
地球

為什麼我們是距離太陽第三遠的岩質行星？

看看太陽系的八顆行星，你很難看出什麼相像之處，然而關於太陽系起源的故事卻揭示，這些行星全都由相同的原料形成。

你也許會認為，這些天體散落在太陽系各處，毫無道理可言，但今天如果隨便移動太陽系的一小塊，或是想再加些什麼，恐怕就會使整個結構運作失常。

這個精密的架構究竟是如何形成的？故事要從 46 億年前說起。當時，銀河系的一灣靜水中有東西開始醞釀，這個彌漫在所有星系間的小撮物質——有氫氣、氦氣，加上少量的塵埃，漸漸開始凝結。後來這團塵雲無法再抵抗本身的重力，其中一部分往內塌縮，在隨之而來的高熱與混亂中，一顆恆星誕生了——也就是太陽。

從衰亡的恆星誕生

我們並不曉得這個過程是由什麼發動的。也許是附近恆星爆炸性的垂死掙扎所製造出來的震波。不過這不是什麼特別不尋常的事件，自從大約 80 億年前銀河系形成以來，這事已上演過無數回了，我們在銀河系的偏遠地帶仍然能看到。

太陽在形成時，大約吞噬了塵雲中 99.8% 的物質，重力把微量的殘留物弄成圍繞在初生恆星周圍的扁平圓盤。這個原行星盤中的塵粒一邊繞著太陽轉，一邊互相碰撞，逐漸凝聚成更大的天體，稱為微行星（planetesimal）。

這些微行星一旦達到一公里直徑，重力就大到能夠開始吸引住周圍的物質，包括其他的微行星，這個失控的過程到最後就會促成真正的行星形成。

這個過程會如何發生，取決於靠近太陽的程度。圓盤最內層的區域溫度非常高，表示只有高熔點的金屬和礦物會以固態存在，所以此區域的微行星只能發展到這麼大。結果就是內太陽系的四顆小岩質行星：水星、金星、地球及火星。

氣體與冰

往更外層走、越過甲烷和水也會以固態存在的「結冰線」，就沒有這樣的限制了。在此處，行星可以發展到很大，開始收集氫氣及其他氣體的分子。木星和土星這兩顆氣態巨行星，以及身處更外層、更寒冷地帶的冰質巨行星天王星與海王星，都是這樣形成的。

到目前為止，一切還算簡單。但說到細節，這個模型就變得相當含混不清了。沒有人真正清楚，小石塊如何聚合成直徑幾千公里寬的天體。這麼小的物體黏在一起之前，可能已經被周圍的氣體打得四零八散，而給太陽吸引走了。也許有局部的小片渦流提供了低壓渦旋，讓小石塊得以凝聚起來。

氣態巨行星也面臨類似的困擾。我們在其他行星系統看到的「熱木星」，就展示了這類行拋射向太陽的隱憂；這些熱木星和我們的木星大小相當，但與母恆星的距離接近地球的軌道半徑甚至更近。倘若早期的太陽系也發生過類似的事，地球和其他幾顆內行星可能就全部拋射光了。

外太陽系似乎在太陽誕生幾億年之後，曾經歷一場劇變。許多模型顯示，過去氣態巨行星彼此距離更近，後來發生了某件事，使這個布局變得不穩定，而把這些行星拋到現在的所在位置。不過從那之後，組成太陽系的天體就安定下來，進入敏感卻依然平靜的平衡狀態。

當然，太陽系裡不只有太陽和行星。火星與木星之間有一條礫石帶，叫做小行星帶，是一圈未能積聚成形的原行星物質，這些物質可能是受到木星重力的影響而無法成形。小行星帶上主要是岩石，但也有四個相當大的天體——穀神星、灶神星、智神星及健神星，這四顆小行星加起來，占了小行星帶總質量的一半左右。

衛星眾多

太陽系裡也充滿衛星；到目前為止有超過 180 顆經過命名。內太陽系只有三顆：我們的月球，以及環繞火星的兩顆衛星，其餘都環繞在氣態與冰質巨行星的周圍。一般認為，大多數的衛星如果不是吸積盤（accretion disc）的殘餘物，就是被行星的重力捕獲的過路小行星。土星環與海王星環可能也是太陽系形成物質的殘餘物，只是成因還不清楚。

在冰質巨行星以外，還有古伯帶（Kuiper belt），這片嚴寒地帶大概有十萬個冰質天體，包括冥王星及它的伴星凱倫星（Charon，冥衛一），這些天體也是太陽系形成的殘餘物。古伯帶的範圍非常龐大，從海王星的軌道向外延伸到將近 50 天文單位這麼遠——海王星的軌道距離太陽 30 天文單位，而 1 天文單位（AU）是太陽與地球的距離。

可是這離太陽系的邊緣還遠得很呢。再往外是呈球狀的歐特雲，主要由冰質天體組成，圍繞在距離太陽系中心大約兩光年遠的地方，太陽的

誰把木星吃了？

雖然我們把木星和土星稱為氣態巨行星，不過多半的天文學家認為，這兩顆行星的核心是岩石，形成的方式與地球一樣，但質量一達到地球的十倍左右，強大的重力就把氣體吸引過來，製造出厚厚的大氣層。

奇怪的是，有些研究指出，木星核的重量小於應有的大小。這可能是因為核心正在溶解。木星核承受極高的溫度與壓力，在這種條件下，氧化鎂這種礦物會溶解在大氣中——科學家認為氧化鎂是木星核的主要成分。

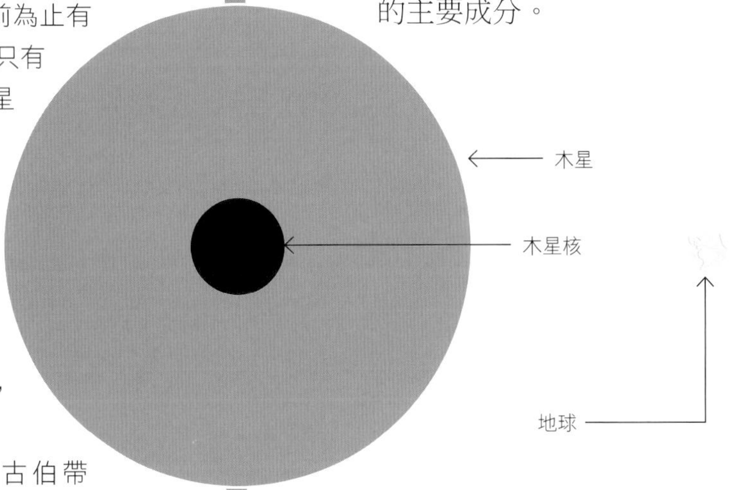

← 木星

木星核

地球 →

引力在這裡已經沒有影響力。我們從未直接觀測到歐特雲，但有些天文學家猜測，歐特雲藏著某樣東西，可能會徹底改變我們對太陽系的看法：一顆還沒有觀測到的冰質巨行星。

誰說太陽底下沒有新鮮事！

太陽系外的恆星系統

隨著系外行星一一發現，我們開始意識到自己的太陽系有多麼獨特。

0 公里	1 億 5,000 萬

我們的太陽系

你在這裡
↓

← 太陽　　　　　　　水星　　　　　　　金星　　　　　　　地球　　　　　　　火星

葛利斯 876：隔壁的恆星系統

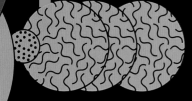

葛利斯 876（Gliese 876）是離地球僅 15 光年遠的紅矮星，因此也是已知最近、擁有多行星系統的恆星。

HD 1080：太陽系外已知最大的恆星系統

這是一顆距離地球 127 光年、與太陽類似的恆星，至少有七顆行星，也可能多達九顆。

葛利斯 667 C：具有行星的三合星

它的行星繞著一顆紅矮星轉，這顆紅矮星本身又繞著一對雙星（未畫出）。這個系統距離地球 23.6 光年。

克卜勒 80：目前所發現最緻密的恆星系統

這是在 1,100 光年外、與太陽類似的恆星，至少有五顆行星緊靠在它的周圍。

超級地球
比地球大，但比海王星小，海王星的質量大約是地球的 17 倍。

熱海王星
大小與海王星或天王星差不多，運行軌道離母恆星很近。

氣態巨行星
大小及組成與木星相仿；木星的體積大約是地球的 1,300 倍。

3 億　　　　　　　　　　　　　　　　　4 億 5,000 萬

小行星帶

木星在這個方向 3 億公里遠處 →

月球真的算是行星嗎？

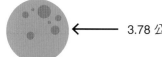 ←——— 3.78 公分 ———●→ ●→ ●→

太陽系中有超過 180 顆衛星，而我們的衛星是獨一無二的。月球可能不是最大的，而且它不像外太陽系的一些冰質衛星，沒有什麼讓生命存活的希望；它可能比一些競爭對手更加寒冷、靜謐，是個更沒變化的球體，但說到成因，沒有哪顆衛星像月球一樣，有那麼迷人、高潮迭起的故事可說。

儘管月球在太陽系的衛星當中只排到第五大，僅次於土星的土衛六和木星的木衛三、木衛四及木衛一，但月球仍然巨大，它的直徑超過地球的四分之一，若就所繞行星的相對大小來說，是太陽系中目前為止最大的。

月球的體積如此異常，在解釋成因時就會遇上問題。這麼大的天體不可能像其他的衛星那樣，是藉由捕獲小行星或孕育出太陽系的塵埃及氣體殘留物而形成的。

1879 年，天文學家喬治・達爾文（George Darwin，他的父親就是提出生物演化論的查爾斯・達爾文）提出了一種解答。他認為，地球與月球曾經是一體的，因快速旋轉而分離了，有一小部分甩進軌道上。這塊熔融的岩石最後凝聚成一團，凝固後變成月球。

這個說法流行了一陣子，一度還有人提出太平洋是分離事件遺留下來的疤痕，但到 20 世紀時，因數據說不通，這個理論就不再受人青睞。若要從年輕的地球分出月球，地球必須以不可能達到的高速旋轉，每兩小時要轉完一圈。

大碰撞

喬治・達爾文的想法退流行的同時，另一個理論取而代之。這個想法稱為「巨大撞擊假說」（giant impact hypothesis）或「大碰撞」（Big Splat），認為大約在太陽系剛形成五千萬年後，有個大小如火星般的天體忒伊亞（Theia）與地球相撞。忒伊亞在斜擦過地球之後被擊碎了，噴射出縷縷碎屑，最後凝聚成月球。

起先，大碰撞假說與其他的解釋沒什麼兩樣，它會被提出來，是因為想不出別的解釋了。但當天文學家重新定義他們對於早期太陽系的理解時，事情有了改變。現在我們知道，巨大撞擊是行星形成過程中的重要因素。

大碰撞假說是現在最廣為接受的解釋，不過它也有本身的問題，這些問題讓一些天文學家回歸達爾文理論的修正版。根據大碰撞假說，月球大部分來自忒伊亞；地球只貢獻了少許物質。如果真是這樣，月岩和地球岩石的成分應該會大不相同（除非忒伊亞和地球碰巧就是由完全相同的物質組成的）。然而月岩的分析結果，顯示事情並非如此。

水月

事實上，月球上的氧、鉻、鉀、矽等成分，與地球上的成分沒有差別。月岩也含有極大量的水。歷經巨大撞擊之後，產生的高熱應該已經把水都驅離了。

然而研究發現卻顯示，月球曾經是地球的一部分，不知為何被撞進太空中而且沒有混染到撞過來的行星。但為了避開一直困擾著達爾文所提的解釋的那個問題，就需要其他地方提供的大量能量。

有個很戲劇化卻仍然是純屬臆測的想法是，這個相當於四萬兆枚廣島原子彈的能量來自內部，以巨大核爆炸的形式。

這可不像乍看之下那麼不尋常。我們知道，地球曾經含有自然存在的高濃度鈾礦，會自然發生像核反應器一樣的連鎖反應。世界上許多地方都找得到這些已停止自發反應的遺跡，非洲加彭（Gabon）是其中最著名的。

這些反應堆在大約 20 億年前很活躍，可能燃燒了幾十萬年才把鈾耗盡，但範圍不超過十公尺寬，小到不足以炸開地球。

不過，類似的事情仍然可以解釋月球的成因。基本的概念是，像鈾、釷、鈽等放射性元素在地球形成後不久，就集中在沒入地球深處的高密度岩石中，這些礦石在外核與地函的交界越積越多，地質作用再使它們結合得更緊密，形成巨大的核反應堆，最後到達超臨界狀態然後爆炸，威力足以把大小如月球的岩塊轟到軌道上。

較小型的碰撞？

要避開大碰撞假說面臨的問題，還有其他的方法，其中一個方法，是假設有個差不多是忒伊亞一半大的天體迎面撞上地球，並埋進地底。電腦模擬顯示，這會提供足夠大的能量，把熔融的物質甩進軌道，形成一個成分與地球岩石無異的月球。

有另一種「小碰撞」，是假想兩顆只有地球一半大的行星緩慢相撞，隨後發生的凝聚就形成了地球，而剩下的物質則形成了月球。

好消息是，即使核反應堆的解釋是對的，也不會有歷史重演的隱憂。促使爆炸發生的放射性同位素，現在大部分已經都衰變了，但若再來一次毀滅性撞擊，我們恐怕就沒那麼幸運了。

正午時分恍如黑夜

假如你看過日全食，就是經歷了太陽系裡最令人讚嘆的巧合之一。當月球從太陽面的前方滑過，與太陽剛好重合，完全遮住太陽面，只看得見一圈日冕光暈。能夠產生這個奇景，是因為月球與太陽在天空中幾乎同樣大（太陽的直徑實際上是月球的 400 倍，但距離恰巧也大約是 400 倍）。

這看起來像是有特殊的意義，但事實上只是巧合。月球曾經更靠近地球，而現在正以每年約 3.78 公分的速度悄悄遠離，所以遠古時與遙遠未來的日全食應該會比較司空見慣。

月球有多大？

月球的實際大小很難領會，只能說它很巨大，表面積比俄羅斯、加拿大和中國加起來還要大。月球是內太陽系目前為止最大的衛星，比土星和木星的巨大衛星稍微小一點。

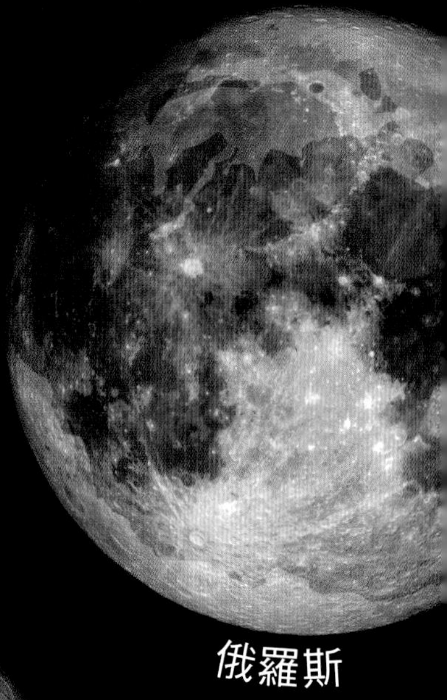

火星 ⟶

內太陽系中，大小僅次於月球的衛星是**火衛一**，火衛一的表面積與米蘭這樣的中型城市差不多。 ⟶

火星的另一顆衛星**火衛二**，表面積是火衛一的三分之一。 ⟶

月球

俄羅斯

義大利

澳洲

加拿大

美國

南極洲

中國

含水的月球

如果把地球上所有的海水
都運送到月球，就會讓月球的
直徑增加 2%。

為什麼地球有陸地和海洋？

地球是太陽系的四顆岩質行星之一，其餘三顆是火星、金星及水星，但就許多方面來看它又不是當中的一分子——不僅僅是因為上頭居住著生命。地球的表面動個不停，不斷透過緩慢卻無法抵擋的板塊運動自我重新排列。更不尋常的是，地表大約有 70% 的面積被水覆蓋。

科幻小説家克拉克（Arthur C. Clarke）曾説：「地球明明是『海洋』卻稱為『地』球，真是不恰當。」為了弄清楚地球不停變動且多水的表面是如何得來的，我們必須回到最初的源頭。

太陽系的起點普遍一致認為是在 45.67 億年前，當時地球還沒誕生，仍然在微行星之間的猛烈碰撞中成形。到了 45.5 億年前，已有大約 65% 的地球聚集成形，這個還未發育完成的行星溫度非常高，是完全由熔岩組成的「岩漿世界」，但想必正要開始冷卻，形成一層由岩石構成的地殼。

接著，大約過了兩千萬年，處於嬰兒期的地球凝固變硬，在太陽周圍的軌道上安頓下來之際，卻突然被擾亂。一顆像火星那麼大的天體與年輕的地球擦撞，撞擊產生的碎屑被拋到地球的軌道上，最後形成月球。地球的大氣層充滿汽化的岩石，這些岩石會凝結，變成熔岩雨落下來，以每天大概一公尺的速率沉積成一片熔岩之海。

地球遭到猛烈轟擊

撞擊的能量也產生了足夠的熱能，讓地球再一次融化，也許連地核都融化了，結果重新形成了岩漿海洋，也一併清除了過往的地質紀錄。

接著，就好像往傷口上撒鹽似的，「後期重轟擊事件」（Late Heavy Bombardment）大約在 41 億年前開始。也許是因為氣態巨行星的軌道重新排列，來自小行星帶的隕石紛紛落到地球上，讓部分的地表又從頭再融化一次。這些劇變，加上稍後的板塊運動和風化作用，讓我們對於地球最初五億年的認識有一道巨大的缺口，我們稱之為「冥古宙」（Hadean），就是取自地球形成初期宛若地獄般的惡劣環境。

地球在 40 億年前走出冥古宙時，已經有陸地、海洋、板塊構造，可能也有生命了。雖然不完全像今天的地球，譬如大氣層就很不一樣，但已經與形成月球的那次撞擊之後的熔岩星球判如天壤。這是怎麼辦到的？

今天的地殼幾乎完全是由不到 36 億年前的岩石組成的，因此冥古宙環境的遺跡極少。在留下的遠古岩石（大約是地殼的百萬分之一）當中，大部分已經一再被融化、壓縮，變得難以辨認，但幸虧有一種叫做鋯石的細小彈性晶體，我們對於所發生的事才有些頭緒。

像山丘一樣古老

鋯石是地球上最古老的礦物，主要的發現地點在澳洲西部的傑克丘陵（Jack Hills）。鋯石的成分是特別耐久的矽酸鋯晶體，而且含有高濃度的鈾，因此可從剩餘的放射性含量來推定年代。許多鋯石的年代超過 40 億年，表示是在冥古宙形成的。

這些鋯石無法告訴我們，遭受轟擊的地球在重新冷卻的過程中究竟發生什麼事，但其中的氧

宇宙雞尾酒

地球很早以前就有海洋了，但海洋是怎麼出現的，就是個謎。地球離太陽這麼近，看起來不太可能從原行星構成物質保留住水。

正規的解釋是，海洋是在後期重轟擊期間出現的，當時有大量的冰質天體如彗星、小行星掉落到地球上。不過，近年探測 67P/C-G 彗星的羅賽塔（Rosetta）任務，已經為這個想法打上問號，這顆彗星上的水的成分與地球上的水不同。

結果發現，其他彗星及小行星上的水大相逕庭，看樣子地球上的水是來自太陽系各方的混合體，在 40 億年前一場帶來生命的轟擊事件中紛紛抵達地球。下次燒開水時想想這一點。

含量透露出鋯石是在水中形成的，那就表示地球的海洋在 40 多億年已經就位了。這又引發了很多新的問題，尤其是水來自哪裡，何以沒有沸騰而散失掉。鋯石還告訴我們，地球在冥古宙時期一定已經形成地殼了，因為海洋必須坐落在堅硬的表面上。

第一層地殼是玄武岩，這是一種高密度的黑色火山岩，如今在中洋脊仍然有玄武岩形成。玄武岩構成了大部分的海底，並且可以大量堆積，最後從海洋中間隆起變成陸地——冰島和夏威夷都是從海底噴發的大塊玄武岩。這個過程在早期地球上也會發生；在最初的幾十億年，地表有許多由火山島鏈隔著的海洋。

不停運動的世界

最初的大陸也差不多在這段時期開始形成，這些陸地是另一種叫做花崗岩的火山岩構成的。花崗岩比較輕，是在隱沒帶形成的——就是海底板塊滑移到彼此下方或大陸板塊下方的區域。花崗岩的密度遠比玄武岩小，因此會浮在密度較大的岩石上方，第一塊真正的大陸地殼就是這樣形成的。有幾小塊 40 億年前形成的大陸地殼，到今天仍然存在。

有花崗岩存在，就顯示這段時期板塊構造一定也在移動，儘管不像如今地表的全面（但極緩慢的）翻攪。

甚至有人提出生命始於冥古宙的想法。最古老且真實可信的化石年代有 34.3 億年之久，但在有 41 億年歷史的鋯石中有化學訊跡，可能是生物體的遺跡，若真是如此，那些生物如何在地獄般的環境下存活，將是另一個待解之謎。

鋯石恆久遠

這些細小卻堅韌的晶體年代超過 40 億年之久，是極早期地球唯一留存下來的原始碎塊。這些鋯石告訴我們，大陸及海洋形成的速度相當驚人。

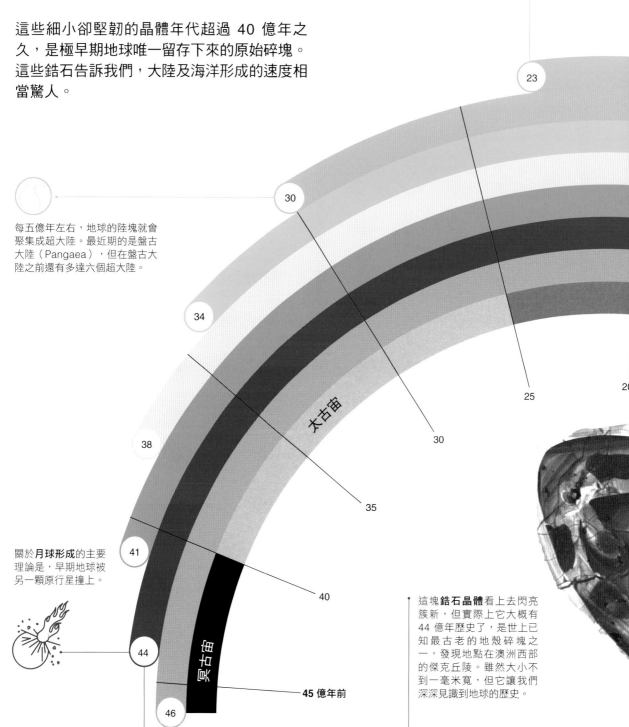

每五億年左右，地球的陸塊就會聚集成超大陸。最近期的是盤古大陸（Pangaea），但在盤古大陸之前還有多達六個超大陸。

太古宙

冥古宙

關於**月球形成**的主要理論是，早期地球被另一顆原行星撞上。

45 億年前

這塊**鋯石晶體**看上去閃亮簇新，但實際上它大概有 44 億年歷史了，是世上已知最古老的地殼碎塊之一，發現地點在澳洲西部的傑克丘陵。雖然大小不到一毫米寬，但它讓我們深深見識到地球的歷史。

剛演化出的**光合作用**把有毒的氧氣打進大氣中，幾乎把生命全殺光了。

最早的**多細胞動物**是神祕莫測的埃迪卡拉動物群（Ediacarans），主宰海洋近一億年之久，而在「寒武紀生物大爆發」期間滅絕。

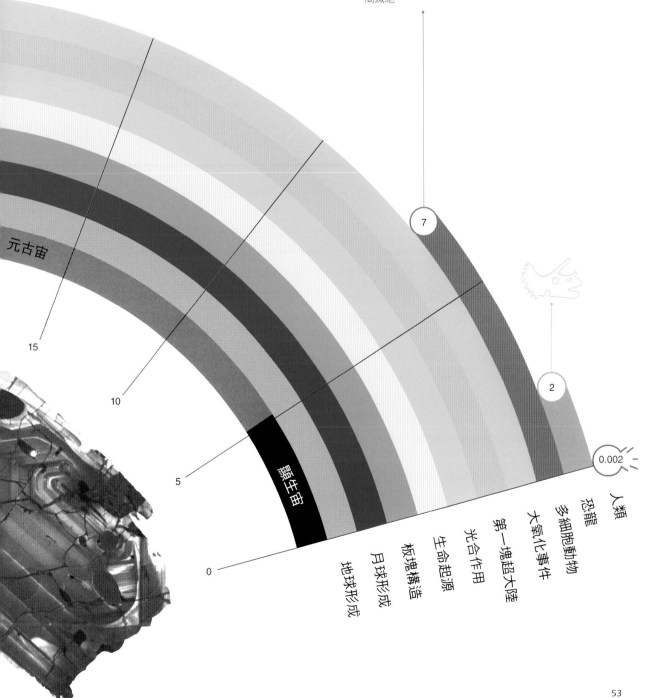

元古宙

顯生宙

15

10

5

0

7

2

0.002

人類
恐龍
多細胞動物
大氧化事件
第一塊超大陸
光合作用
生命起源
板塊構造
月球形成
地球形成

為什麼氣候
老是變來變去？

如果在地表上隨便選個位置，在那裡站一年，你會體驗到幾乎每一種天氣。譬如你選到英國倫敦的徹法格廣場（Trafalgar Square），就可以盼到 10 天大豪雨、50 天帶著霜寒的早晨、5 天下雪、大約 15 天雷雨、一兩陣大風、1,500 小時的陽光，以及非常非常多的雲。

為什麼在地球上的同一個地方可是經歷這麼不同的天氣？答案就在我們的頭頂上方，在包圍著地球的薄薄氣層以及 1.5 億公里外巨大的熾熱氣體球裡。

決定氣候的因子：太陽

氣候炎熱或寒冷與否，原因都一樣：來自太陽的輻射照射到一顆近似球形、不斷自轉且圍繞著大氣層的行星。由於這簡單的結構，大氣層的受熱並不均勻；在赤道的位置，陽光從頭頂直射，而在南北兩極，則是以很大的角度斜射。因此對同樣的面積來說，極地接收到的陽光比赤道來得少，這正是兩極冷、赤道熱的原因。

由於有這樣的差異，氣候就會流動。熱會從高溫區自然流向低溫區，所以大氣層和海洋會把熱從赤道傳送到兩極。一顆行星上如果沒有溫差，就不會有氣候。

如果只有這樣，全球氣候型態就會非常簡單。在赤道，熱空氣會上升然後流向兩極，在此空氣會冷卻、下沉，最後沿著地表流回赤道，因此地面風一律是從熱帶地區吹向極地。

不過實際情況並非如此，因為地球會自轉。在旋轉的球體上，表面及上方的空氣在赤道處移動得最快，在兩極卻動也不動，因此地球的自轉會使南北方向上的風偏向一邊，這種偏轉就稱為「科氏效應」（Coriolis effect）。

由地球自轉產生的科氏效應很強大，足以擾亂基本的南北流動，產生六個緊密相連的地面風帶，南北半球各有三個：極地東風帶、中緯度西風帶及赤道信風帶。兩信風帶會合的地方是一道氣候不穩定的區域，叫做「熱帶輻合帶」（Intertropical Convergence Zone）。

科氏力也會在地表上方的高空製造風，這些東西向的高速風帶稱為噴射氣流。地球上有四個

一成不變的天空

極端氣候搶到了頭條，不列顛群島反覆無常的氣候讓島民們有了聊天的話題。但你有沒有想過地球上哪個地方的天氣最不極端、最少有變化？《天氣》（Weatherwise）雜誌試圖找到答案。結果，智利瓦爾帕萊索（Valparaiso）附近的濱海城鎮維尼亞德爾瑪（Viña del Mar），榮登氣候最無變化的地方。此地全年白天氣溫在攝氏 15 到 25 度之間，通常是多雲，而且下很多毛毛雨，很少吹強風，從來沒結冰成下過雪，只有偶爾來陣雷雨打破一成不變。

SUN	MON	TUES	WED	THU	FRI	SAT
25°	25°	25°	25°	25°	25°	25°

噴射氣流，南北半球各有兩個：極地噴流與副熱帶噴流。

這是最主要的基本型態，但實際的風更加複雜多變，原因是地球並非均等的球體，而是有海洋、山脈、森林與沙漠的球體，這一切都會影響氣流。

大團雲朵

除了風，氣候的另一個基本因素是水，而我們感受到的是雲和雨的形式。

要形成雲，必須有兩個要件：空氣中的水氣，以及使水氣上升的機制。進入空氣中的水氣，來自地表水的蒸發作用以及植物的蒸散作用（植物從土壤吸收水分，然後由葉子排出）。水氣的上升機制分成三種。第一種是透過上升的暖空氣包，稱為「熱泡」（thermal）；第二種是藉由密度不同的氣團相遇時產生的鋒面，把空氣往上推；第三種是空氣被吹向山脈，被迫上升。

空氣一邊上升，也一邊冷卻膨脹，當降到某個溫度、即露點溫度（dew-point temperature）時，水氣就無法維持氣態，而開始凝結，形成小水滴群——這就是雲。如果小水滴變得夠大，就會以雨、霙、雪或冰雹的形式從天而降。

這一切都發生在大氣層最底部的 7 到 20 公里處，也稱為對流層。一超過這個高度，由於臭氧會吸收紫外線，空氣的溫度便會再度升高，這裡就是平流層的下邊界。這樣就夠了。只需要這些因素，就能解釋我們經歷到的一切氣候事件，從和煦宜人的天氣到狂風暴雨。

雷轟電掣

「雷暴」是最劇烈的天氣現象之一。如果太陽的熱能夠強，熱泡就會形成狀似花椰菜的積雲，高度可以到達對流層的頂部，高層的溫度低於冰點，就產生了冰晶，冰晶之間的碰撞使正負電荷分離，一旦分離持續增加到臨界點，電荷就會重新結合，放出一道閃電。現在的雲就是雷暴——但驚雷巨響的成因還不清楚。

雷暴總是會引起世上最嚴重的豪雨，而當風的條件對了（或條件不對，就看你從什麼角度來看），雷暴也會造成大自然中最劇烈的風暴——龍捲風。1999 年 5 月襲擊奧克拉荷馬州的龍捲風，雷達顯示的風速高達每小時 486 公里，這是有史以來的最高紀錄。

熱帶氣旋（包括颶風及颱風）是另一個極端氣候系統。雖然不如龍捲風那麼猛烈，但仍然極其巨大——直徑高達 2,000 公里，能夠產生 10 公尺以上的暴潮，日降雨量超過 1,000 毫米。

當海面溫度超過攝氏 27 度，使大量海水蒸發，海洋上方就會生成熱帶氣旋。這些水氣在凝結時釋放的潛熱，會製造出熱帶風暴，如果這個風暴同時受到風與科氏力的作用而開始旋轉，就可能發展成地球上最具破壞力的氣候系統。

起風了！

天氣變幻莫測，但天氣隱含的基本型態很簡單：
有個相互關聯的大氣渦旋系統，把熱從熱帶傳送到極地。

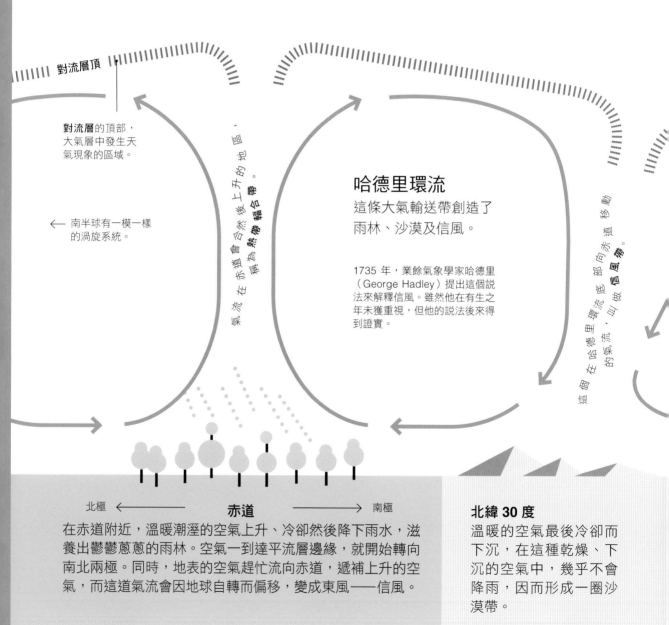

對流層頂

對流層的頂部，
大氣層中發生天
氣現象的區域。

← 南半球有一模一樣
的渦旋系統。

氣流在赤道會合然後上升的地區，
稱為**熱帶輻合帶**。

哈德里環流
這條大氣輸送帶創造了
雨林、沙漠及信風。

1735 年，業餘氣象學家哈德里
（George Hadley）提出這個說
法來解釋信風。雖然他在有生之
年未獲重視，但他的說法後來得
到證實。

這個在哈德里環流底部向赤道移動
的氣流，叫做**信風帶**。

北極 ←——————— **赤道** ———————→ 南極

在赤道附近，溫暖潮溼的空氣上升、冷卻然後降下雨水，滋
養出鬱鬱蔥蔥的雨林。空氣一到達平流層邊緣，就開始轉向
南北兩極。同時，地表的空氣趕忙流向赤道，遞補上升的空
氣，而這道氣流會因地球自轉而偏移，變成東風——信風。

北緯 30 度
溫暖的空氣最後冷卻而
下沉，在這種乾燥、下
沉的空氣中，幾乎不會
降雨，因而形成一圈沙
漠帶。

太陽如何為地球帶來風
在赤道，陽光從頭頂直射地球，而在南北極附近，陽光是斜射。

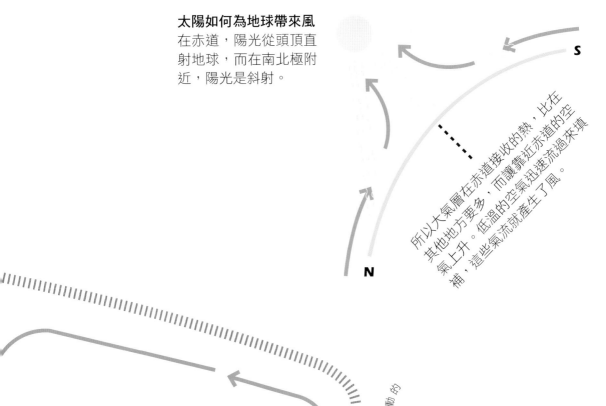

所以大氣層在赤道接收的熱，比在其他地方要多，而讓靠近赤道的空氣上升。低溫的空氣迅速流過來填補，這些氣流就產生了風。

S

N

在費雷爾環流底部向兩極移動的氣流，稱為**西風帶**。

費雷爾環流
形成極地環流的部分上升空氣，往反方向移動，產生一個夾在哈德里環流與極地胞之間的中緯度環流。

極地環流
就像比較小且微弱的哈德里環流。

北緯 60 度
佛雷爾環流與鄰近的環流旋轉方向相反，把地表的副熱帶空氣拉向南北兩極。地球的自轉讓這股氣流偏轉，就形成了西風，幾乎可解釋不列顛群島及其他中緯度國家變化無常的天氣。

北極
地球表面受熱不均勻，促使極地環流生成。相對溫暖的空氣往上升，到達對流層頂，流向兩極然後冷卻。

土壤哪來的 ？

土裡土氣，賤如糞土，灰頭土臉，我們腳下的泥土很少讓人寫出有詩意的句子。但仔細觀察一下，你就會發現泥土是美麗的事物。

土壤覆蓋了大部分的地表，沒有土壤，地球就會是非常不一樣、環境極為惡劣的地方。

土壤大不相同，不過大致來説是固態物質與孔洞的 1：1 混合體。固態物質主要是小石塊加上有機質（死的和活的都有），孔洞並不是空的，而是有各種比例的水和氣體填滿其間。然而，上列這些簡單的成分還無法構成土壤。要做出成品，一切東西需要經過一道複雜且漫長的加工製造程序。

大部分的土壤源頭都是裸露的母岩（bedrock，或譯為基岩），母岩受到風化作用侵蝕，生成越來越小的碎屑，累積在地表。「風化」是很貼切的用詞，岩石遭受風雨及冰雹擊打，就會發生風化作用，而凍結與融化不斷交替，又讓岩石進一步崩解。隨溫度升降的熱脹冷縮，也有類似的效應。

雨水會溶解某些礦物質，所以雨水中的化學物質也會侵蝕岩石。最後還有生物風化作用。起先，細菌及其他微生物在裸露的岩石上生存下來，排泄出有腐蝕性的酸類。隨後而來的是地衣和藻類；這些生物依附在岩石上，又大大增強了侵蝕作用。針對夏威夷貧瘠土地的實驗顯示，地衣讓風化作用加速至少 100 倍。

在成熟土壤中，生物風化作用更為強大。無脊椎動物、真菌和細菌的呼吸作用不斷製造出二氧化碳，會堆積在土粒之間，滲過土壤的雨水溶解了二氧化碳，形成碳酸。土壤生物會製造出其他的酸類。土壤也會像海綿一般，在下過雨後延長深層岩石保持溼潤的時間，這表示化學風化作用可能發生得更久。土壤就是以這種方式，自我催生出來。

最初定居的那些微生物，也是土壤有機質的起頭者。接著，地衣和藻類利用這些微生物留下的物質，先是以活的有機物質逐漸覆蓋岩石，然後是死亡的有機質。這些物質一旦累積得夠多，蠕蟲、節肢動物等大型生物就進駐了，牠們的洞穴把有機物質和礦物顆粒混合在一起，形成孔隙，蠕蟲製造出的黏液也會使物質黏在一起，變得更穩固。一塊土壤就誕生了。

優雅老去

隨著土壤變厚和成熟，可能就會分化成幾層，頂層的表土及各種下層土。成熟土壤裡生意盎然，一公克的土壤裡可能含有一億隻細菌和古菌、一千萬個病毒、一千隻真菌，此外還有大型的生物及植物的根。單單細菌可能就有一百萬種。

可以想見，這一切都需要時間，風化是耗時費力的歷程。地衣生長得極度緩慢，最近針對夏威夷熔岩流所做的研究顯示，就連形成原始土壤也要至少一百年，甚至長達一萬年。一百年前形成的熔岩流到今天幾乎仍是十分貧瘠的；即使是一萬年前形成的，也僅僅發育成類似土壤的物質。這説明覆蓋著地球大部分面積的肥沃土壤，是歷經數千年才形成的，非洲和澳洲的部分土壤可回溯到一億四千萬年前的白堊紀。

土壤的歷史比這還要久遠。已知最早的古土壤——化石土（fossil soil），年代可以推到 20 多億年前，要過很久才有植物出現、生存下來。這些土壤可不原始，而是很厚，發育良好，有些

兩萬種深淺不同的褐色

今天的土壤極其多樣豐富，母岩、氣候、地形、當地生態系及土壤生成年代，全都會影響土壤的組成成分。這種多樣性可由一套詳盡的分類系統呈現出來，詳盡的程度有如我們用來歸類生命形式的系統。比方說，美國農業部把土壤分成綱、亞綱、大土類、亞類、族與系——系就相當於生物分類的最基本單位：物種（species）。單單在美國，已編入目錄的就超過兩萬種。

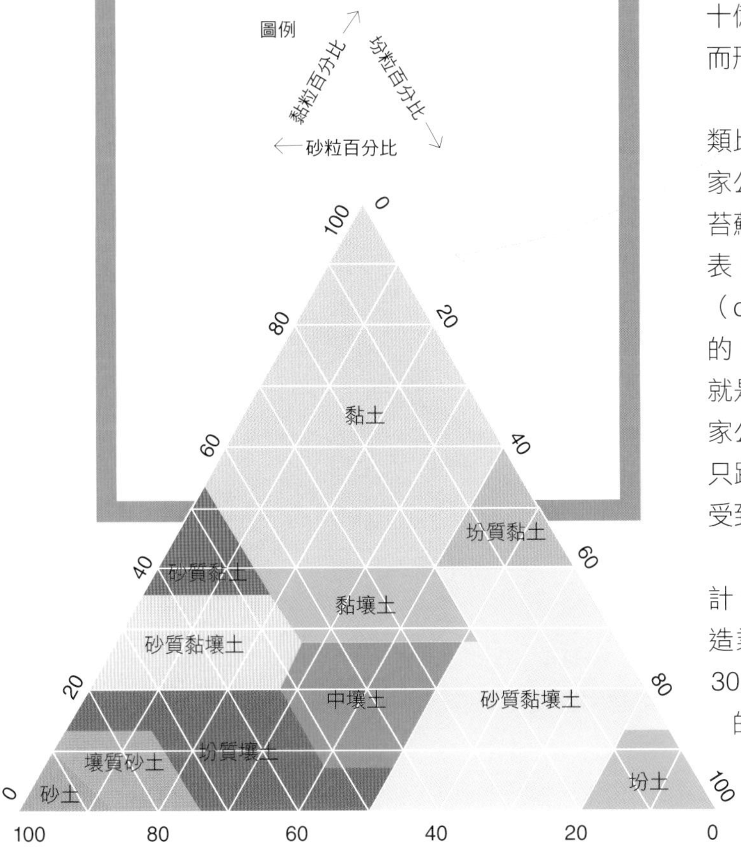

還含有體積多達 50% 的黏土礦物，黏土礦物是大面積母岩風化的最終產物。這正是一塊土壤穩定了至少數十萬年的特徵。

土壤頂峰

古土壤雖然沒有多細胞生物（植物、蠕蟲、節肢動物）幫忙施展魔法，但我們沒有理由認為古土壤的形成過程與現代土壤完全不同。那時可能也沒有地衣，儘管地衣的化石紀錄太少，無法確知。最合理的可能情況是，這些土壤是靠著數十億年前生存在陸地表面的強壯細菌聚落的作用而形成的。

對這個失落的世界，我們所能想到最貼切的類比，就在位於美國猶他州高地沙漠的峽谷地國家公園裡。在烈日冷風的環境下，細菌、地衣、苔蘚設法在岩石表面存活下來，這些生物在岩石表面共同形成了所謂的隱花植物結皮（cryptogamic crust），而與這層結皮混在一起的，是薄薄一層礦物及有機碎屑——換句話說，就是一層土壤。為了保護脆弱的土壤，峽谷地國家公園規定遊客只能沿著有標識的步道走；即使只踏了一腳，都有可能破壞結皮，讓下方的土壤受到侵蝕。侵蝕一旦開始，就會一發不可收拾。

我們還必須保護全球的土壤。據聯合國統計，全世界有超過三分之一的土壤受到農業及營造業的危害，目前我們每分鐘流失面積相當於 30 座足球場的肥沃表土。假定土壤栽種出 95% 的糧食，保存的碳量是整個大氣層的三倍，而且需要數千年才能替換，我們真的該採取行動，救救我們的土壤！

圖例

黏粒百分比

坋粒百分比

← 砂粒百分比 →

100
80
60
40
20
0

黏土

坋質黏土

砂質黏土

黏壤土

砂質黏壤土

中壤土

砂質壤土

壤質砂土

坋質壤土

砂質黏壤土

砂土

坋土

100
80
60
40
20
0

挖開泥土

肉眼看起來，土壤沒什麼了不起，不過放大近看，
就像一趟土壤探險之旅。

全世界有三分之一的
土壤瀕臨危機。

菌絲

肉眼

最大的土壤塊稱為大團粒，水分和住在
土裡的生物分泌出的黏液，把一塊塊的
礦物與有機質黏合在一起。也可以看到
植物的根、真菌的菌絲及線蟲。

3.0 毫米

根

孢子

放大 10 倍

真菌的軸絲

比大團粒小一級的是小團粒，在這裡可以看到
真菌的孢子及植物的根毛。根毛可能包裹在滿
是根圈菌的根瘤裡面，這些微生物與植物形成
共生關係，為植物供給空氣中的氮。

0.3 毫米

根

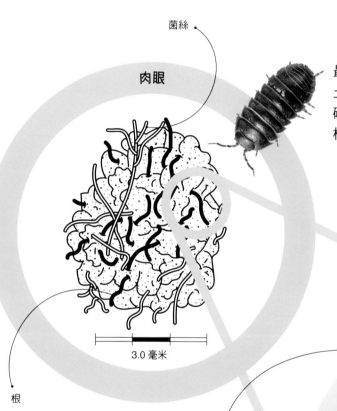

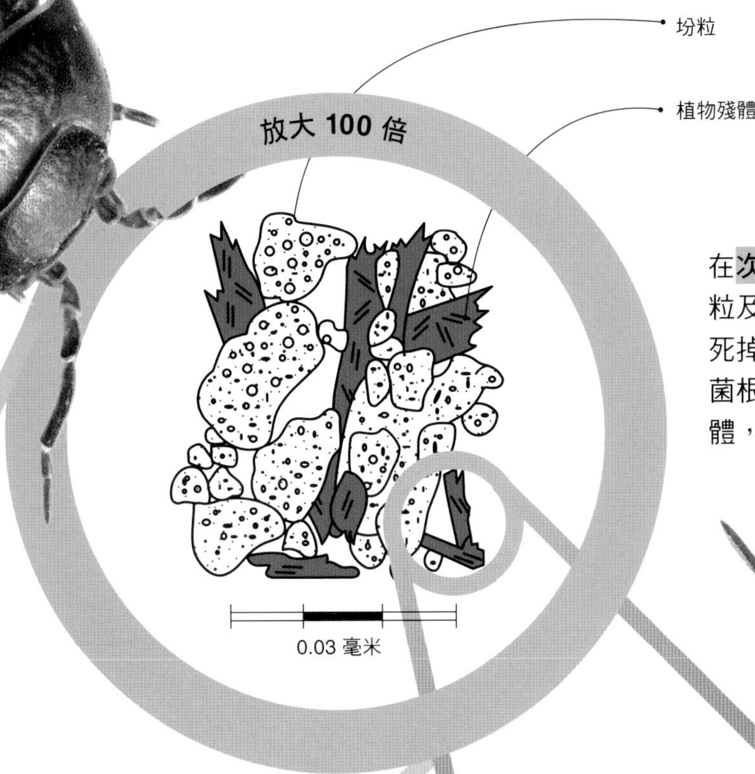

放大 100 倍

坋粒

植物殘體

已有超過兩萬種土壤編入目錄。

在**次小團粒**的層級,你會看到礦物顆粒及覆蓋著一層微生物菌落和黏土的死掉植物殘體,可能也會看到菌根,菌根是根與真菌之間的互利共生關係體,會幫助植物抽出土壤中的養分。

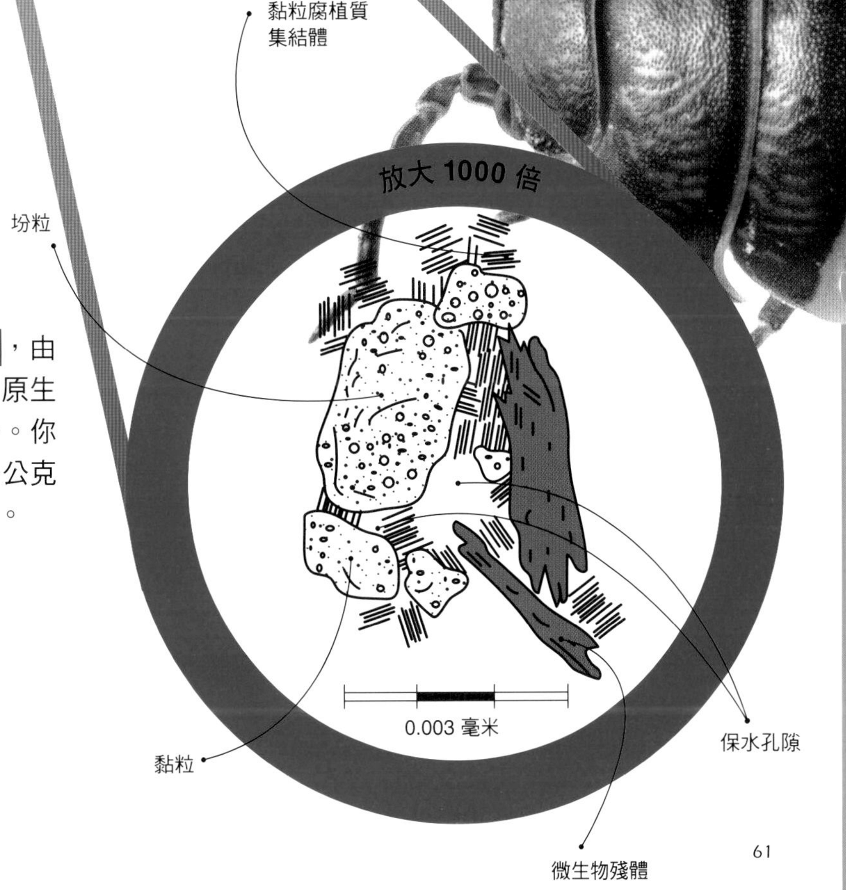

0.03 毫米

圖片來源:*The Nature and Properties of Soils* by Nyle C. Brady and Raymond R. Weil (Prentice Hall, 2007)

黏粒腐植質集結體

坋粒

放大 1000 倍

土壤最小的組成叫做**原生土粒**,由坋粒、黏粒和植物殘體構成,原生土粒間的孔隙充滿空氣或水分。你也可以看見單細胞微生物;一公克的土壤可能會含一億個微生物。

0.003 毫米

保水孔隙

黏粒

微生物殘體

為什麼地球有那麼大的大氣層？

請你做個深呼吸。你剛才大約吸入了 260 億兆個氣體分子，其中多半是氮和氧。不過如果你能夠在早期的地球表面吸一口氣，所吸進的 260 億兆個分子就會非常不同：主要是二氧化碳及二氧化硫。（吸完這口氣，你接下來能吸氣的次數就所剩不多了。）我們的空氣幾乎是眼不見心不煩，但它能夠存在，正是使地球有別於我們所知的其他行星的奇蹟之一。

現今地球大氣約有 78% 的氮、21% 的氧、1% 的氬及含量不等的水氣（體積比），還有微量的二氧化碳、二氧化硫、一氧化碳、甲烷、氦、氖和氪，以及更少量的臭氧、氫、氙、氡、氮氧化物與人為工業污染物如氟氯碳化物。

大氣的組成已經與早期剛形成時完全不同，在很早以前，地球外圍可能有一圈從地球形成後遺留下來的脆弱氣體——大部分是氫氣。不過，這個「早期的大氣」並沒有維持多久，就讓強勁的太陽風給刮進太空了，所以我們可以不必把這當成現今大氣的起源。

地球很快就從一個難以置信的來源取得了第二個大氣——從自己的內部構造。火山噴出較重的氣體，這些氣體受到地心引力的作用，無法逃逸到太空中。另外，彗星和小行星的撞擊，可能也讓一些氣體加進大氣中。因此我們現在的大氣層，是從地球放出的屁和太空所打的嗝的混合物演變產生而來的。

第二個大氣層可能很濃密嗆鼻，主要成分是水蒸氣、二氧化碳及二氧化硫，我們之所以知道這點，是因為這些正是現今火山噴發出的主要氣體。早期火山作用極為活躍，大氣壓可能是現在的 10 倍——這也解釋了早期海洋為何沒有沸騰而散失到太空中。

同時，由於陽光打斷了二氧化碳與水等分子，氧氣也就慢慢開始累積，但一直要到更晚期，氧才成為大氣的重要組成成分。

這樣的話，幾十億年來從火山噴出的二氧化碳和二氧化硫混合物，又是如何演變成以氮氣與氧氣為主的大氣層的？答案有兩種。第一種答案是，大量的二氧化碳溶解在海洋中，最後沉積形成石灰岩。第二種是，生命出現了，於是徹底改變了大氣的組成。

原始煙霧

起初生命對大氣層的貢獻是甲烷，這是原始單細胞生物從氫和二氧化碳釋放出能量之後製造的廢物。大約 37 億年前發生過一場「甲烷危機」，差點在危機剛爆發不久就讓生命從地球上完全消失。當時，微生物排出的甲烷使大氣層中充滿一種煙霧，幾乎擋住了陽光。

接下來的大變化，是發生在大約 23 億年前的大氧化事件（Great Oxygenation Event）。在那之前十億年，某些微生物演化出一種從陽光中釋放能量的新途徑，稱為光合作用，就已經為這場災變埋下禍根。光合作用製造出的廢物之一，是一種毒性非常強、反應很劇烈的氣體，之前在地球上幾乎不曾見過，那就是——氧氣。

行光合作用的第一批生物並沒有把自己產生的有毒廢氣直接傾倒進空氣裡，而是妥善存放在鐵化合物中，結果就形成了一層層的氧化鐵，稱為帶狀鐵礦層（banded iron formation），可在

世界各地約距 15 億到 30 億歲的岩石中發現。

但後來演化出能耐受游離氧的光合生物，牠們把有毒的廢氧直接排放進空氣中，省下了存放廢氣所需的力氣，而得到的好處就是讓許多競爭者紛紛滅絕。大氣層裡的氧氣開始累積，從大約 1% 升高到 10% 以上。

大氧化事件差點害生命全被毒死，所以也有人把它稱為氧氣大浩劫（Oxygen Catastrophe）。

外星空氣

如果你想要一個帶有大氣層的岩質行星，地球大概是最好的選擇了。火星幾乎沒有——只有微量的二氧化碳，氣壓不到地球的 1%；主要是因為火星比地球小，引力不夠強，留不住氣層。水星體積更小，大氣更為稀薄。然而金星是另一種極端情況：火山氣體和硫酸組成的高溫、高密度雲層包住了金星，氣壓是地球的將近 100 倍；但在距離金星表面 70 公里高空，大氣環境極其溫和宜人，有充足的陽光和水，還有跟地球相近的氣壓及氣溫，也許剛好適合生物存活。

不過演化發明了一種利用氧氣的方式，叫做呼吸作用，這才化險為夷。

大氧化事件還引發過另外一場災難。光合作用會吸掉大氣中的溫室氣體二氧化碳，最後存放在沉積岩裡，同時，氧又會與甲烷發生反應，甲烷是影響力更強大的溫室氣體，這些因素加起來，就把世界推向一段大約持續了四億年的全球冰河期，稱為雪團地球（Snowball Earth）時期，直到火山活動的巨大脈動讓大氣層重新充滿溫室氣體之後才結束。雪團冰河期似乎也把氧的濃度拉回到非常低的程度，這也許是光合作用幾乎停止的緣故。但當冰逐漸融化，生命再度興盛，結果大氧化事件又發生了一次。

生命氣息

不過，也不全是壞消息。大氧化事件在大約十億年前形成了臭氧保護層，終究讓地球保有適於居住的環境。在劇情開展之際，惰性的氮氣仍持續從火山外洩，而這些氮氣無所事事，沒有別處可去，所以越積越多，變成大氣中數量最多的氣體。到大約六億年前，大氣的組成大致就是我們今天熟知的樣貌。

大氣的組成與密度會隨時間變化，受制於生物、地質、化學過程之間複雜的相互影響。比方說，氧氣在大約三億年前達到 30% 左右的高峰，結果演化出一公尺長的飛蟲。儘管如此，過去五億年間的空氣，和你此刻呼吸到的東西基本上是一樣的。

你吸的每一口氣

每次吸氣都會吸入大約 **260** 億兆個氣體分子，其中大多數的分子已經被吸吐幾十億次了。

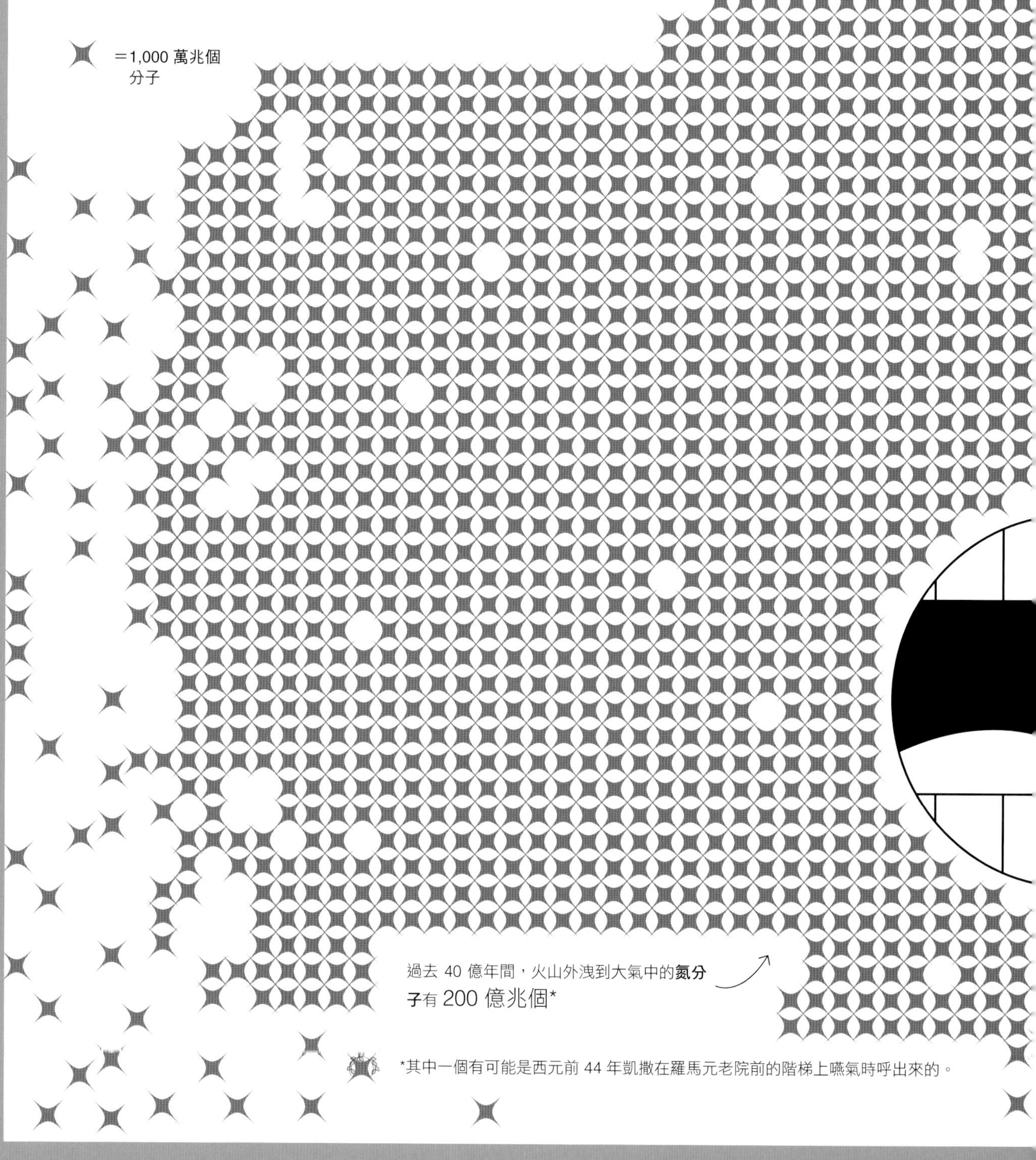

幾乎跟你用杯子裝所有海水
總共裝得的杯數一樣多

✦ ＝1,000 萬兆個
分子

過去 40 億年間，火山外洩到大氣中的**氮分子**有 **200** 億兆個*

*其中一個有可能是西元前 44 年凱撒在羅馬元老院前的階梯上嚥氣時呼出來的。

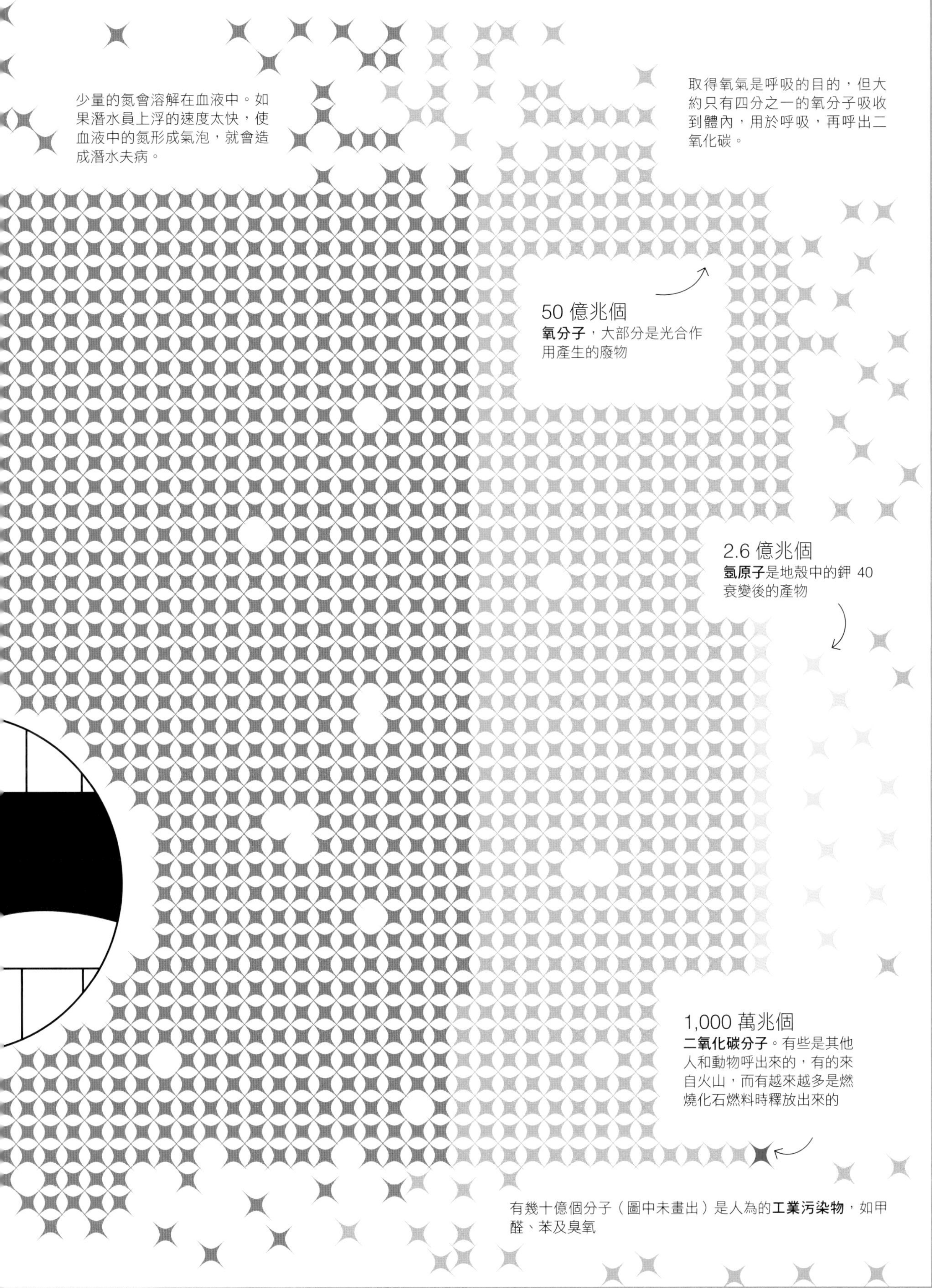

少量的氮會溶解在血液中。如果潛水員上浮的速度太快，使血液中的氮形成氣泡，就會造成潛水夫病。

取得氧氣是呼吸的目的，但大約只有四分之一的氧分子吸收到體內，用於呼吸，再呼出二氧化碳。

50 億兆個
氧分子，大部分是光合作用產生的廢物

2.6 億兆個
氬原子是地殼中的鉀 40 衰變後的產物

1,000 萬兆個
二氧化碳分子。有些是其他人和動物呼出來的，有的來自火山，而有越來越多是燃燒化石燃料時釋放出來的

有幾十億個分子（圖中未畫出）是人為的**工業污染物**，如甲醛、苯及臭氧

地球是怎麼裝滿汽油的？

下次開車、坐巴士或火車去旅行時，思考一下這件事：旅途中供應燃料的東西，是有數千萬甚至數億年不見天日、已變成化石的陽光。

石油是現代文明的命脈，事關我們的繁榮昌盛與安全，許多戰爭的目的就為了爭奪石油，而一旦石油用完，該如何生活下去，我們也沒有清楚的計畫。我們每天消耗將近 9,000 萬桶石油——這個數量多到裝滿五座倫敦 O2 體育館。

浮游生物的力量

只要想到全世界絕大多數的石油誕生自古代海洋中，浮游生物透過光合作用靜悄悄地把陽光轉化成有機分子，就會覺得這一切真是非常壯烈。浮游生物死亡後，身體沉入洋底，海底缺少氧氣，無法發生分解作用。這些富含能量的生物殘體累積成厚厚的有機污泥，混合了泥沙、沙土和其他無機物質，最後消失在沉積層的下方。

數百萬年來，上層的沉積物越堆越多，污泥也越埋越深，一旦深度達到約三公里，來自下方的熱與上方的壓力就開始燉煮這些有機分子，把它們分解成更簡單的碳氫鏈。第一個產物是一種蠟狀固體，叫做油母質，它會再進一步弄斷或「裂解」，形成液態碳氫化合物的混合物，稱為石油，外加甲烷或天然氣。有時溫度過高，所有的有機分子都會裂解成甲烷，這種「燉過頭」的現象，通常發生在沉積深度超過五公里的情況下。

但當條件適中，就會形成石油。成品的成分取決於超始物及其承受的溫度壓力組合，低溫下形成的石油又稠又黑，譬如焦油，而高溫下的石油又稀又透明，如汽油，顏色則從黑色到褐、綠甚至黃色。真正有價值的化合物，也就是拿去加

工製成燃油的石蠟，所占的比例可能從 15% 到 60% 不等。

故事還沒完呢。地底下的石油很少匯聚成潭，而是融入岩石中，通常還附帶著水，所以必須分離出來。不僅如此，石油只會在特定的條件下形成可採礦床。能夠生成石油的岩石是多孔的，好讓液體和氣體通過，浮升到地表。另外，在含油岩石的上方還必須有個封閉構造——也許是一層緻密無孔的岩石或是一個斷層。蓋層的形狀也必須恰到好處，讓油氣在下方聚集。唯有如此，油氣才會形成我們稱為油田的大片礦床。

油然而生

幸好（或是很不幸，端看你怎麼看），石油含量豐富，地球又很大，所以得天獨厚的地質條件讓可開採的油氣礦床頗為常見。已知的油氣田大約有 65,000 個，地質學家也繼續發掘新的礦床。從這些井冒出來的東西，叫做原油，而從原油可以製造出一系列產物，包括你加進油箱的汽油，以及現代世界的塑膠。

石油的起源很難判定，因為石油經常在地底下大範圍移動，無法從含油岩石或發現地點上方的岩石來確定年代。但知道石油的形成時間，可幫助石油地質學家了解自己腳下有什麼，也就清楚該往哪裡花力氣探勘。

地質學家通常利用生物標記、也就是不同生命年代特有的有機化合物，來確定石油的年代。比方說，只有開花植物會製造齊墩果烷（oleanane）這種化合物，因此含有齊墩果烷的石油一定是在白堊紀或再晚些的年代生成的（花粉雖然小，但也是有機物質不小的貢獻者，最後

都會變成石油）。

　　針對生物標記所做的分析顯示，有些石油確實非常古老，可以追溯到 5.4 億年前演化出來的複雜生命出現之前，而其他的石油年代相當近期，只有 500 萬年。一般認為石油需要幾百萬年才能生成，但地質學家也發現了一些非常年輕的礦床，這就表示情況未必如此。在加利福尼亞灣發現的成熟石油很年輕，生成於 5,000 年前，而俄羅斯地質學家聲稱，他們在堪察加半島發現的石油是 50 年前生成的。

　　有些石油可能不是產生自生物，而是來自地球形成時就已經存在或是由彗星帶到地球上的碳，不過即便有這種石油存在，所占的比例也微乎其微。

來自消失海洋之下

　　如果有石油形成的黃金時代，大概就是從兩億到一億四千五百萬年前的侏羅紀期間了。當時石油在古地中海的海底大量形成，這片海域曾經分隔開岡瓦納古陸（Gondwana）與勞亞古陸（Laurasia）。由於大陸漂移，古地中海最後閉合了，但仍然留下一些殘餘部分──地中海、黑海、裏海及鹹海都是古地中海的碎塊。但古地中海最重要的遺留物，是現今在中東國家地底發現的豐富能源蘊藏，蘊藏量可供應全球石油需求的三分之二。

　　北海石油也是在侏羅紀期間形成的，所以為你的車子提供動力的能源，很可能是一隻兩億年前死掉的浮游生物從陽光中提取出來的。

從污泥變成黑金

　　世上第一個油井是 1859 年在美國賓州泰特斯維爾（Titusville）附近鑽探出來的，該地區有瀝青質從地面冒出來，所以被稱為油溪（Oil Creek）。居民拿這種物質當藥物使用，但賓夕法尼亞石油公司想發展出全新的產業。

　　其產品是光。這家公司明白「石油」含有煤油，是油燈的絕佳發光劑。煤油很快就開始賺錢。

　　當時汽油是幾乎毫無用處的副產品，通常被直接丟棄，但在邁入 20 世紀之際，愛迪生發明的燈泡讓煤油生意一落千丈，石油商得另謀出路。亨利・福特讓內燃機成為現代生活的典型特徵，汽油突然間找到了一片很大且不斷擴大的市場。

文明的命脈

化石燃料讓我們消耗的能源（能量），是我們的狩獵採集祖先的 100 倍。換句話說，能夠取得這些燃料，就相當於擁有 100 名奴隸。

一個狩獵採集者的每日能量
（源）消耗

1,900 千卡，來自覓得及獵得的食物

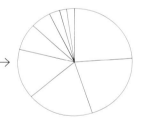

一個西方人的每日能量（源）消耗

196,000 千卡，主要來自煤炭、石油及天然氣

我們把能源用在：

- **24%** 製造我們購買的消費品
- **21%** 個人交通運輸工具
- **19%** 住家與工作場所的冷暖空調設備
- **15%** 飛行
- **8%** 生產及烹調我們所吃的糧食
- **6%** 運輸貨物，包括天然氣管線和輸油管線
- **3%** 供電給電視、電腦、電話等物品
- **2%** 電氣照明
- **2%** 國防

Chapter 3

Life
生命

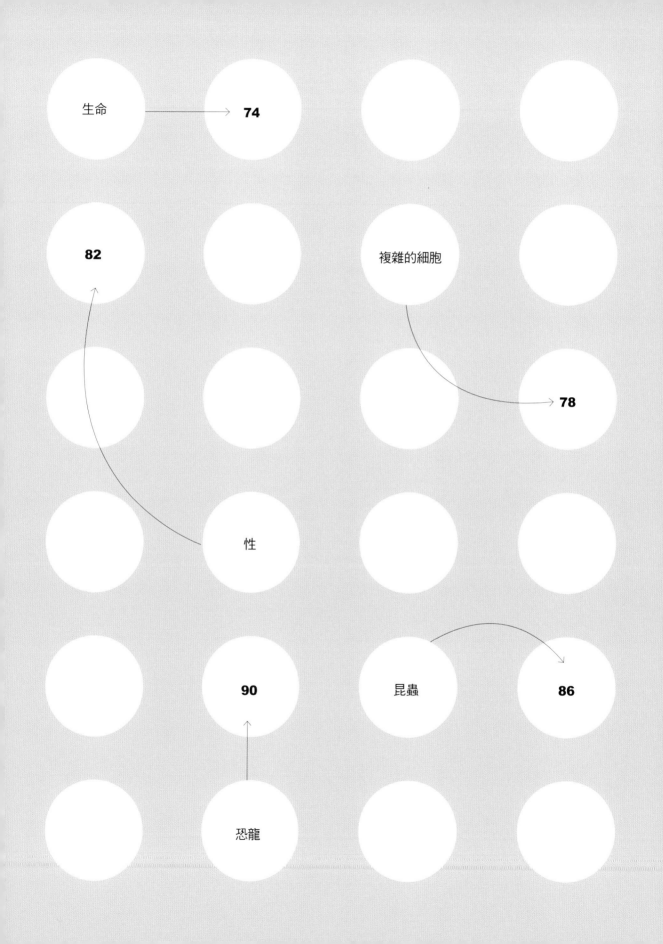

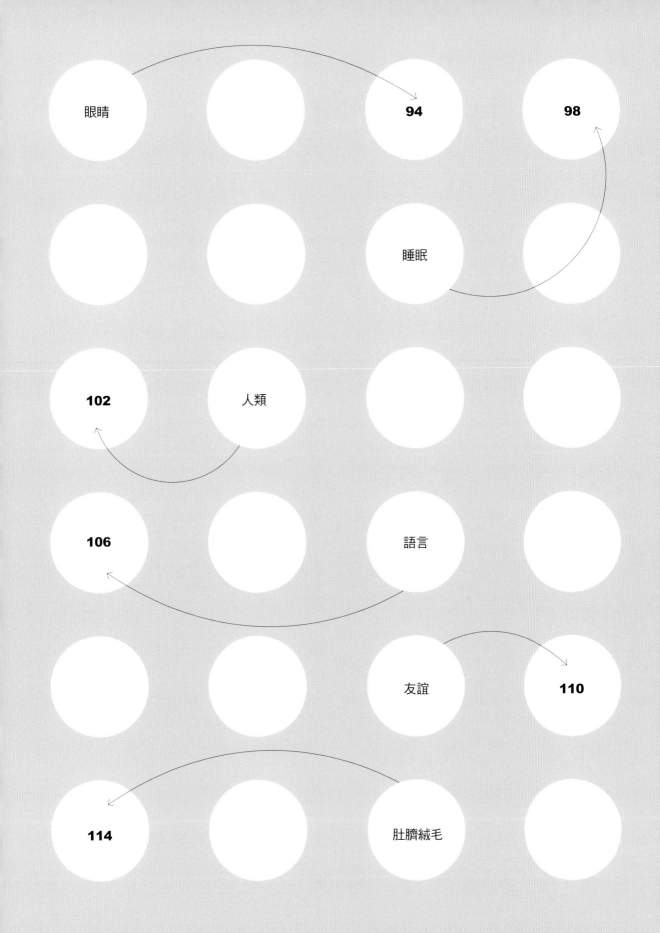

生命是從什麼時候開始的？

40 億年前，地球表面的溫度開始冷卻。這個地方遭隕石猛烈轟擊，因火山爆發變得四分五裂，還籠罩在有毒的大氣層下，儘管環境如此惡劣，但仍然有意想不到的事情發生。一個或一組能自我複製的分子出現了。在年輕的地球見識過的所有驚奇事件當中，這可說是最驚奇的了。

會自我複製的分子一出現，自然選擇（天擇）就開始發揮作用，選擇帶有變異、更擅長自我複製的後代。不久，第一個簡單的細胞就出現了。生命開始了。

查爾斯·達爾文是最早猜測這件事是如何發生的人之一。他想像有個「溫暖的小池塘，池水中有各種氨、磷酸鹽、光、熱、電等等」。

現在我們已經不再把溫暖的池塘視為生命的生長搖籃，但也曾經提出過其他的可能，包括大洋、深海熱液噴口、放射性海灘以及黏土塊。最重要的是，我們不曉得生命是從哪裡或如何開始的。不過，我們所知道的一切已經夠我們做出有憑有據的猜測。

大事的開端

較無爭議的細菌化石年代可以追溯到大約 30 億年前，但目前普遍相信生命在更早以前，最晚在 35 億年前就已經出現了，不過確切的時間很難講。許多古老岩石裡的物理結構與化學特徵，已經被視為是生命的證據；最早可以追溯到 41 億年前，但這似乎過於誇大，因為當時地球仍處於後期重轟擊的連續轟炸期。最佳猜測值也許是 38 億年前。

如果連「何時」都難以確定，「如何」就更

難知道了。任何一個關於生命起源的理論都必須解釋以下三點：基本要素如何組成複雜的分子；這些複雜分子如何裝進像細胞這樣的狹小空間裡；驅動這個過程的能量來自何處。有個理論也許是最接近的，而且這三點都能解釋，這個理論在討論位於海底的鹼性熱液噴口。這和著名的火山熱泉（即「黑煙囪」）不同，黑煙囪是從火山裂縫噴湧而出的超高溫熱泉。

如今在地球上發現、在早期地球上可能很常

來自外太空

關於地球上生命的起源有個純屬臆測的想法，那就是泛種論（panspermia），這個假說推測生命誕生於星系的其他地方，可能是火星，而由彗星或流星帶到地球上。若真是如此，那麼我們全都是外星人，而生命存在的時間肯定也比生命出現在地球上的 40 億年還要久。不過，泛種論並沒有回答生命如何及何時開始的基本問題，而只是把問題搬到別處罷了。

見的鹼性熱液，不像黑煙囪那麼洶湧。這些海底裂隙會緩緩滲出溫熱的鹼性液體。

海水滲透進海底，與橄欖石這種礦物發生反應，結果就形成了這些熱液噴口。這種化學反應會使海水富含氫並產生熱，讓液體回到海底。當熱液遇到冷的海水，礦物質會沉澱析出，漸漸形成高達 60 公尺的易碎岩石煙囪，這種結構就提供了孕育出生命所需的一切。

構成要素

首先是化學物質。煙囪壁可能富含礦物質，加快了從二氧化碳和氫形成複雜有機化合物的速率，而噴口湧出的熱液中有大量的二氧化碳和氫。結果，構成生命的重要分子可能就開始自發形成了，包括胺基酸、醣類，以及最重要的 RNA（核糖核酸）。

DNA（去氧核糖核酸）的近親 RNA，對我們思索生命起源的問題極其重要。生物學家剛開始思考這個問題時，覺得很困惑。所有的生物體都仰賴蛋白質來運作，蛋白質可以折疊成許許多多的形狀，所以幾乎什麼事都能做，包括催化生命所需的化學反應。然而，製造蛋白質所需的資訊儲存在 DNA 裡。沒有 DNA，就無法製造新的蛋白質，但沒有蛋白質，也不能製造新的DNA，那麼應該是先有誰呢？

有一項發現解決了這個「雞生蛋、蛋生雞」的問題：RNA 既能像蛋白質那樣稍微折疊，也能加快反應速率。這項發現在大約 25 年前衍生出一個想法：第一個生命是由自我催化合成的RNA 分子構成的。鹼性熱液噴口似乎是適合這個 RNA 世界演化的理想之地。

接下來是抑制，不讓分子擴散開來。噴口本身可以盡到這個職責；噴口內部的多孔構造是許多互相連通、像細胞似的微小空間，周圍是很薄的礦物質壁。這些空間可以容納並集中 RNA 及其他在表面形成的複雜分子。

RNA 世界也需要能量，而熱液噴口也能做到這點，它提供的能量是一種天然「電池」，熱液與海水在此相會，海水是酸性的（帶許多質子），熱液是鹼性的（缺少質子），因此在兩者相會處，質子濃度有很大的差距。由於質子帶正電，這個梯度就會在整個界面上產生一個電位。

這個能量會進一步驅動二氧化碳與氫之間的反應，更快形成複雜的分子和更長的 RNA 分子。到某個階段，原始細胞演化出一種利用質子濃度梯度的方式，這在演化上是關鍵的一步，而最佳證據之一就是，細胞仍然靠著整個細胞膜上的質子梯度來驅動。

簡單的食譜

要添上很多步驟。鹼性熱液噴口是 RNA 世界的完美環境，雖然不是餐桌上唯一的選項，卻是我們所猜測的生命搖籃當中機率最高的。

還有很多問題沒有解答。生命如何掙脫噴口？從 RNA 到 DNA 和蛋白質的轉變是如何發生的？

我們也許永遠得不到答案。但如果熱液說（hydrothermal theory）成立，我們就會知道某些很深刻的事情。生命的出現算不上是無法理解的謎團，而是一個擁有三項基本要素（岩石、海水及二氧化碳）的行星系統中，幾乎必然會發生的結果。

生命的
三大要素

生命起源的過程看似複雜，但可能只需要讓
三個簡單的要素，匯集在古代海底叫做鹼性
熱液噴口的地方。

什麼也沒有

一無所獲

岩石

特別是一種稱為橄欖石的
火山岩，這種岩石會與海
水發生反應，使海水富含
氫並產生熱。橄欖石在海
底很常見。

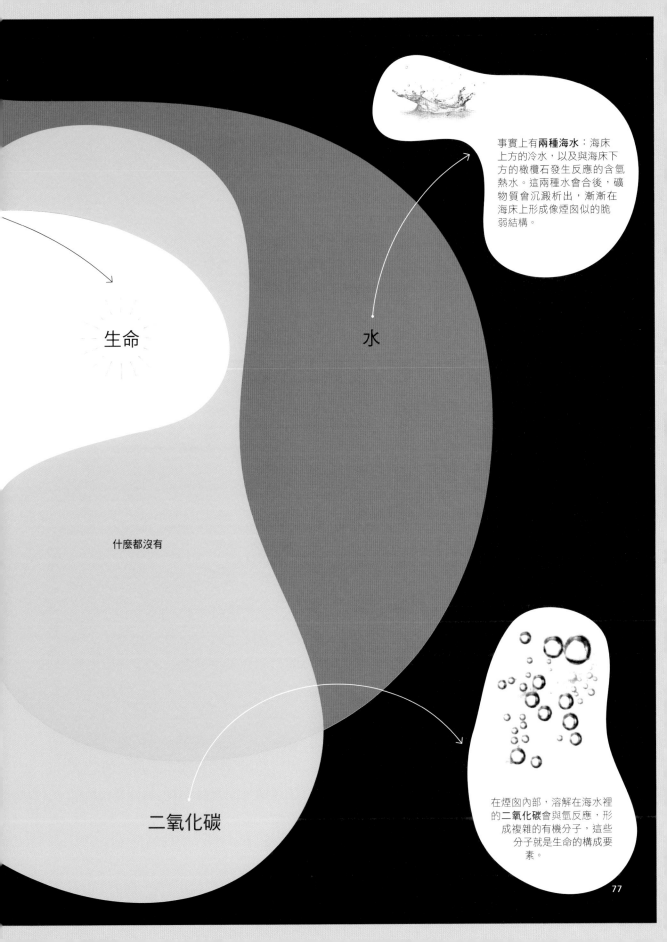

生命

水

事實上有**兩種海水**：海床上方的冷水，以及與海床下方的橄欖石發生反應的含氫熱水。這兩種水會合後，礦物質會沉澱析出，漸漸在海床上形成像煙囪似的脆弱結構。

什麼都沒有

二氧化碳

在煙囪內部，溶解在海水裡的**二氧化碳**會與氫反應，形成複雜的有機分子，這些分子就是生命的構成要素。

複雜的生命是怎麼演化出來的？

達爾文在《物種起源》中寫到，我們這個生氣蓬勃的地球是「最美的無數形態」之一，但如果回到幾十億年前，景象看起來會很不一樣。儘管地球已經存在了大半個 20 億年，生命仍舊極為原始——只有細菌，以及表面上和細菌相似但實際上大不相同的古菌（細菌和古菌分屬兩個不同的域）。最複雜的生物是微生物菌落，如疊層石（stromatolite）和微生物墊（microbial mat），沒有植物也沒有動物，只有荒蕪一片的岩石、河流與海洋。

最美的無數生命形態突然出現，大概是生命本身開始以來發生在地球上最重要的大事，看樣子也絕對是最不可能發生的事件之一。

許多年來，生物學家都假設複雜生命的突現在演化上是必然，簡單的生命一旦出現，就會逐漸演化成更複雜的形態，最後生出動植物。但實情似乎不是這麼回事。簡單細胞出現之後，要過一段特別長的間斷期（將近地球的半生），複雜的細胞才演化出來。事實上，在 40 億年演化歷程中，簡單細胞好像一下子就變出複雜細胞了，這使人聯想到一件怪事。

消失的環節

如果簡單細胞是經過幾十億年慢慢演化成更為複雜的細胞，就會有各種介於中間的細胞存在，有些至今應該還存在。可是一種也沒有，而只有一道巨大的間隔，一邊是微小的細菌和古菌，統稱為原核生物，另一邊是龐大笨重的真核生物，也就是生命的第三大域。典型的單細胞真核生物，譬如變形蟲，是細菌的 15,000 倍大，配備了一套基因組。

原核生物差不多像是裝著化學物質的微小袋子——當然是複雜的袋子，但比起真核細胞就算不了什麼，真核細胞擁有胞器（迷你型的器官結構）、內膜、骨骼及傳遞系統。真核生物和原核生物的關係，就如人類和變形蟲的關係。

雖然細菌構成的東西不會比一串或一群相同的細胞更複雜，真核細胞卻能聚集起來，合力形成一切生物，從海藻到紅杉、土豚到斑馬。所有的複雜多細胞生命形態，也就是在你四周能看到的幾乎每種生物，還有更多看不到的，都是真核生物。

所有的真核生物都是從共同的祖先演化出來

無聊透頂

如果有時候覺得生活乏善可陳，請想想那些 17 億到 7 億年前住在地球上的人。這段無比漫長的時間是如此風平浪靜，被生物學家稱之為「無聊的十億年」。原因似乎是地質方面的，而非生物上的。那時地殼已經凝固了，但板塊運動還沒有開始，於是進入了長久的地質停滯期，完全沒有斷裂作用、火山活動、造山運動、大陸漂移以及經常推動演化發生的其他隆起現象。

的，沒有那次的事件發生，生命大概就還停留在一成不變的微生物階段。細菌和古菌的細胞就是不具備能演化成複雜形態的條件。

那麼到底發生了什麼事？20 億年前，似乎發生了重要至極的事件：有個簡單細胞不知何故竟然跑進另一個細胞裡。宿主細胞身分不明，我們只知道它吞噬了一隻細菌，這隻細菌就開始在細胞裡存活、分裂，就像擅自占屋者。不知怎的，兩者找到了和平共處之道，最後居然形成一種共生關係，稱為內共生作用。

透過無數代的共同演化，這個內共生體最後變成一種叫做粒線體的胞器。這些前身為細菌的樸實退化構造，演化成只有一個重要功能：替細胞供給能量。這是讓生命擺脫微生物束縛、演變成最美的無數形態的關鍵一步。

渦輪增壓

細胞一旦有了粒線體，就能打破那個阻礙細菌和古菌變大的根本障礙。簡單來說，微生物可產生的能量有限。細胞的能量通用貨幣 ATP，是在細胞膜製造的，但當細胞越長越大，單位體積的表面積就會變小，可用的細胞膜也相對減少，因此隨著細胞變大，能量很快就會供不應求。具有粒線體的細胞（粒線體自己就有製造 ATP 用的膜），只要再添加粒線體，就可以克服這個難題——這很容易做到，因為粒線體保有細菌祖先的自我繁殖能力。

有了這批粒線體大隊迅速生產出能量，早期真核生物就開始自由增長，累積更大更複雜的基因組。這些擴大的基因組又提供了基因原料，而

使更加複雜的生命有可能演化出來。

太陽供電

故事還沒結束。一般認為，有另一輪內共生作用製造出葉綠體，這種胞器可讓植物和藻類行光合作用，把陽光轉換成醣類。此例中的內共生體是一種光合細菌，最早出現在地球上的時間是在距今大約 28 億年前。細胞核是另一個重要發明，真核生物大部分的 DNA 就儲存在細胞核內。細胞核可能也是內共生作用的產物，內共生體也許是一種病毒。真核細胞還需要其他的胞器，譬如內質網（endoplasmic reticulum）和高基氏體（Golgi apparatus），內質網是製造出蛋白質的地方，高基氏體則負責把蛋白質配送到目的地，可能是靠高基氏體的囊泡來運輸。

這一切都在為複雜的多細胞生命形態的出現做好準備。無可否認的，這花了些時間。第一批大型多細胞生物是居住在海洋中的埃迪卡拉動物群，大約出現在七億年前，而差不多在五億四千萬年前寒武紀生物大爆發期間消失，我們熟知的動物多半是在寒武紀大爆發時期演化出來的。

儘管如此，埃迪卡拉動物群的起源可以追溯到粒線體的演化，這似乎單單取決於一件偶然事件——有個簡單細胞併吞了另一個細胞。重點是，簡單的生命看起來幾乎一定會出現，但演化出複雜的生命（包括你自己）的機率卻小到幾乎不可能。這是地球生命的真正奇蹟。

生命的躍升

複雜細胞的突現，讓生命從顯微鏡下才看得見的水綿，演化
成我們今天看到的繽紛樣貌。

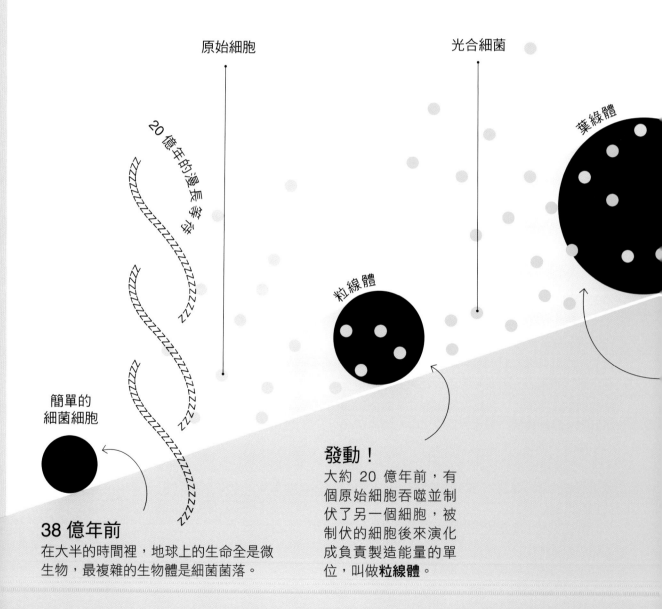

原始細胞

光合細菌

葉綠體

20 億年的漫長等待

粒線體

簡單的
細菌細胞

38 億年前

在大半的時間裡，地球上的生命全是微
生物，最複雜的生物體是細菌菌落。

發動！

大約 20 億年前，有
個原始細胞吞噬並制
伏了另一個細胞，被
制伏的細胞後來演化
成負責製造能量的單
位，叫做**粒線體**。

複雜的生物

細胞核

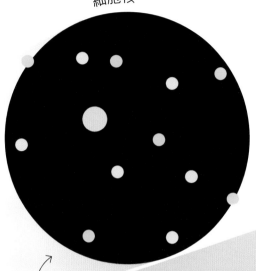

簡單的
細胞或病毒

7 億年前
這些活力充沛的細胞能
夠聯合起來，組成複雜
的**多細胞生物**如動植物
和真菌。

指揮中心
細胞核可能也是源
自被制伏的細胞或
病毒。

太陽能
有個細胞系也吞噬
了一種光合細菌，
這種細菌演化成負
責收集陽光的**葉綠
體**，從陽光裡獲取
能量。

為什麼我們要有性（除了明顯的理由）？

鳥兒，蜜蜂，當然還有跳蚤，也包括植物、真菌和變形蟲，有時候，性似乎無所不在。但從生物學的角度來看，這是冷門的活動。地球剛出現生命的前 20 億年間，性並不存在，即使在今天，主宰地球的生物——細菌及古菌，也沒為這檔事傷腦筋。

有些男兒的尺寸特別大

大猩猩的陰莖	3.8 公分
人類的陰莖	13 公分
馬的陰莖	45 公分
犀牛的陰莖	61 公分

所以性的起源是有點神祕。不僅如此，若說起源難以理解，性的功能也同樣費解。

這乍看之下很荒謬。性當然有明顯的功能：性可以帶來變異，這是演化的原料。遺傳訊息的重排重組，有助於物種適應。性也可以幫忙把有利的基因傳播到族群中，淘汰不利的基因。

然而這個像是常識的論點有一些大問題。第一點，性是十分沒效率的。自我複製還更有道理多了。跟性比起來，複製產生出來的後代更多，這代表無性生殖的物種產下的後代比有性生殖物種多出許多，這些後代要爭搶相同的資源，因此應該很快就會迫使有性生殖物種滅絕。

不僅如此，複製出來的每個後代都帶有已證明能勝任其職的基因組合。相較之

下，有性生殖會產生未經考驗、可能稍差的新組合，事實上，有性生殖的重組不但沒有產生有利的基因組合，反而更常打亂這些組合。

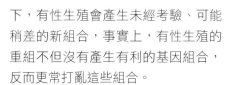

不過長期來看，經過幾千、幾百萬年後，性當然是一種優勢。到最後，無性生殖物種累積出自己擺脫不了的突變，結果導致滅絕。但演化不是這樣，演化只關心此時此刻，而不去事先計畫。

考驗與磨練還沒完呢。有性生殖物種必須找配偶，擊敗情敵，冒著罹患性病的風險。

最後一點，如果性這麼有利，而細菌和古菌又不時交換 DNA 片段，它們為什麼沒有演化出有性生殖？反過來說，如果無性生殖這麼厲害，為什麼幾乎所有的真核生物都至少在某些時候會進行有性繁殖？這些疑問讓性成為生物學上最令人抓破頭的議題之一。

許多年來，最好的答案是紅皇后假說（Red Queen hypothesis），這是「性代表多樣」這個解釋的隱微變種。這個假說是在假想寄生蟲與宿主之間的軍備競賽。寄生蟲的世代時間非常短，有可能演化得比宿主還快。有性生殖會讓每一代產生出新的基因混合體，因此至少有一些個體可以存活下來。這個假說的命名，源自《愛麗絲鏡中奇緣》故事裡紅皇后對愛麗絲說的一句話：「你要跑得很快，才能留在原地。」

很不幸，這沒有解答疑惑／解決問題。寄生蟲只有在傳播迅速、影響很嚴重時，才給有性生殖明確的優勢，在正常的情況下，複製仍然占上風。

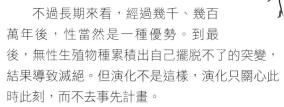

詭祕的三角關係

從人的角度來看，有性生殖是一對一的事：有男性和女性，需要兩性各一才能生下嬰兒。許多動植物也是如此，只不過這套系統絕非普世皆然。有些蠕蟲、海綿、軟體動物和植物是雌雄同體，意思就是任何個體都可以和其他任何個體或自己交配。生物學家發現，有一種螞蟻有三種性別——蟻后及兩種雄蟻。蟻后必須和一種雄蟻交配來產下工蟻，而與另一種雄蟻交配以產下蟻后。所以整個蟻群是一組三人行的產物。

近幾年有個新的解釋開始引起注意。這個解釋是根據以下這項發現：所有的真核生物都是（至少過去是）進行有性生殖（有許多物種是透過複製來繁殖，但卻是到很近期才演化出無性生殖的）。合理的結論是，有性生殖在真核生物譜系中很早就演化出來了，可以上溯到差不多 20 億年前所有存活著的真核生物的共祖。

除了性，把所有的真核生物統合起來的另一件事，是擁有細胞的供電器——粒線體。這個新的解釋主張這並非巧合：粒線體讓性的演化成為必然結果。怎麼說呢？關鍵就在於粒線體有自己的基因組。粒線體是在真核生物演化之初，那隻被吞噬非共生細菌的完整基因組的殘留，我們知道，在兩者共同演化的過程中，大多數的基因會轉移到宿主的基因組，而共生生物也會用寄生跳躍基因圍攻宿主。

愛能戰勝一切

換句話說，粒線體的出現引爆一連串的基因動亂。在這種緊張的突變壓力下，局面開始起變化，性變得比無性生殖更具優勢，凡能演化出有性生殖的早期真核生物，可能都勝過了無性生殖的競爭者，而這些對手都未逃過突變之劫。

粒線體也解釋了為什麼到今天性仍然具有優勢。粒線體基因組會把重要的基因編碼，只是它自己什麼事也做不了，譬如它要靠核基因組才能製造蛋白質以及複製 DNA。因此，細胞的兩個基因組之間的緊密合作，對細胞的正常運作很重要，特別是產生能量這件要務。

性就在確保這種合作關係。由於粒線體基因組累積突變的速度比核基因組快（在哺乳類身上大約是十倍快），兩個基因組之間的協議就會逐漸破裂。我們和我們的粒線體正漸行漸遠，雖然是粒線體的錯，但痛苦的是我們。性拋掉了更合乎粒線體需求的核基因新組合，這個紛爭就解決了。

這正是要有性的緣由。至於是怎麼進行的，仍舊是很大的謎團。最簡單的真核生物變形蟲，是靠著基因組分裂成兩半，再把自己一分為二，每半邊都有一半的基因組，來進行有性生殖；隨後這兩個半邊會與其他的半邊合併成新的個體。這可能是第一次有性生殖的進行方式。

大體上，有性生殖仍是這樣進行的。性就是指基因組一分為二，再與別人的一半基因組結合起來，創造出新的完整基因組。人類和大多數的動物是藉由兩性來實現有性生殖，透過交配行為，讓一方把自己的一半基因組轉移給另一方。

誰說浪漫已死？

陰莖長度繼續畫到下一頁 ▶

精子，來認識一下卵子

生命找到千奇百怪的方式達成性的重要目標，讓兩性配子結合起來，創造出新的個體。

授粉

植物不能移動，所以要靠蜜蜂、蝙蝠及其他傳粉者或風來傳送配子。

◀ 承上頁

馬的陰莖 45 公分

犀牛的陰莖 61 公分

限時專送！

頭足類動物像是章魚、魷魚、墨魚及鸚鵡螺，也會採用精莢，只是雄性會利用莖化腕（hecto-cotylus）這種特化的觸腕，主動把精莢插進雌性的生殖道。在某些種類身上，莖化腕會在雌性體內斷開，其他的則有機會保留自己的生殖腕，可以重複使用。

精莢

這是雄性送到雌性跟前的一包精子，通常會配上一段繁複的求偶儀式。雌性可能會接受也可能不會接受。採用這種方式的主要是真螈與蠑螈；昆蟲和蜘蛛也很喜歡這麼做。

交配（交尾）

雄性身上的特化器官
（哺乳類和某些鳥類
的陰莖，魚類、爬行
類及昆蟲的各種「插
入器官」）插進雌性
身上的孔洞（陰道或
泄殖腔）。包括靈長
目（但不含人類）在
內的大多數哺乳類，
都有一種稱為陰莖骨
的骨頭，讓陰莖持續
保持硬度。這些動物
還真的是隨時勃起。

性食

有些種類的昆蟲和蜘蛛，雌性
在交尾過程中或結束後，會把
雄性吃掉，著名的例子可在某
些螳螂身上看到。

體外受精

細節各有不同，但基本上就是雌性把卵子排在水中或海底，雄性隨
後就到，朝這些卵子放出精子。許多魚類和兩生類就採用這種方
式。集體產卵是在珊瑚中發現的體外受精形式，雄性和雌性會同時
把大量的精子與卵子釋放到海水中。

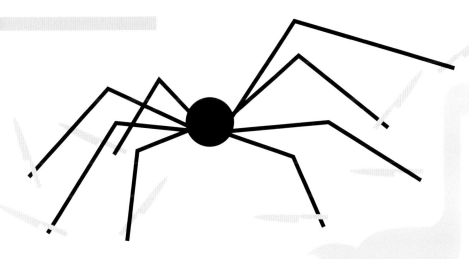

創傷性授精

有些昆蟲、蠕蟲和海蛞蝓的雄性，會直
接用性器官刺入雌性的腹部，然後注入
精子。有一種叫做捕潮蟲蛛（Harpactea
sadistica）的蜘蛛執行這種方式的手段
特別狠，雄蜘蛛會用特化的針狀器官刺
雌蜘蛛八次。

泄殖腔之吻

缺少陰莖的脊椎動物
多半利用這種名稱不
甚好聽的方式，也就
是讓泄殖腔口靠在一
起，然後傳遞精子。
泄殖腔也用於排出尿
和糞便。cloaca（泄
殖腔）這個字在拉丁
文中是「下水道」的
意思。

為什麼有那麼多種令人討厭的小蟲子？

如果你想發現一個新的物種，留名於世的話，那你只能從一個地方著手：就在你的長沙發底下，或者在積滿灰塵的窗臺上。只要仔細看，你可能會發現一種還沒人知道的昆蟲。

科學家每年大約要描述兩萬種新發現的物種，大多數是無脊椎動物，而裡面大部分是昆蟲，約有一萬種。

不管愛還是討厭，昆蟲都是動物界的成功範例。所有已知的動物當中，有四分之三的物種是昆蟲，為數多達一百萬種，而尚未發現的估計有四到五百萬種。相較之下，脊椎動物不到七萬種。在任何時候，可能有多達一千萬兆種昆蟲活在世界上——是全球人口數的十億倍以上。昆蟲是最早征服陸地的動物，牠們遍布每塊大陸，包括南極洲，而且看起來幾乎能免於滅絕。簡言之，昆蟲是行走或飛在地球上的最成功的動物。

石化迷你森林

目前發現最古老的昆蟲化石距今有四億一千萬年的歷史，當時生命才初踏上陸地。

這批化石來自一層奇特的沉積層，埋藏在蘇格蘭的村莊萊尼（Rhynie）附近的田野間。萊尼燧石是保存得很好的化石沉積岩，裡面的化石是在富含礦物質的熱水從火山泉湧出時，使流經的所有東西瞬間石化而形成的。

燧石裡充滿生物的化石，大部分是微小的植物。裡面也含有形形色色的早期節肢動物（具有堅硬外骨骼的動物），包括甲殼類、蛛形類、蟎和彈尾蟲。過去認為裡面沒有昆蟲，但 2004 年古生物學家在顯微鏡下發現了保存完好的口器，

而唯一的可能來源就是昆蟲。

還不是任何一種昆蟲；那些口器看上去很近代，表示這些昆蟲在萊尼燧石形成時已經發展得相當成熟。這就把牠們起源的時間點又再推到更早以前。

至於這些昆蟲是從什麼生物演化來的，最初的猜測是多足類——包括馬陸和蜈蚣在內的類別。不過，現在專家認為是槳足類，這是一種如

此處有怪物出沒

大約三億年前，昆蟲的尺寸突然間像吹氣球般膨脹。比方說，外形像蜻蜓的掠食性巨脈蜻蜓翼展達 70 公分長。起因是氧氣，樹木才剛演化出來，還未遭到生物破壞，所以沒有腐爛，結果氧氣濃度到達 31%，是今天的一倍半。昆蟲透過微細的吸管呼吸，把氧氣運送到組織，這會限制體型能長到多大。氧氣越多，上限就越高。

此後昆蟲的體型一直很巨大，直到一億五千萬年前，翼展長度忽然減半，可能是因為有一種會飛的食蟲動物演化出來了，那就是鳥類。

今只生活在岸邊洞穴的盲眼水生甲殼動物。這些昆蟲與槳足類的腦部、神經系統及許多蛋白質有很多相似處，顯示可能有個遠古的共同祖先。這也意味著，昆蟲是在海洋與陸地之間的多水邊緣演化出來的。

爬上陸地

有個針對昆蟲和其他節肢動物所做的大型遺傳學研究證實了這個想法，這項研究把昆蟲很肯定地擺在甲殼類的隔壁，並確定起源時間大約在四億八千萬年前。這就使昆蟲成為第一批行走在陸地上的生物。

在陸地上立足是艱辛的挑戰，包括要應付脫水、地心引力的影響、呼吸空氣、每天的極端氣溫和陽光。堅固的外骨骼可能有些幫助，但仍然需要花幾百萬年才能演化出真正的陸生昆蟲。有些最原始的昆蟲種類，如石蛃，今天依然需要住在潮溼的土壤裡。

然而陸地也提供了很好的機會，有很多食物可吃，掠食者又比海裡來得少。差不多在四億四千萬年前，昆蟲的演化才真正起飛，種類激增。

隨後的發展又把昆蟲帶到另一個境界：飛行。最早的昆蟲翅膀化石距今有三億兩千四百萬年的歷史，但在萊尼燧石裡的口器幾乎確定是來自一隻會飛的昆蟲，因此我們知道很早就演化出飛行了。

在翼龍出現之前，昆蟲統治天空長達兩億年。翅膀提供了極大的助力，幫助牠們覓食、找到配偶，在新的棲地定居下來，避開掠食者，以

及調節體溫。

昆蟲還有一個徹底的、也許是最重要的轉化正在進行。在三億多年前覆蓋地球的沼澤森林的遺跡所形成的化石當中，有已知最早經歷完全變態的昆蟲——完全變態就是現代毛蟲變成蛾與蝴蝶，或蛆變成綠頭蒼蠅的過程。

昆蟲受到剛硬外骨骼的根本限制，到此刻為止，牠們已經歷了一連串的生長階段，每個階段之後要蛻一次皮，讓體型與成蟲相似的縮小版逐漸變大。完全變態讓昆蟲能夠把自己的生命週期劃分成明顯不同的階段，幼蟲盡力攝食，成蟲全心繁殖。這是非常成功的創新，如今十種昆蟲當中就有八種使用這套策略，包括甲蟲、跳蚤、胡蜂、蜜蜂、螞蟻等極為成功的族群。

頑強的傢伙

「變態」似乎也是讓昆蟲免於滅絕的因素。昆蟲像其他生物一樣，也遭受到二疊紀大滅絕的重創，這場大滅絕讓 90％的已知物種絕跡。約有一半的昆蟲科別消失了——但其中大部分是無變態的。會變態的昆蟲幾乎沒有折損。差別可能就在於，在幼蟲到成蟲的過渡階段，這些昆蟲會退居在蛹裡。蛹可以忍受各種來自環境的侵襲，譬如結冰和乾涸，而讓昆蟲在有環境威脅的時候非常頑強。

六千五百萬年前的小行星撞擊事件把恐龍消滅了，但昆蟲輕鬆度過難關。一旦未來發生任何浩劫，我們這些不可靠的人類消失，很可能昆蟲還是會安然度過，繼續以世界上最成功的動物群之姿稱霸下去。

蟲蟲星球

昆蟲差不多占了所有生物種類的一半，
堪稱世界上已知最成功的生命形態。

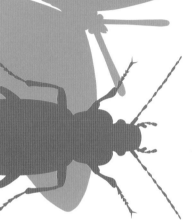

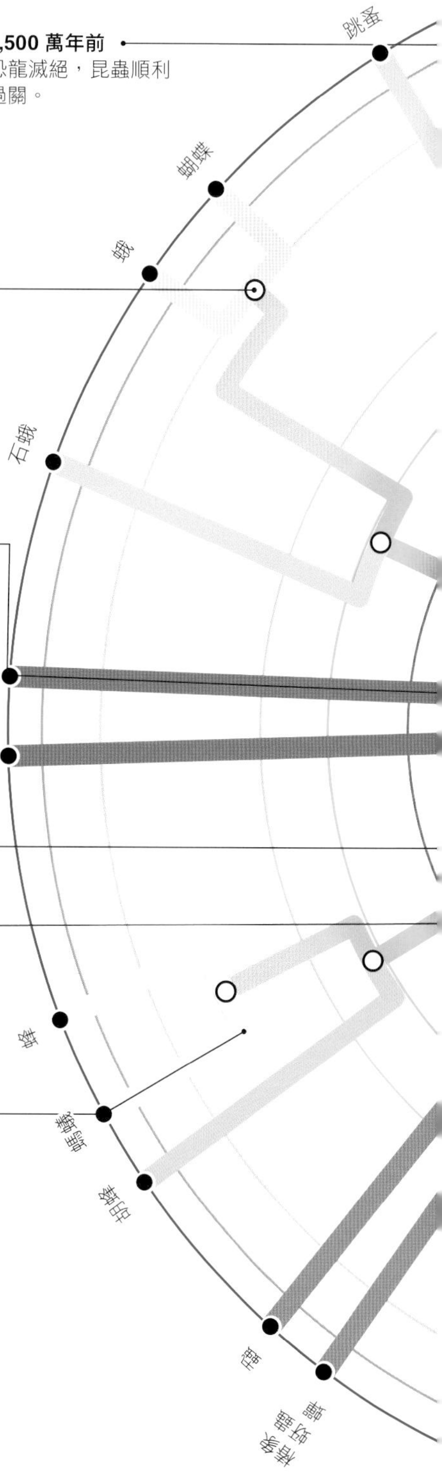

昆蟲演化上最近期
的大事。蝴蝶從蛾
類中分支出來，原
因可能是蝙蝠帶來
的捕食壓力。

甲蟲占了昆蟲種類的
40％左右。有人問
霍爾丹（J. B. S.
Haldane），從生命
的研究可以得出什麼
關於上帝的結論，他
的回答是「祂太過喜
歡甲蟲」。

約 3 億 5,000 萬年前
演化出變態（從幼蟲到成蟲
的過渡階段），讓昆蟲幾乎
可免於滅絕。

約 4 億 4,000 萬年前
昆蟲在陸地上定居下來。

有些螞蟻種類會形成包
含十億隻個體的巨型聚
落。一個入侵性的阿根
廷蟻聚落，可沿著歐洲
南 部 海 岸 蔓 延 超 過
6,000 公里。

生活在冰河及其他
寒冷環境中的夜行
性昆蟲。

6,500 萬年前
恐龍滅絕，昆蟲順利
過關。

跳蚤

蝴蝶

蛾

石蛾

甲蟲

臭蟲

蠅

蟑螂

蜻蜓

蝗

蠹魚
纓尾蟲
彈尾蟲

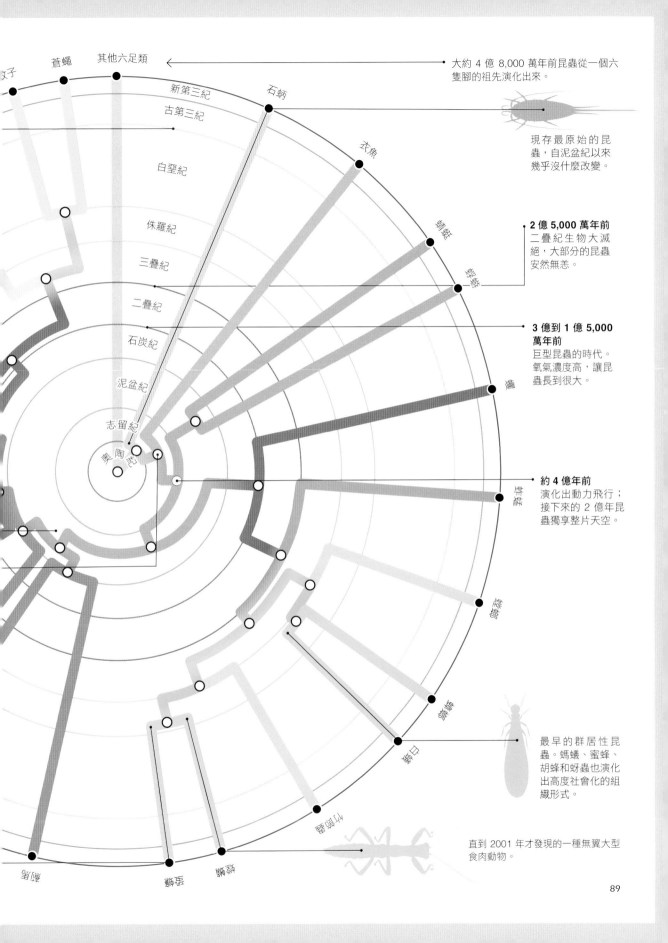

其他六足類

大約 4 億 8,000 萬年前昆蟲從一個六
隻腳的祖先演化出來。

蒼蠅

新第三紀

古第三紀

石蛃

白堊紀

衣魚

侏羅紀

三疊紀

二疊紀

石炭紀

泥盆紀

志留紀

奧 陶 紀

現存最原始的昆
蟲,自泥盆紀以來
幾乎沒什麼改變。

2 億 5,000 萬年前
二疊紀生物大滅
絕,大部分的昆蟲
安然無恙。

**3 億到 1 億 5,000
萬年前**
巨型昆蟲的時代。
氧氣濃度高,讓昆
蟲長到很大。

約 4 億年前
演化出動力飛行;
接下來的 2 億年昆
蟲獨享整片天空。

最早的群居性昆
蟲。螞蟻、蜜蜂、
胡蜂和蚜蟲也演化
出高度社會化的組
織形式。

直到 2001 年才發現的一種無翼大型
食肉動物。

恐龍時代始於什麼時候？

事情終結的時候，往往猝不及防。一顆直徑十公里的小行星或彗星撞向墨西哥灣，砸出一個直徑 180 公里的隕石坑，在全球各地引發無法控制住的大火、火山噴發和巨大海嘯，碎片遮蔽了陽光很多年，恐龍和其他 75% 的生物，根本沒有存活下來的希望。

6,500 萬年前恐龍絕跡的描述，大家都耳熟能詳，但恐龍起源的故事就比較少有人知道了。恐龍在陸地上至少稱霸了一億三千五百萬年，創下最久的紀錄，要是撞擊事件沒有發生，恐龍現在大概還是霸主。這些令人讚嘆的巨獸是從哪裡來的？

許多年來，古生物學家認為恐龍憑著演化優勢勝過競爭者，在大約兩億年前迅速崛起。恐龍最早是在三疊紀期間演化出來，但只是真正的恐龍時代的預演，是「簡化版侏羅紀」。

現在我們知道不是這麼回事。恐龍的成功祕訣是機緣巧合：在對的時間出現在對的地點。而且，恐龍的起源與全盛時期就像牠們的死亡一樣，都是巨大、災難性的大滅絕引發的。在兩億五千一百萬年前的二疊紀晚期，超過九成的生物忽然消失，原因還在激辯，但此事件帶來的極嚴重後果是毋庸置疑的。生命幾乎完全消失，遼闊的盤古大陸一片荒涼。有些植物和陸地上的獸類竟有辦法逃過一劫，在接下來的五千萬年間，逐漸讓空蕩蕩的地球恢復生機。

第一批乘機坐大的，是一群像哺乳動物的爬行類，稱為合弓類，這些動物稱霸侏羅紀早期，並且演化出哺乳類。到侏羅紀中期，

從二疊紀存活下來的另一類爬行動物，叫做雙弓類，開始接替。這正是事情變得怪異的開始。

統領天下的爬行動物

其中一些獸類進入水中，演化成魚龍、蛇頸龍及其他常見於兒童恐龍讀物的海生爬行類動物（但這些並不是恐龍），另外有很多獸類演化成蛇和蜥蜴。不過最有趣的演化大事，發生在一群稱為祖龍類的陸生動物身上。

傳統的看法是，祖龍類在三疊紀中期演化出來，隨後又迅速演化出鱷魚、恐龍及會飛的翼

走出陰影

恐龍興起於三疊紀末期，情況就類似哺乳類興起於白堊紀末尾。在陰影中生活了數百萬年，恐龍突然發現自己獨占大半個世界，而且善加利用這個機會。很多化石顯示，雖然恐龍在三疊紀晚期（晚三疊世）數量很稀少，卻能在侏羅紀早期（早侏羅世）稱霸。短短三萬年內，最大的恐龍腳印就從 25 公分躍升到 35 公分，這說明不管是什麼造成了那些足跡，恐龍的體型在這段期間變成兩倍大。這是恐龍時代的真正發端。

龍；祖龍類還演化出幾種「其他族類」，但這些物種不具重要意義。恐龍一演化出來，幾乎就開始耀武揚威了。由於有優越的演化適應，恐龍很快就變成最強勢的陸生動物，使三疊紀成為「恐龍初現的時候」。

是這樣嗎？的確，最早出現的恐龍是在一些中三疊世的岩石裡發現的，其中最古老的是來自阿根廷安地斯山脈山麓一塊距今兩億三千萬年的岩層。

早起的鳥兒

第一個確認的是艾雷拉龍（Herrerasaurus），是一種非常原始的雙足肉食恐龍。艾雷拉龍於1959 年被發現，古生物學家已經知道艾雷拉龍屬於獸腳類恐龍，這一類最後會演化出霸王龍、迅猛龍和現代的鳥類。

幾年後出現了始盜龍（Eoraptor），所屬的支系最後會演化成體型龐大、頸長、草食性的蜥腳類恐龍，像是梁龍（Diplodocus）和迷惑龍（Apatosaurus）。

發現皮薩諾龍（Pisanosaurus）後，圖像就完整拼湊出來了。皮薩諾龍是鴨嘴龍的前身，證明恐龍在這麼早期的階段就已經分支成兩大家族：其中一支是蜥臀類恐龍，包括獸腳類和蜥腳類，另一支是鳥臀類恐龍，譬如鴨嘴龍和劍龍。

但有更多的近期發現，質疑恐龍在這個時候已經站上霸主之位。那些「其他族類」非但不是配角，實際上還是場上的明星，在三疊紀末了發生另一次大滅絕之前，恐龍幾乎沒有表現機會。無論原因是什麼，這次的災難對其他族類的傷害最嚴重。各種奇特的大型爬行類從此消失，而且就像恐龍的死亡為哺乳類的崛起鋪好道路，三疊紀爬行類的死亡也預示了恐龍時代的來臨。三疊紀晚期是祖龍類的全盛時期。

會誤以為恐龍當時已居霸主地位，是因為三疊紀陸生動物的化石很稀少，通常也不完整。科學家發現看似來自恐龍的三疊紀化石時，會合理假定它們就是恐龍。

這包括了外形像熊或獅子的長腳掠食動物勞氏鱷（rauisuchian），體型最大的勞氏鱷有七公尺長。有些很怪異，譬如背上有帆狀物的亞利桑那龍（Arizonasaurus）。另一個勢力強大的肉食動物是植蜥類（phytosaurs），這一類爬行動物體型修長，有狹長的鱷魚顎，看起來有點像現代的長吻鱷。最常見的草食動物是矮小的堅蜥類（aetosaurs），身長約五公尺，頭很小，身披鎧甲，體型和恐龍時代的甲龍相似。

接下來一千萬年間，天下是屬於這些鮮為人知的動物的，恐龍只是小角色。隨後，發生了兩億年前的三疊紀－侏羅紀大滅絕，這是過去五億年間最具殺傷力的五次大滅絕之一，但很少引起關注，一方面是沒有明顯的觸發事件，另一方面是沒有具吸引力的受害者。

但其實有：就是祖龍。基於某種不明原因，祖龍被徹底擊垮，讓恐龍接管地球。

這是恐龍還是……

恐龍時代不是恐龍專屬的，還有很多爬行類在地面、海裡、天空中漫遊，包括那些有羽毛的、讓我們看到恐龍如何演化成鳥類的爬行動物。

看起來不像恐龍的恐龍
看起來像恐龍但不是恐龍

波斯特鱷
屬於勞氏鱷的一支，與恐龍一起生存於三疊紀的大型肉食動物

擅攀鳥龍

鏈鱷
生存於三疊紀的草食堅蜥類動物

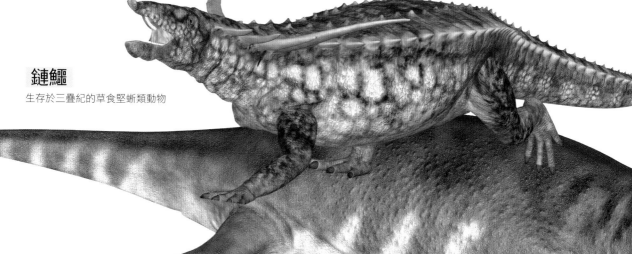

有兩對翅膀的飛天恐龍

小盜龍

滑齒龍
是蛇頸龍，不是恐龍

翼手龍

波波龍
也是一種生存於三疊紀的非恐龍肉食動物

古神翼龍

是翼龍，不是恐龍

真雙型齒翼龍

帝鱷
生存於白堊紀的
12 公尺長鱷魚

鳥鱷
另一種生存於三疊紀的非
恐龍肉食動物

近鳥龍

中國鳥龍

巨盜龍
最大的鳥形恐龍

滄龍
稱霸白堊紀海洋
的爬行類

通常歸為鳥類，
但這些鳥是恐龍

始祖鳥

眼睛是如何演化形成的？

它們在演化過程的瞬間出現，從此改變了生命的規則。有眼睛之前，生命比較和善溫順，此時稱霸世界的是行動遲緩的海中軟體生物。眼睛出現之後，就開創出一個較殘酷、相互競爭的世界。視力讓動物成為積極的獵人，也引發了一場改變地球的演化軍備競賽。

大約五億四千一百萬年前，剛進入寒武紀，複雜的多細胞生物真正開始興盛的時候，一種現已滅絕，叫做三葉蟲的動物類群身上長出了眼睛，看起來有點像大型的海生木蝨。三葉蟲的眼睛是複眼，類似現代昆蟲的複眼，在化石紀錄中看到這些眼睛，實在很出乎意料，因為五億四千四百萬年前的三葉蟲祖先並沒有眼睛。

在那神奇的一百萬年到底發生了什麼事？眼睛和當中環環相連的視網膜、水晶體、瞳孔及視神經十分複雜，想必不是一下子就出現了吧？

大自然的設計

眼睛的複雜性長久以來一直是演化的戰場。1802 年，培里（William Paley）提出鐘錶匠的類比——像錶這麼複雜的東西一定是由一位製錶匠做出來的，此後神造論者就以此來「論證萬物來自神的設計」。他們說，眼睛非常精密複雜，要說是透過隨機突變的選擇與累積演化而來的，實在難以讓人信服。

達爾文很清楚這樣的論點，他在《物種起源》中坦言，眼睛的複雜性大到演化過程像是「荒謬至極」。但他接著繼續論證，眼睛的演化只是看似荒謬罷了。複雜的眼睛有可能是透過自然選擇，從非常簡單的前身演化而來的，只要演變過程中的每一步都是有用的。達爾文說，謎團

的關鍵是在動物界找到能顯示從簡單到複雜的可能途徑、複雜性介於中間的那些眼睛。

這些中間型現在已經找到了。據演化生物學家的說法，從最初步的眼睛演化成像人類眼睛這樣的複雜「照相機」，可能花不到五十萬年。

第一步是演化出可感受光線的細胞。這看似是小事。很多單細胞生物都有感光色素構成的眼點（eyespot），有些甚至能游向光源或遠離光線的方向，這種初步的感光能力賦予牠們顯著的生存優勢。

下一步是多細胞生物把感光細胞集中到單一的位置上。早在寒武紀之前，由感光細胞組成的斑點可能就很常見，這些細胞讓早期動物可以察覺到光線，感覺光源的位置。水母、扁蟲和其他原始族群現在仍然使用這種簡略的視覺器官，而且顯然聊勝於無。

走出黑暗

具有感光斑點的最簡單生物是水螅——與水母有親緣關係的淡水生物。水螅沒有眼睛，但在亮光下會縮成一個小球。從演化的角度看，水螅很有趣，因為牠們身上基本的感光設備和我們在其他演化支系中看到的（包括哺乳類）非常類似。這個感光設備仰賴兩種類型的蛋白質：一種是視蛋白（opsin），受到光照射時會改變形狀，而另一種是離子通道（ion channel），會隨著形狀的變化產生電信號。基因研究顯示，所有的視蛋白／離子通道系統都是從一個類似水螅的共祖演化而來的，也就表明所有的視覺系統可能有單一的演化源頭。

下一步是演化出一個容納很多感光細胞的小

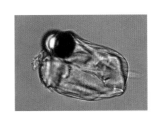

我用我的小眼睛窺伺。這是一隻 *Erythropsidinium*。

凹陷。有了這個凹陷，要辨別光源的方向就更容易，因而也更能察覺到動靜。凹洞越深，辨別力就越敏銳。

把凹洞的孔徑縮小，使光線從小孔射進來，像針孔照相機般，這樣就能達到進一步的改良。有了這種設備，視網膜就有可能解析影像——比起先前的模型，這是很大的改良。少了水晶體和角膜的針孔照相機型眼睛，可以在現今的鸚鵡螺身上找到。

浮游生物的眼睛

眼睛是不可思議的器官，但其中最不可思議的，大概就是學名為 *Erythropsidinium** 的單細胞鞭毛藻類動物所擁有的眼睛。這種體型微小的動物身上有一種叫做單眼狀（ocelloid）的構造，大約占整個身體的三分之一，這種構造雖然極其微小，卻跟脊椎動物像照相機般的精密眼睛十分相似。前頭有個很像角膜的透明小球，後頭是個可察覺光線的深色半球狀構造。這種浮游生物雖然沒有神經系統，但顯然利用這隻眼睛來確定獵物的位置，至於牠究竟「看見」什麼，就沒人曉得了。

*譯按：此生物發現的時間還很新，目前尚無中文譯名。

最後的重大改變是演化出水晶體。最初可能是生長在凹洞開口處的一層保護皮，但後來漸漸演化成能夠使光線聚焦到視網膜上的光學儀器。水晶體一旦演化出來，眼睛這個成像系統的效能就一飛沖天，從 1%左右提升到 100%。

這種眼睛在現今的箱型水母（cubozoan）身上仍然看得到。箱型水母和水母很像，是飄忽不定的有毒海生掠食動物，牠們有 24 隻眼睛，排列成四組；其中 16 隻眼睛只是感光凹洞，但每組當中有一對是複雜的眼睛，具有精細的水晶體、視網膜、虹膜和角膜。

捕獵然後殲滅

三葉蟲採取的途徑稍有不同，演化出具有多個水晶體的複眼，但基本的發展順序是一樣的。

三葉蟲不是偶然間冒出這種發明的唯一動物，不過卻是第一個。生物學家認為，眼睛有許多獨立演化的事例，可能多達數百種。

眼睛造成很大的改變。寒武紀早期的盲眼世界裡，視力等同於超級強權，三葉蟲成為第一個積極的掠食者，以前的動物都無法像牠們這樣尋找追趕獵物。三葉蟲的受害者也演化出對抗之道，這並不令人驚訝。短短幾百萬年後，眼睛無處不在，動物更加活躍而且全副武裝。這個演化革新突然大量出現，就是我們現在所知道的寒武紀生物大爆發（Cambrian Explosion）。

然而視力並非普遍皆有。多細胞動物的 37 個門當中，只有六門演化出眼睛。不過，這六門卻是地球上數量最多、分布最廣、發展最成功的動物，包括我們人類所屬的脊索動物，以及節肢動物和軟體動物。

開始看見光了

眼睛是極為複雜的器官，但才花了大約一百萬年的時間演化。從感光細胞開始，逐步演變出越來越有用的階段，而所有的中間階段在現存的動物身上仍找得到。

第 1 階段：
眼點

仍可在水母身上找到

第 2 階段：
杯狀眼點

仍可在扁蟲身上找到

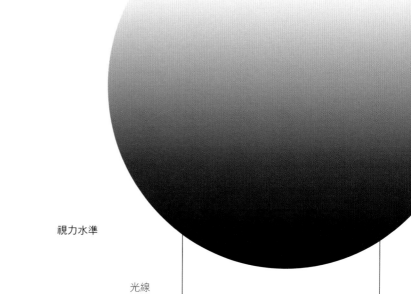

視力水準

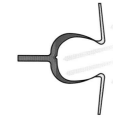

光線

神經纖維

感光細胞

有一塊由感光細胞組成的斑點，亦稱眼點，可以察覺有沒有光線存在，但無法解析影像。

眼點位於一個小凹陷或凹洞裡，讓動物能感覺到光線來自何方，進而察覺到移動。

大約 5 億 4,000 萬年前，眼睛首次在三葉蟲身上演化形成，此後在至少六個支系中獨立演化，包括人類的眼睛。

第 3 階段：
針孔照相機

仍可在鸚鵡螺身上找到

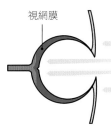

視網膜

凹洞加深，孔徑縮小，這樣就更能辨別方向及移動，也具備了初步的解像力。

第 4 階段：
原始照相機

仍可在有爪動物身上找到

充滿液體的空腔

開口處長出一層皮，形成了一個充滿液體的空腔。這又再演化成角膜和房水，這兩者提升了解像力。

第 5 階段：
複雜的眼睛

仍可在章魚身上找到

房水　水晶體

角膜

角膜最後產生出水晶體，可讓光線匯聚到視網膜，解析出清晰鮮明的影像。

我們為什麼要睡覺？

讀完這段之後不到幾個小時，你就會感覺神志不清醒，進入半醒半睡的狀態。接下來的幾小時，你的腦子會在兩個非常不同的狀態之間循環，一個是深度睡眠，另一個是快速動眼睡眠。快速動眼睡眠的大部分時間中，你不會是完全無知覺的，而是處於奇特的夜間狀態，叫做作夢。

我們一生有大約三分之一的時間在睡覺，而睡覺顯然十分重要。如果長期缺乏睡眠，我們會生病；24 小時保持清醒的大白鼠，不到三週就會死亡。不過，儘管花了超過 60 年做研究，我們依然不知道睡眠的目的何在。

不是因為缺乏嘗試。睡眠科學家提過數十個關於睡眠功能的假說，像是讓我們不受傷害，儲備精力，修復身心，調整免疫系統，處理訊息，調適情緒，鞏固記憶等等。每個假說各有優點，但也有缺點。大多數的睡眠研究人員都同意睡眠具有很多功能，而這些假說某種程度上可能都是對的。

然而，缺乏大家公認的解釋，不僅讓睡眠研究人員覺得洩氣，也讓睡眠的演化起源很難找到。起源一定非常久遠：凡是有複雜神經系統的動物都會睡覺，包括哺乳類、鳥類、爬行類和魚類。我們知道恐龍也會睡覺：2004 年中國古生物學家發現一隻距今一億兩千五百萬年的恐龍的骸骨，牠的頭縮在前肢底下，就像鳥睡著時頭藏在翅膀下的模樣。在沒有複雜神經系統的動物身上，如昆蟲、蠍子、蠕蟲和一些甲殼動物，也可以發現類似睡眠的狀態。

睡眠甚至有可能是神經細胞生來即有的特性；生長在培養皿中的神經元，會自發進入一種很像睡眠的狀態，不讓它們睡覺，就會出毛病，像發狂般急速胡亂放電。

就連完全沒有神經系統的微生物，也會每天受到生理時鐘的驅策而有活動和休息的週期。因此，睡眠的起源也許可以追溯到大約 40 億年前生命剛開始出現的時候。

另一個癥結是，睡眠不僅僅是一件事，而是兩件。第一種稱為深度睡眠或慢波睡眠（slow wave sleep），因為它的特徵是整個大腦的電波活動達到同步，形成振幅變大、但頻率徐緩的腦

夜間之旅

REM 睡眠通常稱為「作夢睡眠」，大部分的夢都是在這段時間發生的。但我們也會在睡眠的其他階段作夢。研究人員監測睡著的人的大腦時發現在非 REM 睡眠階段也會作夢，只是這些夢比 REM 睡眠階段所作的夢來得短，也沒那麼生動複雜。

另外一種夢發生在半睡半清醒的時候。這些入睡前的短暫夢境帶有幻覺的特質，有時可能會進入另一類清晰的夢。在這種刺激、令人嚮往的意識狀態中，你會意識到自己在作夢，也可以多少掌控所發生的事情，大談活山夢想。

波。第二種是快速動眼睡眠（rapid eye movement sleep，以下簡稱為 REM 睡眠），與第一種沒有太大的差異。REM 睡眠的特徵是大腦活動忙亂，看起來就和清醒時差不多，同時還會伴隨明顯的身體動作：眼球快速活動，以及近乎全身肌肉麻痺，一般認為肌肉麻痺是為了防止你做出夢境中的舉動。

REM 睡眠只有在哺乳類和鳥類身上發現。哺乳類和鳥類最近的共同祖先是在大約三億年前，這代表 REM 睡眠可能是在更早之前演化出來的。不過，這個共祖也演化出沒有 REM 的爬行類動物，也就暗示鳥類與哺乳類是獨立演化出 REM 睡眠的。

你的腦子晚上去哪兒了

REM 睡眠階段也是我們經常作夢的時間，科學家對於作夢的功能與起源，已有較多了解。

佛洛伊德是最早提出清醒時的經驗會影響夢境的人，他把這些經驗稱為「白日遺思」（day residue）。佛洛伊德對於作夢的想法不怎麼受歡迎，但這個觀點（現在稱為連續假說）仍具有影響力。

夢就像是一面鏡子，映照出我們醒著時的生活。夢通常反映最近的經驗，特別是新的經驗。比方說，才剛第一次玩「俄羅斯方塊」的人，可能會夢到許多長方塊從天而降。

腦部掃描儀也已經直接觀察到清醒與作夢之間的關聯，可以看到正在作夢的腦是在重放清醒時經驗中看到的活動模式。

經驗似乎是以兩個獨立的階段進入我們的夢中。首先是在事件發生過後的當晚重新出現，然後在五到七天之後再次出現，因而證實了睡眠的功能之一是處理記憶，並整合成長期記憶存放起來。

然而，我們不只是在夢中重放事件而已。這些事件會被拆解、和比較久遠的記憶合在一起，混成充滿情感的離奇敘事，不可能發生的人事地躍然其間。這些可能只是大腦處理記憶時所需要的活動。視覺區非常活躍，位於杏仁核的情緒中樞及視丘、腦幹也很活躍，但在同時，掌管理性思考和注意力的腦區卻很安靜。

但不可能只與記憶處理有關。從先天身障人士收集到的夢境報告，裡面含有他們未曾真正經歷過的要素。許多聾人夢到自己聽得見，也能理解口語；在現實生活中無法說話的人作夢時感覺到自己的聲音；生來就癱瘓的人在夢裡經常能走、能跑或游泳。這暗示著，出於某種原因，遺傳訊息就是會讓大腦產生出我們生活上預期會遇到的經驗。

夢魘的成因或許可以用類似的方式解釋。約有三分之二的夢與威脅有關，通常是逃離攻擊者或捲入爭吵打架之類的緊張遭遇。這樣的遭遇在兒童身上更加常見，而且夢中往往有危險動物，有個解釋是，大腦為了模擬我們在現實生活中可能會遇到（或我們的遠古祖先可能經歷過）的挑戰而變出夢，讓我們演練該如何處理。

因此今晚你失去意識時，要當心了。矇矓未知的世界充滿了謎團和危險。

動物的睡眠

動物的睡眠時間和睡眠模式差異很大,這更增添了睡眠這件事的神祕面紗。

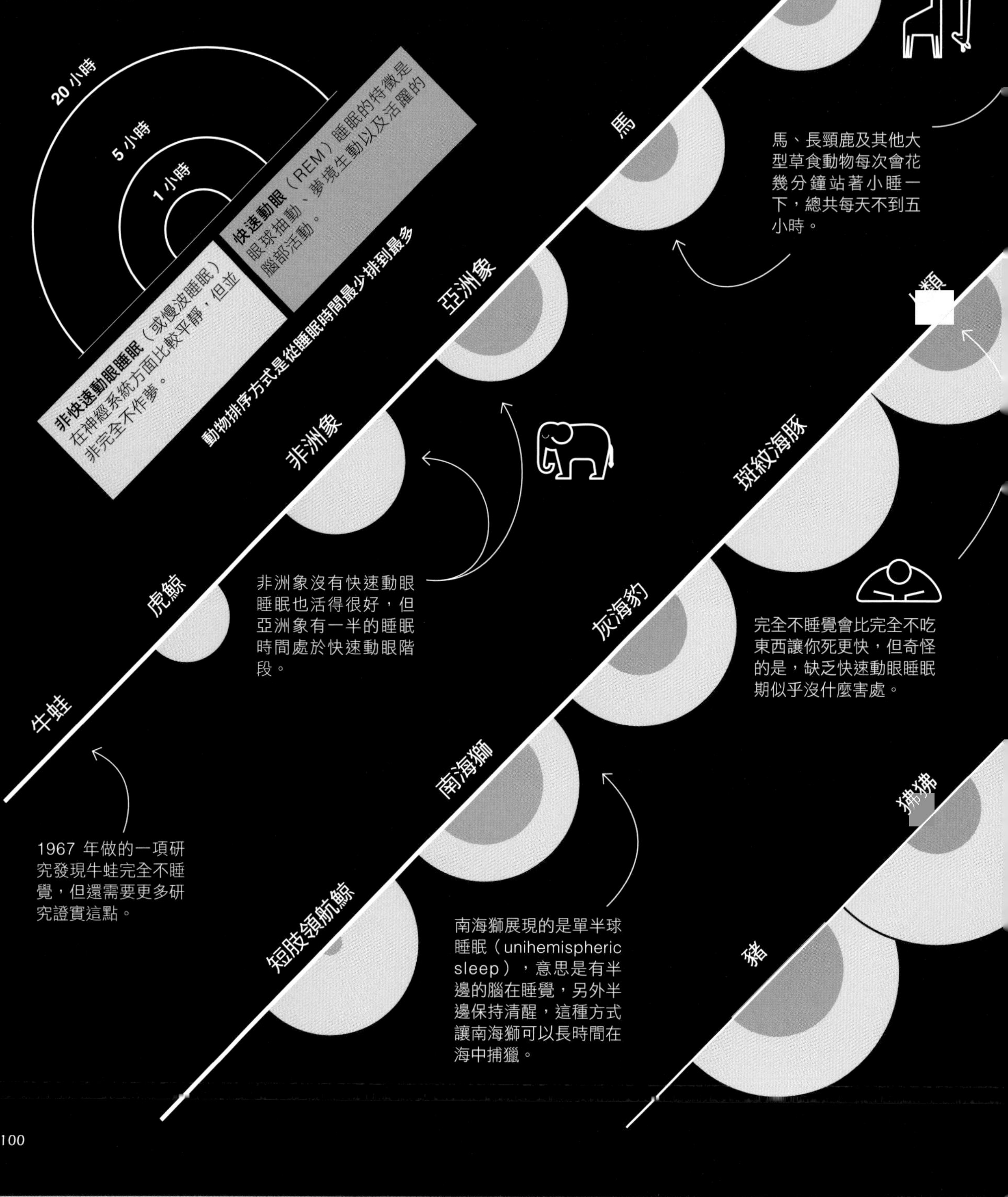

20 小時

5 小時

1 小時

非快速動眼睡眠(或慢波睡眠)在神經系統方面比較平靜,但並非完全不作夢。

快速動眼(REM)睡眠的特徵是眼球抽動、夢境生動以及活躍的腦部活動。

動物排序方式是從睡眠時間最少排到最多

長頸鹿

馬

亞洲象

非洲象

虎鯨

牛蛙

斑紋海豚

灰海豹

南海獅

短肢領航鯨

豬

狒狒

馬、長頸鹿及其他大型草食動物每次會花幾分鐘站著小睡一下,總共每天不到五小時。

非洲象沒有快速動眼睡眠也活得很好,但亞洲象有一半的睡眠時間處於快速動眼階段。

完全不睡覺會比完全不吃東西讓你死更快,但奇怪的是,缺乏快速動眼睡眠期似乎沒什麼害處。

1967 年做的一項研究發現牛蛙完全不睡覺,但還需要更多研究證實這點。

南海獅展現的是單半球睡眠(unihemispheric sleep),意思是有半邊的腦在睡覺,另外半邊保持清醒,這種方式讓南海獅可以長時間在海中捕獵。

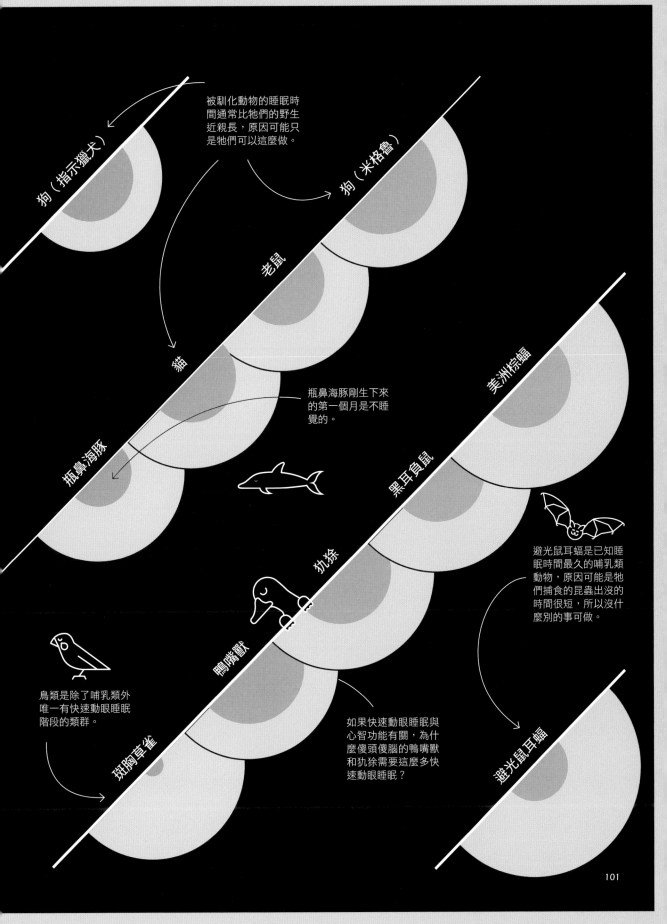

被馴化動物的睡眠時間通常比牠們的野生近親長，原因可能只是牠們可以這麼做。

狗（指示獵犬）

狗（米格魯）

老鼠

貓

美洲棕蝠

瓶鼻海豚剛生下來的第一個月是不睡覺的。

瓶鼻海豚

黑耳負鼠

犰狳

避光鼠耳蝠是已知睡眠時間最久的哺乳類動物，原因可能是牠們捕食的昆蟲出沒的時間很短，所以沒什麼別的事可做。

鳥類是除了哺乳類外唯一有快速動眼睡眠階段的類群。

鴨嘴獸

斑胸草雀

如果快速動眼睡眠與心智功能有關，為什麼傻頭傻腦的鴨嘴獸和犰狳需要這麼多快速動眼睡眠？

避光鼠耳蝠

101

猿類是如何變成人類的？

許多父母在孩子問到自己是從哪裡來的那一刻都會顯得手足無措。達爾文也覺得這個主題很難回答：《物種起源》裡面幾乎沒有提及人類的演化。

達爾文這麼做是很謹慎的。在 19 世紀，演化的概念不管哪種形式都是具有爭議的，聲稱人類是演化而來的，會引起軒然大波，這正是 1871 年達爾文出版了一本書談人類起源之後發現的狀況。

當然也有科學上的障礙。達爾文幾乎沒有取得任何化石證據，可顯示人類是如何、在何時甚至何處演化而來的。

從達爾文之後到今天的這段時間裡，人類（更適當的用語是人族，hominin）化石紀錄大量出現。還有很多尚待發掘，但人類演化的大致情況差不多確立了。我們知道人類的演化樹在非洲萌芽，我們確信，與人類親緣關係最接近的現生動物是黑猩猩，而且是在大約 700 萬年前分家的。

然而，通往人類之路是一條漫漫長路。將近 400 萬年後，我們的祖先仍然很像猿類。在衣索比亞發現的露西（Lucy），是距今 320 萬年的著名人類祖先，她的腦部像黑猩猩一般小，手臂很長，表示她的同類仍然花許多時間在樹上，也許是夜裡要躲到樹枝上，黑猩猩迄今依然如此。但露西有一個確定的人類特徵：兩足行走。

露西所屬的類群叫做南猿人。在發現露西的部分骸骨之後的 40 年間，又陸續找到了更古老的零星化石遺跡，有些甚至有 700 萬年之久。這些化石碎片都帶有同樣的模式：類似黑猩猩的特徵和小巧的腦部，但也許是靠雙腳直立行走。

我們也知道，南猿人可能會製做簡單的石器。除了這些進步，南猿人和其他猿類沒什麼太大區別。

只有等到真正的人類、也就是人屬（Homo）出現，人族的樣貌與行為才開始比較像我們現代人。如今幾乎沒有人質疑人屬是從一種南猿人演化而來的，但究竟是哪一種，仍然沒有結論。有可能是露西所屬的阿法南猿（*Australopithecus afarensis*），不過在南非的源泉南猿（*Australopithecus sediba*）也是可能的候選者。這個過渡期可能發生在 200 萬到 300 萬年前，而在這段期間人族化石紀錄非常貧乏，所以沒有什麼幫助。

兩足者善

兩足行走是定義人類的特徵之一。我們的祖先到底從什麼時候開始用兩隻腳走路，仍然是個謎，但這個特徵帶來的優勢，有助於我們走遍世界，甚至走出這世界。靠兩隻腳長途旅行比較有效率，而直立的姿勢也比較容易觀察有沒有掠食者，並且減少正午曬到太陽的面積。最重要的一點也許是讓我們空出雙手，演化成拇指與其他四指相對而生的多用途工具，而這雙手也是人類在演化上的成功關鍵。

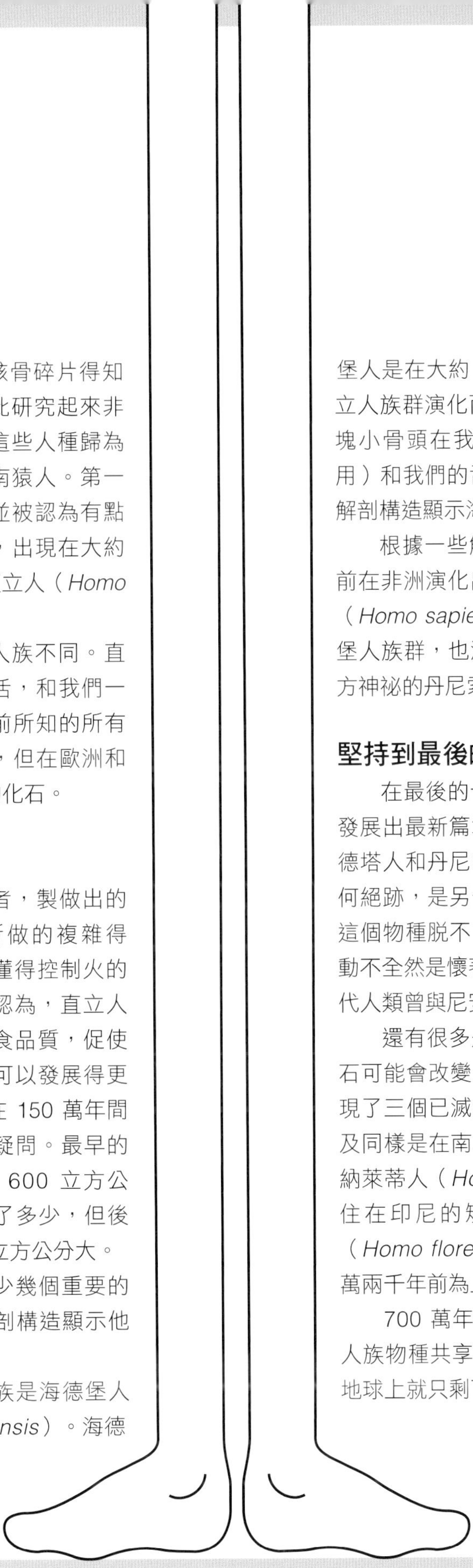

我們是從少數的骸骨碎片得知最早的幾種人屬,因此研究起來非常困難。有些人質疑這些人種歸為人屬,而傾向歸類到南猿人。第一個得到公認的人屬,並被認為有點像我們的第一個人種,出現在大約190萬年前,命名為直立人(Homo erectus)。

直立人和早期的人族不同。直立人已經完全下樹生活,和我們一樣喜歡四處漫遊:目前所知的所有早期人族都來自非洲,但在歐洲和亞洲也發現了直立人的化石。

製做工具的人

直立人也是改革者,製做出的工具遠比任何前輩所做的複雜得多,而且可能是最早懂得控制火的人種。有些研究人員認為,直立人發明了烹調,改良飲食品質,促使能量攝取過剩,讓腦可以發展得更大。直立人的腦容量在 150 萬年間顯著增長,這點毫無疑問。最早的一些個體腦容量不到 600 立方公分,只比南猿人大不了多少,但後來的一些個體有 900 立方公分大。

但直立人仍然缺少幾個重要的人類特徵。例如:解剖構造顯示他們可能無法說話。

接下來出現的人族是海德堡人(Homo heidelbergensis)。海德堡人是在大約 60 萬年前,從非洲的一個直立人族群演化而來的。這個人種的舌骨(這塊小骨頭在我們的發聲機制裡有重要的作用)和我們的舌骨幾乎是一樣的,而耳朵的解剖構造顯示海德堡人可能對說話很敏感。

根據一些解釋,海德堡人大約 20 萬年前在非洲演化出了我們現代人,也就是智人(Homo sapiens)。生活在歐亞大陸的海德堡人族群,也演化出西方的尼安德塔人和東方神祕的丹尼索瓦人(Denisovan)。

堅持到最後的人

在最後的十萬年左右,人類的故事開始發展出最新篇章。現代人類散布世界,尼安德塔人和丹尼索瓦人消失了。這兩個人種為何絕跡,是另一個大謎團,但看起來與我們這個物種脫不了關係。話雖如此,彼此的互動不全然是懷著敵意的:DNA 證據顯示,現代人類曾與尼安德塔人和丹尼索瓦人混種。

還有很多是我們不知道的,新出土的化石可能會改變歷史。過去十多年間,就新發現了三個已滅絕的人族,包括源泉南猿,以及同樣是在南非發現、年代尚未完全確定的納萊蒂人(Homo naledi)。最古怪的是居住在印尼的矮小「哈比人」弗洛瑞斯人(Homo floresiensis),一直生存到大約一萬兩千年前為止,似乎是個獨立的人種。

700 萬年來,我們這個支系與至少一種人族物種共享這世界。隨著哈比人的消亡,地球上就只剩下智人了。

漫遊的欲望

從六萬五千年前開始,我們的祖先離開非洲,走向世界各地,而化石、日常器物與遺傳學,述說出可能的兩條路線及一趟漫長艱險的旅程。

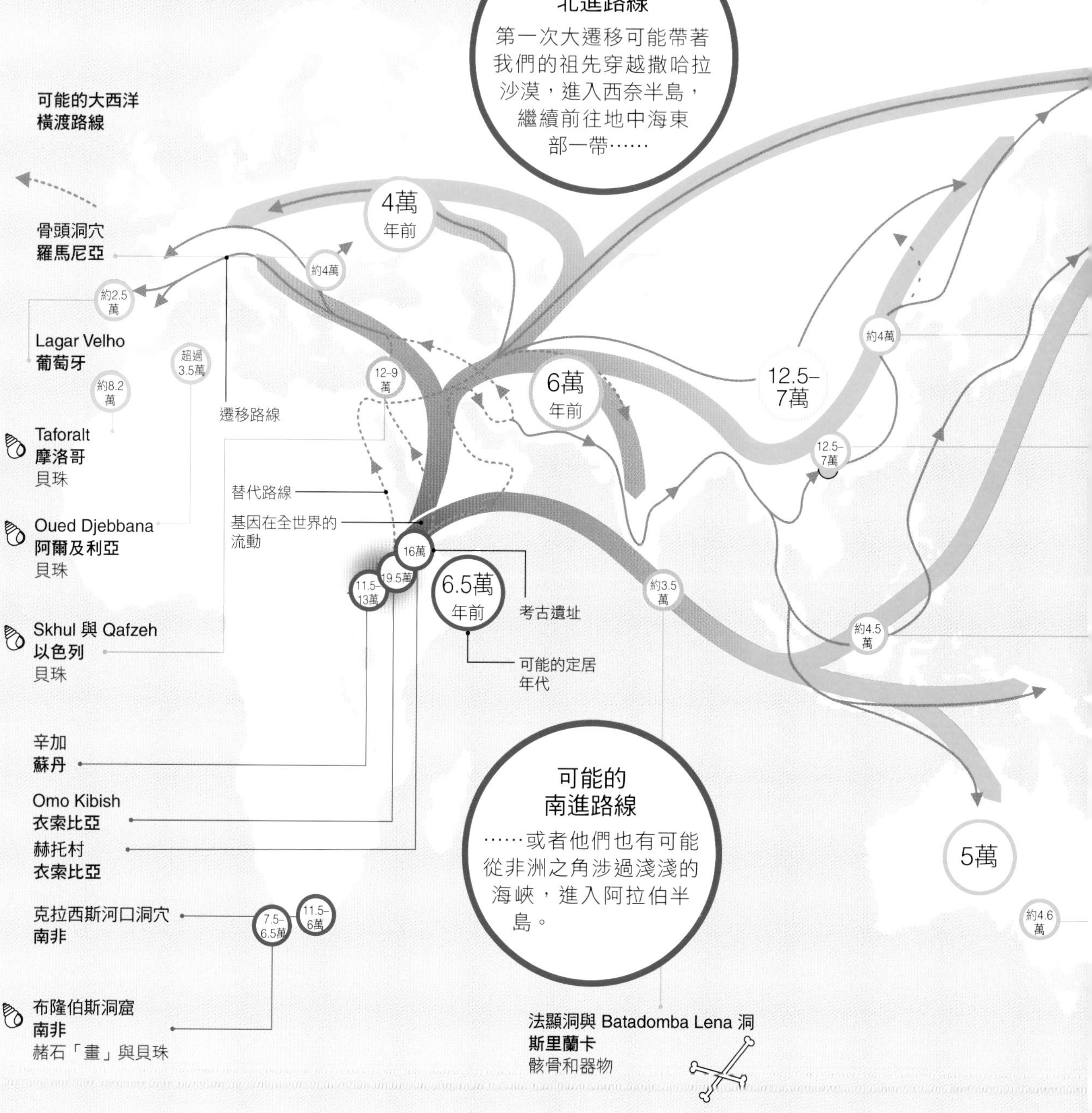

可能的大西洋
橫渡路線

**可能的
北進路線**

第一次大遷移可能帶著
我們的祖先穿越撒哈拉
沙漠,進入西奈半島,
繼續前往地中海東
部一帶……

骨頭洞穴
羅馬尼亞

約2.5
萬

Lagar Velho
葡萄牙

約8.2
萬

Taforalt
摩洛哥
貝珠

Oued Djebbana
阿爾及利亞
貝珠

Skhul 與 Qafzeh
以色列
貝珠

辛加
蘇丹

Omo Kibish
衣索比亞

赫托村
衣索比亞

克拉西斯河口洞穴
南非

布隆伯斯洞窟
南非
赭石「畫」與貝珠

約4萬

超過
3.5萬

遷移路線

12-9
萬

替代路線

基因在全世界的
流動

4萬
年前

6萬
年前

12.5-
7萬

12.5-
7萬

約4萬

16萬

11.5-
13萬

19.5萬

6.5萬
年前

考古遺址

可能的定居
年代

約3.5
萬

約4.5
萬

**可能的
南進路線**

……或者他們也有可能
從非洲之角涉過淺淺的
海峽,進入阿拉伯半
島。

5萬

約4.6
萬

7.5-
6.5萬

11.5-
6萬

法顯洞與 Batadomba Lena 洞
斯里蘭卡
骸骨和器物

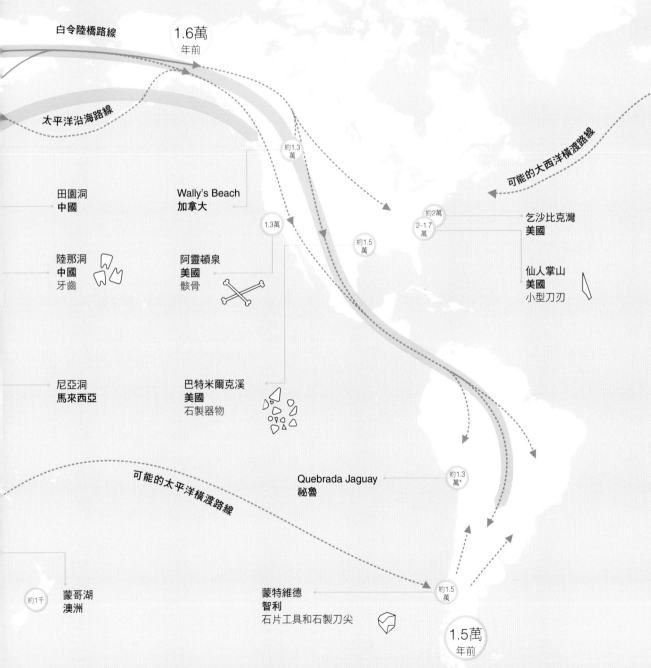

在大約 8 萬到 11 萬年前的最後一次冰河期,海平面隨著冰層增加而下降,讓現在淹沒在海面下的陸地以及被海洋隔開的相連區域裸露出來。

白令陸橋路線

1.6萬
年前

太平洋沿海路線

可能的大西洋橫渡路線

約1.3
萬

田園洞
中國

Wally's Beach
加拿大

約2萬
2–1.7
萬

乞沙比克灣
美國

1.3萬

陸那洞
中國
牙齒

阿靈頓泉
美國
骸骨

約1.5
萬

仙人掌山
美國
小型刀刃

尼亞洞
馬來西亞

巴特米爾克溪
美國
石製器物

可能的太平洋橫渡路線

Quebrada Jaguay
祕魯

約1.3
萬*

約1千

蒙哥湖
澳洲

蒙特維德
智利
石片工具和石製刀尖

約1.5
萬

1.5萬
年前

最早的語詞是什麼？

如果你隨機碰見一個人，有可能你們只能靠幾聲嘟噥和比手畫腳來溝通。根據最新統計，全世界有將近七千種語言；其中最多人說的標準漢語，使用者只占世界人口的 14%，而最少人說的語言，使用者人數用一隻手就能數完。

語言雖然多樣，但之間還是有共通性。所有的文化都有語言，而語言學家也認為，這些語言在根本上是相同的。人腦生來就準備好要學習語言，內建的指令讓我們能夠學會一生下來就接觸到的任何母語。

這種獨特本能的起源顯然是一件大事，卻非常難以確認。詞語不會變成化石，而最古老的書寫語言也只有六千年的歷史，但這並不代表我們對語言的起源一無所知。

說出心裡的話

語言學家把語言定義為：讓思維能夠用訊號自由陳述，而訊號也能夠轉換回思維的任何一種系統。這樣就把人類語言和其他的動物溝通系統區分開來。雖然很多動物有一些語言元素，但只有我們擁有整套元素：運用訊號及學習新訊號的能力；把訊號表達成語詞的能力；根據語法和文法把語詞連成句子來傳達世間萬物的能力。

大多數專家都同意，人類並非突然獲得這整套能力，而是經過多個階段才走到現代語言的。人類史前史的大部分時間裡，我們的祖先只擁有語言的部分環節，而非全部，這樣的系統稱為「祖語」（protolanguage）。

有個明顯的可能是，祖語是由語詞組成的。這個「詞彙祖語」模型是在暗示，早期人類使用了語詞，但並未把語詞排成句子。這和兒童的語言發展相似：首先發出單詞，接著進入雙詞期，然後開始組出複雜一點的句子。

如果是這樣，最早的語詞是從哪裡來的？語

跟動物說話

許多動物有非常像、但又不完全類似語言的溝通系統，譬如黑面長尾猴，針對不同的掠食者會發出不同的警告聲，包括「老鷹」（接著就會看到猴群拔腿躲避）和「花豹」（這會讓猴群逃到距離最近的樹上）。不過，黑面長尾猴不會新創警告聲，所以牠們的系統不能視為語言。

同樣的，很多物種會發出複雜的長串聲音，但這也和擁有語言有所不同。會說話的鸚鵡不明白自己在說什麼，也聽不懂我們的回應。雖然鳥類或鯨魚的口器發聲複雜的程度比得上人類說的話，可是通常只傳達一個非常簡單的訊息：「我在這裡，我歌唱得很棒，我在尋找伴侶。」

詞要有共同的意義才會有用，說著不同語言的兩個人很快就會發現這點。

另外一個假說的重點放在發聲學習的起源——發聲學習是製造出連串複雜聲音的能力。很多動物都能發出複雜的聲音，包括鯨魚和鳴禽，但牠們的口器發聲不是在傳遞詳細的訊息，而是專為吸引異性或宣示地盤的展現。基於這點，語言學家就提出，祖語和鯨魚或鳥類的鳴唱類似，是為了性擇或領域性而演化出來的，後來的語調和音節才承擔起意義。這種說法的優點是它也解釋了音樂的起源，音樂是我們人類的另一個普遍特徵。

第三種可能是，語言一開始只是比手畫腳。支持這種說法的證據來自猿類，猿類利用手勢來傳遞訊息，還能學會相當高程度的人類手語。不過，手勢的理論模型在解釋為什麼我們會轉換到說話時，就遇上難題了。原因可能是需要在黑暗中溝通，或是因為雙手忙著使用工具。

那麼是何時發生的呢？雖然還不確定，但可以做些有根據的猜測。我們相當確定，跟我們親緣關係最近的尼安德塔人已有發展得很成熟的語言，他們有和我們一樣的神經連結到舌頭、橫隔膜及胸部，能夠控制呼吸，清楚發出複雜的聲音。他們也跟我們一樣有一種叫做 FOXP2 的基因，這對於形成說話能力所需的複雜動作記憶極為重要。假設這種基因變異只出現一次，那麼說話能力發展出來的時間，一定比智人與尼安德塔人在大約 50 萬年前分家的時間還要早。

至少更早以前的祖先，化石紀錄就沒那麼具說服力。看來我們的支系可能在 60 萬年前海德堡人出現在歐洲時，就能言善道了。遺骸化石顯示，海德堡人喪失一個連接到喉頭，像氣球般的器官，這個器官能讓其他靈長類動物發出低沉的噪音，嚇退敵人。這可能就移除了出聲說話的主要障礙。

像真正的人類那樣說話

語言可能起源得更早。你得回到 160 萬年前，才找得到沒有類似人類神經連結的祖先，這表示甚至連很早期的人類也能夠說話。然而，這些祖語假說把事情弄得更複雜。如果語言是從手勢開始的，人類可能更早之前就在使用手語了，相反的，倘若語言是像音樂那樣開始的，那麼「說話」可能就是為了發出類似鯨魚之歌一般的聲音，當中幾乎不帶有具體的訊息。

即使如此，海德堡人和尼安德塔人會製做複雜的工具捕獵猛獸——如果沒有某種語言，很難協力完成這些活動。

這大概也能套用在直立人身上；直立人的腦容量與我們差不多，擁有相當的智能和文化。直立人製做的石器遠比前人做出的任何器物更加精細，但憑良心說，他們所做的工具達到某種停滯期——那些萬用手斧一百萬年來一直沒變，這說明直立人沒有完整的語言來促使文化和技術產生變化。由此可知，直立人可能已經具備部分，但不是全部的現代人語言能力——換句話說，就是有了祖語。

用某種語言說話

今天仍在使用的語言約有 6,900 種，但世上大多數人使用的母語
只有 20 種左右。以下按照使用者人數整理出世界主要語言*。

*有些是彼此相近、但無法完全相互理解的語言群組。

中文 1,302（以百萬人為單位）

中文

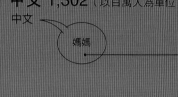

媽媽

代表「母親」的語詞在很多彼
此無關聯的語言中是相似的，
這是因為「媽」這個音通常是
嬰兒在還沒學會說話前就能發
出的音之一。

所列出來的國家，表示在這些
國家以該語言為母語的人數至
少有 10 萬人。

包括標準漢語在內，有
8 億 9,700 萬使用者加
上 12 種其他語言，有
共同的書寫系統

台灣 21.7

香港 6.2

馬來西亞 5.1

新加坡 1.6
泰國 1.1
印尼 1.1
越南 0.9
菲律賓 0.6
澳洲 0.6
緬甸 0.5
澳門 0.4
加拿大 0.4

中國 1256.1

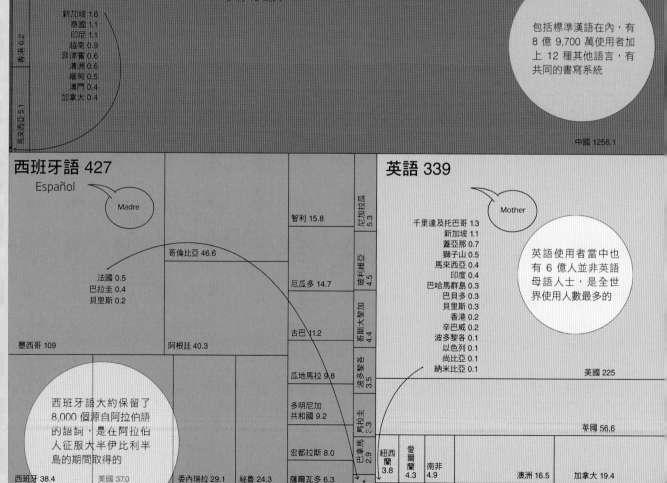

西班牙語 427

Español

Madre

智利 15.8

尼加拉瓜 5.3

哥倫比亞 46.6

法國 0.5
巴拉圭 0.4
貝里斯 0.2

厄瓜多 14.7

玻利維亞 4.5

墨西哥 109

阿根廷 40.3

古巴 11.2

哥斯大黎加 4.4

瓜地馬拉 9.8

波多黎各 3.5

西班牙語大約保留了
8,000 個源自阿拉伯語
的詞詞，是在阿拉伯
人征服大半伊比利半
島的期間取得的

多明尼加
共和國 9.2

烏拉圭 3.3

巴拿馬 2.9

宏都拉斯 8.0

薩爾瓦多 6.3

西班牙 38.4

美國 37.0

委內瑞拉 29.1

祕魯 24.3

*

英語 339

Mother

千里達及托巴哥 1.3
新加坡 1.1
蓋亞那 0.7
獅子山 0.5
馬來西亞 0.4
印度 0.4
巴哈馬群島 0.3
巴貝多 0.3
貝里斯 0.3
香港 0.2
辛巴威 0.2
波多黎各 0.1
以色列 0.1
尚比亞 0.1
納米比亞 0.1

英語使用者當中也
有 6 億人並非英語
母語人士，是全世
界使用人數最多的

美國 225

英國 56.6

紐西蘭
3.8

愛爾蘭
4.3

南非
4.9

澳洲 16.5

加拿大 19.4

*

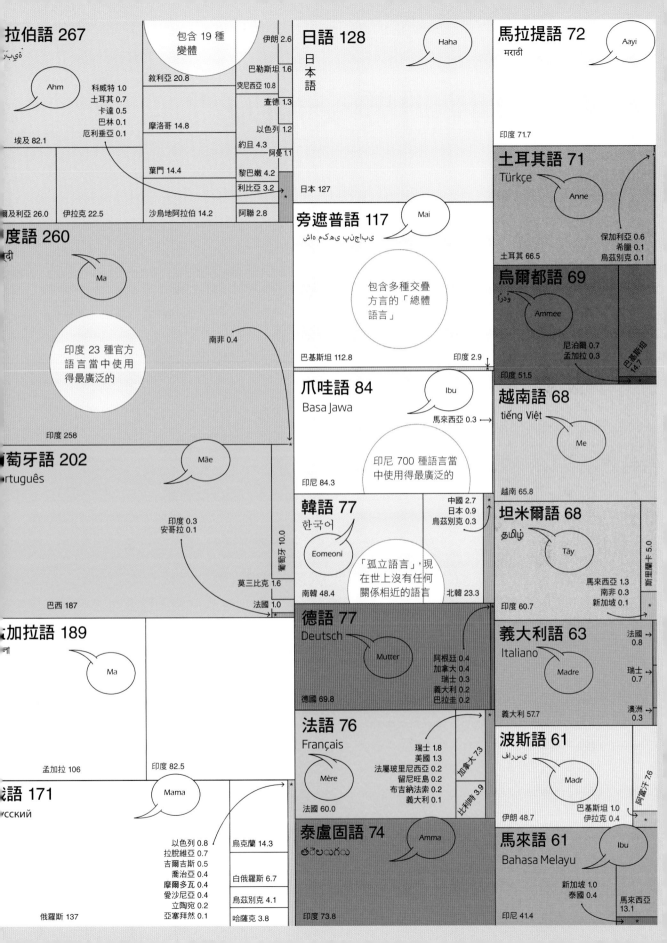

為什麼我們要交朋友？

你的有多大？如果你是普通人，那麼大概是 1,500 左右。

附帶一提，這裡是指你的社交網路大小——你認識的人的總數，包括家人、同事、點頭之交、你認得但並不相識的人——當然，還有朋友。在這 1,500 人當中，大約有 50 人是真正的朋友，包括 10 個密友和 5 個摯友。

在所有的社交關係裡，友誼是最特殊的。我們無法選擇家人或同事，而點頭之交又無足輕重，但朋友不一樣。大多數的動物只會和近親合作，那為什麼我們會花這麼多時間和心力，與沒有親緣關係的人建立情誼呢？我們又是如何選擇要和誰結交的？

友誼看似是人類特有的，實際上卻有很深的演化根源。許多哺乳類動物也會跟沒有親緣關係的個體建立密切關係，包括大猿及其他很多靈長類、象、馬、鯨魚、駱駝和海豚。

這些動物有個共同點，就是牠們生活在有複雜階級的大型社會群體中。生活在這樣的群體裡有很大的好處，但也會製造緊張的關係，這正是朋友發揮功能的地方。講白一點，朋友就是在我們有難時挺身相助的防衛隊。大型群體內部的重疊朋友圈可以形成聯盟，使整個群體維持穩定。

對於人類和其他生活在大型社會群體裡的動物來說，朋友不是可有可無的夥伴，而是生物需求。有良好的社交生活，可以讓我們保持身心健康，而處於社交孤立狀態會帶來壓力，讓我們容易生病。

那麼，我們有強烈的交友和維繫友誼欲望，就不令人意外了。這個生理衝動就和食物與性一樣，受到大腦獎勵中樞的控制，對於社交行為，

獎勵中樞會賞賜我們各種感覺愉悅的化學物質。

其中一種是有「抱抱化學物質」（cuddle chemical）之稱的催產素（oxytocin），這是母嬰關係的重要強化物。與他人有正向的社交接觸時，也會分泌出催產素，所產生的溫暖感覺就是鼓勵你再看見那個人的獎賞。

另一種物質是一組神經傳導素，叫做腦內啡（endorphin）。在有輕微壓力源譬如運動時，大腦就會分泌這些物質，作用是壓制疼痛，產生整體的安適感。在有社交接觸，特別是與人合作時，也會分泌腦內啡。

如果我們讓某個人坐上船，要他把船從 A 地划到 B 地，他的大腦在消耗體力的過程中會釋放出腦內啡。可是如果你讓兩個人上船，要他們一起划船，兩人的大腦會分泌更多腦內啡，雖然所耗的體力變少了。

我幫你抓癢……

很多物種會透過互相理毛的行為，來建立友誼，維持關係。舉例來說，狒狒每天花好幾個小時互相幫忙，從身上抓出寄生蟲和髒東西，這會刺激雙方分泌出催產素和腦內啡，也就是產生愉悅感及建立信任的化學物質。

但理毛需要時間，這就限制了個體能夠維繫的社會關係數量。在猴子和猿類當中，上限大約是 50。這個限度也受限於腦容量。遊走在眾多交疊、不斷變動的關係之間，很需要腦力，尤其是摸清彼此心態的能力。

猿類可以做到某種程度，牠們能夠記住「我知道她是她的朋友」這類事情，也就是所謂的「三階意向」（third-order intentionality）。但

不存在的朋友

　　交朋友是一回事，留住朋友是另一回事。如果沒有好好維繫，友誼很容易消逝。與某個朋友一年不見，會讓這份情誼的品質減淡三分之一，親密程度也連帶消退，相較之下，家人間的關係就比較具有復原力，因此家人在社交網路所占的部分，基本上在一生中是維持不變的，然而友誼方面就會面臨相當大的變動，每隔幾年就有 20% 左右的流動。

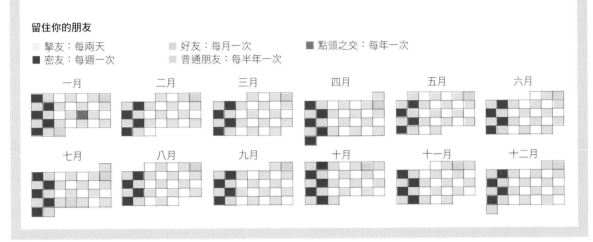

留住你的朋友

☐ 摯友：每兩天　　　　■ 好友：每月一次　　　　■ 點頭之交：每年一次
■ 密友：每週一次　　　　■ 普通朋友：每半年一次

一月　　二月　　三月　　四月　　五月　　六月
七月　　八月　　九月　　十月　　十一月　　十二月

人類更聰明，可以應付五階甚至六階意向：「我曉得你覺得他很想知道她是不是在擔心他有意跟我過不去。」

　　這種看透他人心思的能力可以讓我們突破上限，維繫大約 150 人的社交圈——150 叫做「鄧巴數」，是以算出這個數字的牛津大學演化生物學家鄧巴（Robin Dunbar）來命名的。我們的智能也讓我們演化出一些替代實際理毛捉蝨子的行為，這些行為可以一次「梳理」不只一個朋友，這包括笑聲、唱歌和笑話，還有一項很重要——聊八卦。

聰明的交際者

　　腦容量與群體大小之間的這種關聯（有時稱為「社會腦假說」），在個體身上也適用。腦袋比較大的獼猴和人類，朋友往往也比較多。個人的絕對上限似乎是在 250 左右。

　　社交圈子的確切成員，主要是看機運：你住哪裡，讀哪所學校，在哪高就。但我們怎麼從那150 人當中，和特定幾人變成特別重要的朋友？

　　表面上看，答案很簡單。我們和跟自己相像的人發展親密的友誼，彼此有相近的個性、興趣、信仰、喜好、幽默感等等。然而這種單純化掩蓋了更深層的連結。結果發現，我們與密友之間的基因關係，要比和隨便一個陌生人來得相近。普通的密友差不多像十等表親，也就是和你有共同曾曾曾祖父的人。

　　沒有人知道我們如何認出有相似基因的人並且與他們結識。可能是外貌、聲音、氣味或個性上的相似性。但既然我們的朋友也是遠親，就能據此回答這個關鍵的難題：為什麼我們會在他們身上投入這麼多時間。演化應該會優先選擇與近親合作，因為這能幫我們履行生命的主要指示，也就是把自己的基因傳給下一代，即便只是透過代理者。不過，如果我們的死黨是遠親，那麼事實就證明，這正是朋友存在的目的。

在理想的社交圈子裡移動

你的社交圈就像洋蔥般分很多層,最好的朋友在核心,越往外
層,與你的親密程度就逐層遞減。

5 個摯友

我們會把超過六成的社交時間留給五個
最親密的朋友。

10 個密友

35 個好朋友

100 個周邊朋友

以上總共 150 個朋友,大約是我們最多能維繫友
誼的人數。落在這一層邊緣的朋友,也許是你在
婚禮或葬禮的場合每年見一次面的人。

150 這個數字經常在社會結構中冒出來。從歷史
的角度來看,這是英國村莊、教區和軍隊中一個
連的平均規模。大多數的 Facebook 使用者有
150 到 250 個線上朋友。

350 個點頭之交

社交網路的周邊仍然很重要,特別是在現代。我
們透過這些人得知職缺和其他的經濟或社交機
會,而有七成的人是透過這些人脈認識伴侶的。

約有半數的異性關係最後會成為性關係

其他 1,000 個你認得的人

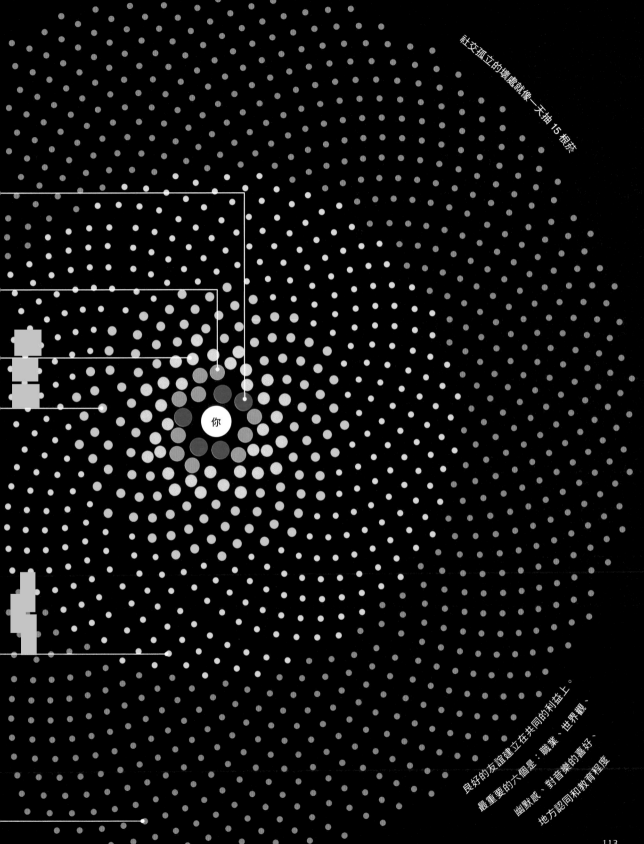

社交孤立的壞處就像一天抽 15 根菸

你

良好的友誼建立在共同的利益上。
最重要的六個是：職業、世界觀、
幽默感、對音樂的喜好、
地方認同和教育程度

肚臍絨毛是從哪裡來的？

作為一項無實際意義的科學空想，史坦豪瑟（Georg Steinhauser）所做的實驗難以超越。史坦豪瑟從 2005 年（他當時是維也納大學的化學家）開始收集堆積在自己肚臍眼的絨毛，還把顏色和重量記錄起來。接下來的三年間，他一共收集了 503 團絨屑，總重量將近一公克。有一次他還替肚臍刮毛。他甚至對男性友人、同事及家人做調查，詢問他們的絨毛產量和肚臍的整體狀況。

他把一些絨毛送去做化學分析，最後在科學期刊上發表自己的發現結果。一切都是為了回答下面這個問題：為什麼有些人會在自己的肚臍發現這麼多絨毛狀物？

模糊的想法

史坦豪瑟二十多歲時就注意到自己在這方面產量豐富，他查了科學文獻，但只翻到一篇登在《自然》雜誌上的謎樣文章。文章標題是〈另一種物質：肚臍絨毛〉，文中附了三張看上去像棉絮的黑白照片，圖說寫著「海員（出海期間）」、「農夫」和「建築師」，但沒有進一步的說明。兩週後雜誌做了勘誤：同樣的照片，同樣的圖說，只是海員和建築師的絨毛照對調。

後來史坦豪瑟讀到一本書《為什麼男人有乳頭？》，書裡寫到這個絨毛問題（即：為什麼有些人的肚臍會堆積絨毛，有些人不會）是無法解答的，這讓史坦豪瑟振奮起來，決定自己研究。

看一眼你自己的肚臍。有看到絨毛嗎？如果有，是什麼顏色的？還有，你會怎麼形容自己的肚臍？是毛茸茸的，還是光滑無毛？

史坦豪瑟最初觀察到，他的肚臍絨毛顏色通常會和當天所穿的上衣同色，因此他猜測絨毛是從衣服跑過來的。化學分析的結果也導向這個方向。他發現，在他穿純白色棉 T 的那天，堆積物主要是纖維素（構成棉花的蛋白質），加上少量的氮和硫化合物。他推斷，這些雜質可能是死皮、灰塵、油脂、蛋白質和汗水。

接著他探討臍毛的作用，幸運的是他肚臍周圍長很多腹毛。他從針對其他男性肚臍的調查結果，斷定「有沒有長腹毛是會不會堆積肚臍絨毛的主要先決條件」。他發現剃掉腹毛後，一直到腹毛再長出來之前，都沒有絨毛堆積。他還注意到，小團的絨毛會先出現在腹毛之間，到最後還是會跑到肚臍眼去。

史坦豪瑟有自己的肚臍絨毛大一統理論。毛髮是鱗片狀的，所以會磨損衣料上的纖維，鱗片的作用也像倒鉤，把衣服纖維拉向肚臍。通常腹毛似乎在肚臍周圍呈同心圓狀生長，這會強化朝向肚臍的移動，就像盤旋掉入黑洞的物質：一旦越過事件視界，這些纖維就會「被壓緊成像氈一般的物品」。史坦豪瑟算過，一件穿了 100 次的 T 恤會少掉大約 0.1%的質量，變成肚臍絨毛。

腹痛

對史坦豪瑟來說，這項研究只是他在放射性元素的化學及物理正經研究之餘的一點調劑。但有時候，積在肚臍眼的東西可不是鬧著玩的。就在史坦豪瑟把自己的研究發表出來後不久，美國內布拉斯加州有幾位醫生通報了一個病例，病人是 55 歲的肥胖婦人，患有一種叫做臍炎的罕見狀況，她臍部出血四個月了，醫生檢查的時候，看到一個「深色的圓形塊」，他們懷疑是腫瘤。不過，後來發現它是直徑將近一公分的絨毛球，他們把它拉出來之後，她就痊癒了。

至於人體的其他廢物，有些也有同樣明顯但仍然很有意思的成因。耳屎（或稱耳垢）的成分主要是死皮，另外還有一種叫做皮脂的油性分泌物以及來自汗腺的水狀分泌物。我們可以依照耳屎的類型把一般人分成兩大陣營：溼性的和乾性的。溼性耳屎呈橙褐色，而且黏黏的；乾性耳屎呈半透明，是鱗片狀，很像死皮，這是因為耳屎就是死皮。有乾耳屎的人不會產生油性的物質，他們的耳屎就只是角蛋白和污垢。

抬高鼻子

幾年前遺傳學家發現，乾性耳屎是單一基因 ABCC11 發生隱性突變造成的結果，因此耳垢黏稠性也列入了由單一基因控制的人類性狀，譬如是否能捲舌、耳垂是緊貼或分離，以及能不能聞出小蒼蘭的氣味。

另一方面，鼻屎則是不斷產生出來保護鼻腔膜的鼻黏液硬皮殘留物，大部分的鼻屎會被鼻纖毛掃入咽喉而吞嚥掉（所以你我都會把鼻涕吃掉，不管你喜不喜歡），不過有些會卡在鼻孔內而變乾。鼻屎會呈綠色，是因為黏液含有一種叫做髓過氧化酶（myeloperoxidase）的抗菌酵素，由含鐵離子的血基質變成綠色。在一次非正式調查中，有將近半數的成年人承認自己吃過鼻屎而且樂在其中。

在你睡覺醒來的時候，也會發現眼睛裡面和周圍有類似的分泌物。這基本上是眼屎——你閉起眼睛時堆積在眼角的乾掉黃色黏液。

基本上，只要你身上有個太平無事的舒適小角落，可能就會有頗令人作嘔的東西開始堆積。

你會吃自己的鼻屎嗎？

來吧，你可以大方承認。美食作家蓋茲（Stefan Gates）做過一項非正式調查，發現有 44% 的成年人承認自己吃過乾鼻屎，並樂在其中。在古怪的人類行為當中，這也榜上有名。為什麼要吃鼻屎呢？沒有人會吃自己的耳屎、眼屎或肚臍絨毛。有個說法是，吃鼻屎可能有益免疫系統。據說有一位名叫弗利德里希·彼辛格（Friedrich Bischinger）的奧地利醫生，要家長鼓勵孩子吃鼻屎。

你的耳朵裡有什麼？

耳屎分成兩種：溼性耳垢和乾性耳垢。
你的耳屎類型由基因決定。

溼性耳垢

呈橙褐色，黏稠而且有臭味。成分為耵聹腺
（或稱耳垢腺，位於外耳道的特化汗腺）的
蠟狀分泌物，加上死皮和一種叫做皮脂的油
性物質。

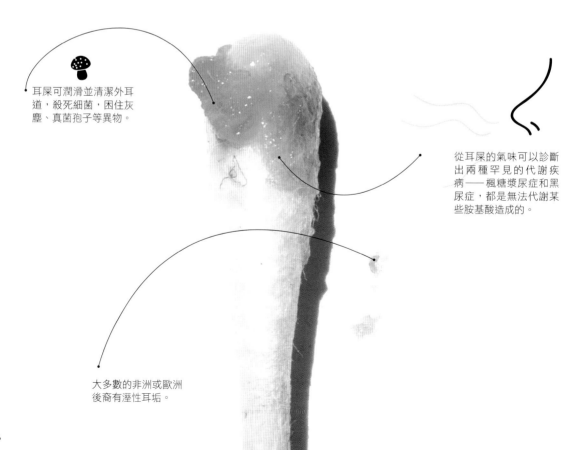

耳屎可潤滑並清潔外耳
道，殺死細菌，困住灰
塵、真菌孢子等異物。

從耳屎的氣味可以診斷
出兩種罕見的代謝疾
病——楓糖漿尿症和黑
尿症，都是無法代謝某
些胺基酸造成的。

大多數的非洲或歐洲
後裔有溼性耳垢。

有乾性耳垢的人，汗腺排出的汗液也會有類似的變化，因而沒有臭味。

乾性耳垢

米白色，片狀而且無臭。呈乾性的原因是所含的蠟狀分泌物較少，而主要是死皮。乾性耳屎是ABCC11這種基因發生突變造成的結果，似乎沒有任何不良影響。

突變是隱性的，表示你必須遺傳到兩個突變基因，才會有乾性耳垢。如果親生父母雙方都有乾性耳垢，你肯定也會有。

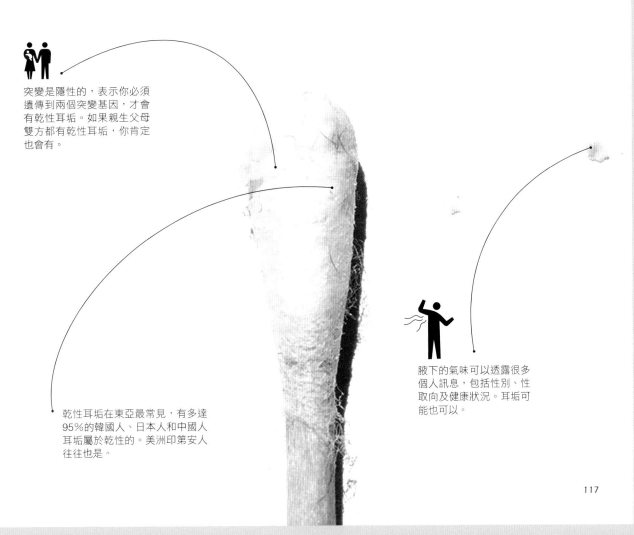

乾性耳垢在東亞最常見，有多達95％的韓國人、日本人和中國人耳垢屬於乾性的。美洲印第安人往往也是。

腋下的氣味可以透露很多個人訊息，包括性別、性取向及健康狀況。耳垢可能也可以。

Chapter 4

Civilisation

文明

我們從什麼時候開始生活在城市裡？

人類在 2014 年正式成為都市物種，生活在城鎮裡的人數首度超越鄉間——想想看，1960 年才三分之一的人住在都市地區，這樣的變遷實在快速。

直到大約 5,500 年前，都還沒有人生活在城市中。村落已經存在幾千年，但沒有半個村落的規模或複雜性能充分發展至城市的地位。文明的典型行為是如何發生的？為什麼會發生？

都市生活的開始

為了回答這些問題，我們必須跨過歷史記載，回到距今 6,000 多年前，文字尚未發明出來、石器也還沒有完全被金屬取代的時代。

根據正統的觀點，世界上第一批城市起源於美索不達米亞（別名「肥沃月灣」），這是一大片位於幼發拉底河與底格里斯河之間的肥沃土地。這批城市之父，是蘇美城市烏魯克（Uruk）。烏魯克位於幼發拉底河兩岸，當初可能是西元前 8000 年在肥沃月灣興起的永久聚落之一。到了西元前 3500 年，它已經發展成真正的城市，面積達到大約 2.5 平方公里，居民約有 5 萬人，大多數互不相識。

如果可以時光倒流，回到烏魯克，你會認為這是一座城市。最明顯的都市特徵之一，是它有眾多大型建築物，這當然是定義城市的其中一項特徵。但可不只是隨便什麼舊式的大型建築物，而是有非宗教性質的公共建築，這表明城市裡有政府及會計體系。

你也會看到按機能「分區規畫」的證據——明確劃分出行政中心、住宅區、市集、垃圾場等等。防禦工事也很顯眼，表示有值得保護的財富。更早以前的大型聚落，譬如西元前 7 世紀的卡塔胡由克（Çatalhöyük，位於現今的土耳其），就未能通過這些評判是否能成為城市的檢驗。

不過，烏魯克顯然缺乏一樣東西，那就是複雜的交通網。雖然驢已經馴化了，但距離車輪的發明還早得很。烏魯克是一段漫長過程的最終產物，起初，早期農人開始在鄰近自家農作物及牲畜的村落定居，這些村落的規模可能會發展得非常大，就像卡塔胡由克那樣。到最後，由於農業過剩，就讓有些人放棄農耕，而去從事其他的職業譬如金屬加工，這種勞動分工逐步導致真正的都市分區，原因是擁有不同技能專長的工匠會漸漸聚集起來。

我們不只把烏魯克視為真正的第一座城市，更認為它帶動了西元前 3400 到 3100 年之間橫掃美索不達米亞的都市化浪潮，來自南方的人在此區定居，以烏魯克的樣貌建立起許多城市。

北方強國

但在過去幾十年間，在一般以為較為落後的北方各省有一些新發現，烏魯克的地位開始動搖。至今有兩座城市呈現出清楚的證據，顯示它們的都市化比烏魯克的年代更久。這些發現促使一些考古學家重新認真思索。

其中一個地方是敘利亞東部的哈穆卡爾遺址（Tell Hamoukar）。西方考古學家從 1920 年代就已經知道這個遺址，但一直把它視為「二線」城市，是從烏魯克往北傳的都市化浪潮產生的結果，然而更近期出土的證據顯示，此地在烏魯克開始耀武揚威之前，已經达到很進步的都市化狀

態了。

甚至早在西元前 3700 年，哈穆卡爾的面積就達到 12 公頃左右，外圍有一道防禦的城牆。城牆內的遺跡是非宗教性質的大型建築物，大概是某種食堂之類的公共建築。考古學家還發現很多種「封蠟章」，用來蓋印在溼黏土或瀝青上，做為追蹤貨物之用。我們都熟知封蠟章源自烏魯克，而且普遍同意它代表會計制度，所以是都市化的確切證據。

如此說來，早在西元前 3700 年，哈穆卡爾就已經顯露出很多早期都市生活的特徵。然而，沒有任何受到南方影響的跡象：烏魯克風格的陶器在西元前 3200 年左右才開始出現。看起來，哈穆卡爾遺址的居民似乎生活在一個不受烏魯克影響的城市裡，有可能他們根本不知道烏魯克存在——至少在城市來到他們所生活的地區之前的 500 年間，他們並不知道。

消失在時間中

布拉克遺址（Tell Brak）有可能是更古老的城市，這個遺址也在敘利亞，而且也有一個非常大、十分古老的建築遺跡，有 1.5 公尺厚的城牆以及面向廣場的大城門。考古學家在推測年代時，發現它的歷史超過 6,000 年。也有封蠟章出土，而且當時的陶器大多帶有某種會計及行政體系的證據，這表示布拉克的居民比烏魯克更早開始使用複雜的行政管理技術。

不過，大多數的考古學家都同意這件事還未定案。我們還不太清楚南方發展程度相當的時期，有可能美索不達米亞南部在西元前 4000 年以前已有充分發展的城市了，只是還沒有人挖得

石器時代的郊區

1958 年出土時，卡塔胡由克緊緊抓住了世人的想像力。這個涵蓋 13 公頃的遺址擠滿了上百座建築物，居民估計曾有一萬人。卡塔胡由克看起來像城市，但非常古老：年代最早的遺跡大約有 9,000 年歷史。然而它還缺少真正的城市中可見到的重要特徵：區域之間的機能差異化。卡塔胡由克很像古代的郊區，就只有一大堆的房子和垃圾場，居民的一切活動似乎都在家裡進行，甚至把死者埋葬在住家的地面下。還要再過 1,500 年，才有真正的城市出現。

夠深，讓這些城市重現天日。多年來，由於戰亂，整個地區都禁止進入，考古工作可能在未來若干年無法繼續。同時，考古學家也祈望這個遺址沒被搜刮一空，毀掉了文明起源的證據。

城市與鄉間

全球 70 億人口有超過一半居住在城市裡，但都市地區人口十分
稠密，只占了地球表面不到 1%的面積。

如果把全球所有的城市集
合成一個超大都會區，面
積約 75 萬平方公里的**婆
羅洲**可以容納得下，而且
綽有餘裕。

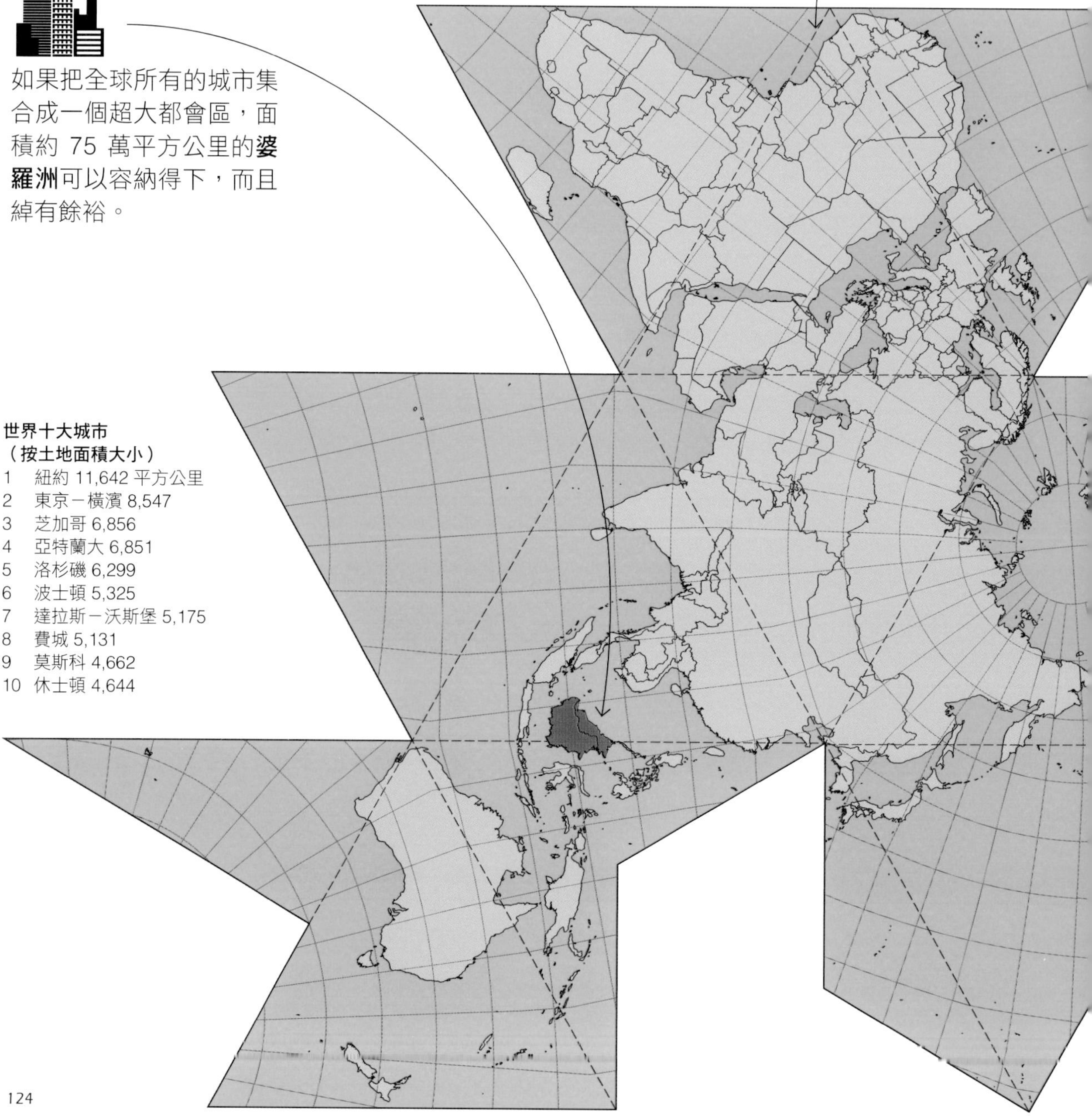

世界十大城市
（按土地面積大小）
1   紐約 11,642 平方公里
2   東京－橫濱 8,547
3   芝加哥 6,856
4   亞特蘭大 6,851
5   洛杉磯 6,299
6   波士頓 5,325
7   達拉斯－沃斯堡 5,175
8   費城 5,131
9   莫斯科 4,662
10 休士頓 4,644

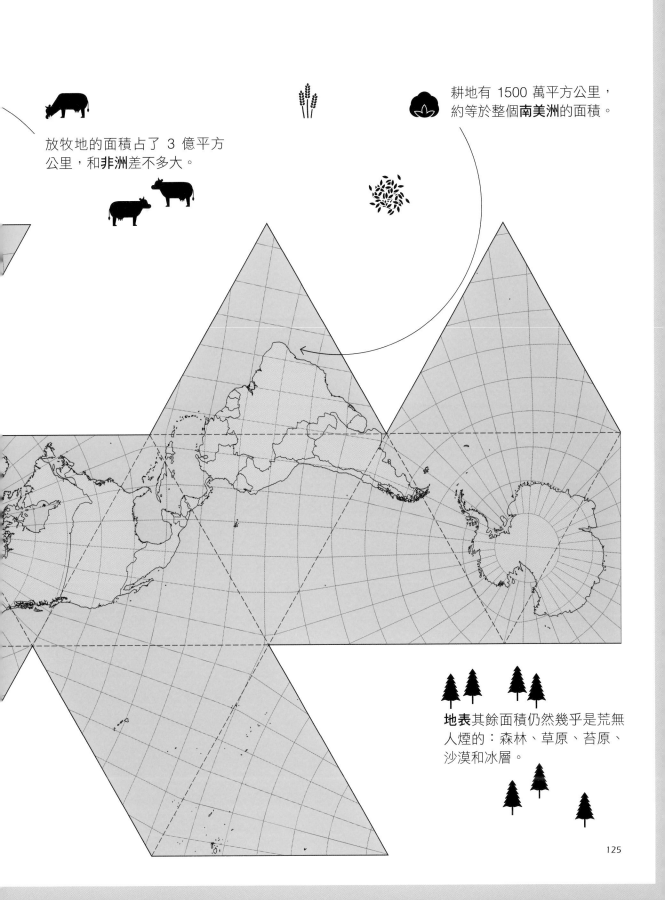

放牧地的面積占了 3 億平方
公里，和**非洲**差不多大。

耕地有 1500 萬平方公里，
約等於整個**南美洲**的面積。

地表其餘面積仍然幾乎是荒無
人煙的：森林、草原、苔原、
沙漠和冰層。

125

為什麼我們把無價值的紙片視若黃金？

把你的皮夾清空。硬幣，鈔票，信用卡：這些都代表你的財富（或缺乏財富），讓你能夠買東西，但這些實際上只是你憑空想像出來的事物。金錢本身並沒有價值，而是像《小飛俠》故事中的叮噹小仙子，只要孩子們的信念動搖就會死掉——金錢是靠著我們的集體信任而存亡。

要了解鞏固那份信任的基礎，得先了解一下金錢如何及為何發明。

一切從以物易物開始。歷史學家對於確切的時間和地點意見相左，但似乎都同意，在西元前8000年美索不達米亞很盛行以物易物。

以物易物比爭搶資源來得方便，只是也有缺點。首先，它得靠過剩。更糟的是，它仰賴「需求的同時發生」：假設你多出兩隻羊，但需要一頭牛，你就得找到多了一頭牛而且需要兩隻羊的人。解決辦法是建立一條交易鏈：用你的羊換一些穀物，再用穀物去交易那頭牛。

像這樣的交易鏈，可定出最具普遍價值的物品，且因為這些物品可用來交易幾乎任何東西，就成了早期的「商品」貨幣。鹽是其中一種，像金屬等有用的材料是另一種。由於大家對這些物品的價值都能達成一致意見，這些商品就成為所有東西的價值基準，後來也漸漸當作價值儲存和交換媒介，換句話說，就是金錢。

有權的硬幣

下一個階段顯然是建立起標準化的金錢單位。最先做這件事的是中國人，他們在西元前1000年左右開始鑄造金屬硬幣。硬幣容易攜帶且又耐用，後來就流行起來，但硬幣也有個嚴重的設計缺陷，早期的硬幣是用貴重金屬鑄造的，

這使得硬幣很容易被削邊——把銀刮掉，再冒充是原面額的硬幣。這正是黃金的價值最後轉移到紙上的原因。

在13世紀，中國商人開始把過剩的硬幣存放在其他商人手中，換回一些蓋過印的憑據，允諾這張紙可兌換特定數量的金幣，他們可以隨時兌換這些「本票」。中國政府很快就開始發行官方的紙鈔，到1274年，中國已經有了流通全國的紙幣。

英國的金匠在17世紀很偶然地把這條路重走了一次。他們把黃金存放在自己的金庫裡，然後發放可證明數量及純度的憑據，並允諾會分毫

有趣的貨幣

各種奇怪的東西都曾經用來當作貨幣，最常用的是黃金和其他貴重金屬。但貨幣本身有時候並不值錢，像羽毛、珠子、貝殼這類東西，也都曾使用過。說到貨幣隨意而超現實的本質，最著名的例子就是雅浦島石幣（rai）——直到不久前，在密克羅尼西亞的雅浦（Yap）島上仍在使用狀似甜甜圈的大石頭當作貨幣。石幣的所有權可以隨著交易轉移，但石幣很少搬動，大家都知道在哪裡，擁有人是誰，即使掉下船沉到海底。

不差地交還所存放的數額。不可避免的，這些單據有了自己的生命。人們用單據付清債務和購買物品，後來便開始以紙幣的形式流通。

也不是借款人……

用不了多久，金匠就領悟到他們也可以提供借款，開出比金庫裡存放物更多的本票。咻的一下，第一批銀行冒出來了。

17 世紀末，英國央行（成立於 1694 年，功能是借錢給一貧如洗的政府）開始寫本票，從此開啟了中央銀行發行貨幣的時代。由於銀行靠著印鈔票憑空變出錢來，結果造成持續的通貨膨脹，為了終止亂象，英國在 1816 年定出了貨幣供給量與實際黃金儲存量之間的關係，是全球率先採取這種做法的政府。

在第一次世界大戰之前，這個黃金標準運作得很順暢，而戰後的經濟大恐慌（或譯大蕭條）導致大量銀行倒閉，恐慌的大眾紛紛囤積黃金，就把這個體系拖垮了。英國在 1931 年正式切斷黃金標準，美國則在 1933 年跟進。

與黃金脫離關係後，鈔票就只是政府所給的承諾，告訴你這張紙是有價的。所有的現代貨幣都奉這個法令為圭臬，因此稱為法定貨幣。整個體系建立在信任的基礎上：所有的貨幣使用者都必須相信，政府會擔保他們手中這些本身並無價值的紙片的價值。

最大的雅浦島石幣……

0.5 公尺厚

3.6 公尺高

而且有 4 噸重

這行得通，但可想而知，這也會讓一些人焦慮不安。化名中本聰（Satoshi Nakamoto）、但真實身分不明的人士是其中一位（或多位）。中本聰在 2008 年發明了比特幣，這是一種數位貨幣，意圖規避政府發行的法定貨幣帶來的麻煩。擁有比特幣既不需要信任，也不必依賴中央銀行，而是靠電腦執行計算去驗證、記錄過去各筆交易來「挖礦」：比特幣是這項工作的一種給付。任何人都能開採比特幣，不過所需的計算與軟體可不是區區小事。

騙術？

比特幣的核心概念是區塊鏈，是每筆交易無法偽造的分類帳，它確保每一枚比特幣都只能花掉一次，無法造假或竊取。區塊鏈會不斷同時更新，任何人都能查看。但由於比特幣本身不具價值，而是看其他人願意用什麼物品來交換，所以某種程度上仍要靠信任。

你可能覺得比特幣很難懂，但法定貨幣也是如此。此外，比特幣（或類似的東西）很有機會成為未來的流通貨幣。有些國家的中央銀行正在探討數位貨幣替代現有貨幣的可能性，因為區塊鏈提供了固若金湯的安全性。

因此，倘若你的皮夾裡有比特幣，那要恭喜你：你正在協力殺死叮噹小仙子。剛開始我們會想念她，但很多人認為這是她自找的。

跟著錢走

我們複雜的貨幣銀行體系是從維生經濟演變來的，在這種經濟制度下，人們只消費他們能夠種植、獵得或採集的東西。

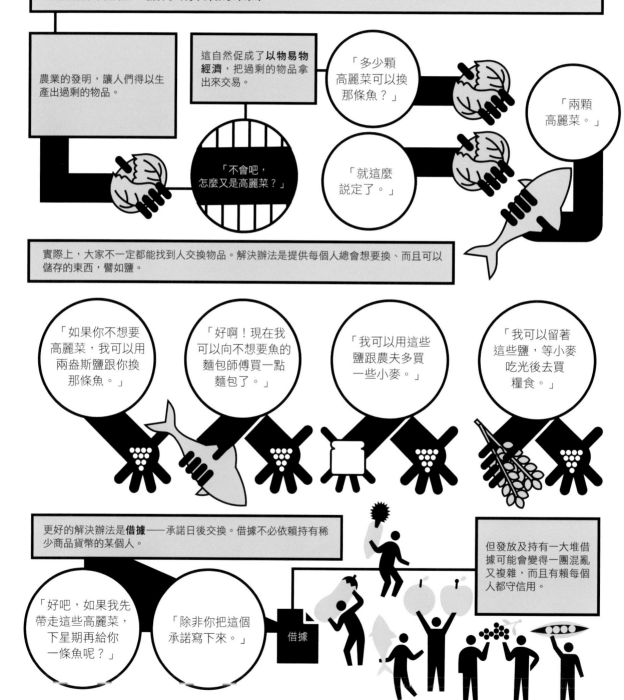

農業的發明，讓人們得以生產出過剩的物品。

這自然促成了**以物易物經濟**，把過剩的物品拿出來交易。

「多少顆高麗菜可以換那條魚？」

「兩顆高麗菜。」

「不會吧，怎麼又是高麗菜？」

「就這麼說定了。」

實際上，大家不一定都能找到人交換物品。解決辦法是提供每個人總會想要換、而且可以儲存的東西，譬如鹽。

「如果你不想要高麗菜，我可以用兩盎斯鹽跟你換那條魚。」

「好啊！現在我可以向不想要魚的麵包師傅買一點麵包了。」

「我可以用這些鹽跟農夫多買一些小麥。」

「我可以留著這些鹽，等小麥吃光後去買糧食。」

更好的解決辦法是**借據**——承諾日後交換。借據不必依賴持有稀少商品貨幣的某個人。

但發放及持有一大堆借據可能會變得一團混亂又複雜，而且有賴每個人都守信用。

「好吧，如果我先帶走這些高麗菜，下星期再給你一條魚呢？」

「除非你把這個承諾寫下來。」

借據

解決辦法是發行一種人人都接受的借據。最早的借據是金匠開給富商的收據，後來這些收據開始流通，成為紙幣。

他們的借據稱為鈔票和硬幣，而且以金庫裡的黃金為後盾。

發行貨幣的權力很快就被政府機構壟斷，如 1689 年成立的英國央行。

商業銀行決定分一杯羹，開始發行借據。

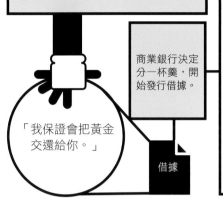

借據

「我保證會把黃金交還給你。」

1930 年代，許多國家的中央銀行很無奈地切斷了貨幣和黃金之間的關係，開始發行貨幣，稱為**法定貨幣**。

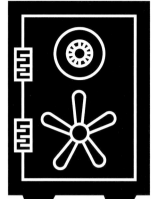

紐約聯邦儲備銀行副總裁艾克斯特（John Exeter）警告，金錢已經變成「什麼也沒欠」（IOU nothing）了。

現代經濟體制中，幾乎所有的錢都是一張借據，而且有三種。

1. 現金
鈔票和硬幣

英國經濟體制中有 **1,000 億**英鎊

這是中央銀行給人民和企業的借據。

中央銀行想印製鑄造多少都可以，但通常會剛好夠讓經濟維持運作。

2. 預備金
存放在中央銀行的錢

英國經濟體制中有 **2,800 億**英鎊

這是中央銀行給商業銀行的借據。這筆錢大部分是商業銀行的，而商業銀行把中央銀行當成他們存錢的撲滿。

3. 銀行存款
一般人存在商業銀行的錢

英國經濟體制中有 **1.7 兆**英鎊

銀行給客戶的借據。這是最重要的一種錢，用於大多數的交易中，但很少轉換成現金。銀行只是在電腦裡轉移資金。

大多數的銀行存款是由商業銀行提供新的貸款給客戶而憑空產生出來的。一個經濟體中，有 80% 的錢其實並不存在。

「我想要貸款來做生意。」

借據

「非常樂意——這些是我憑空變出來的隱形錢。」

我們從什麼時候開始埋葬亡者？

生命中唯一確定的事，就是生命終有一天會結束。知道這件可怕的事，或許是界定人類境況的特徵。就我們所知，我們是能夠思索死亡之無可避免的唯一物種。

但至少你可能會有個體面的送別，算是一點安慰吧。人類也是唯一會進行周到死亡儀式（我們稱之為葬儀）的物種。證據顯示，至少從十萬年前人類就開始進行這些儀式了，而且對研究人類演化的學者來說，這些儀式的起源是個會讓人產生病態迷戀的主題。

葬儀顯然歸類在「象徵性的活動」，和藝術、講故事、宗教及其他人類文化特徵並列。要能進行儀式、慎重埋葬和擺放陪葬品，顯然必須先會抽象思考生命、死亡及生死的意義。不同於其他形式的大部分象徵性活動，葬儀留下了很多實物證據。

逝者不可追

就大多數的動物而言，屍體只是沒有生命的東西。但有些動物顯然和死亡有比較複雜的關係。大象似乎對死象的屍骨很著迷，科學家也曾觀察到海豚花很久的時間待在屍體旁邊。

黑猩猩也對其他黑猩猩的身體感興趣，有些描述形容牠們是在展現一些類似悲痛、警惕、尊敬和哀悼的行為。人類學家說，也許黑猩猩保留了早期原始人類也會做出的原始行為，而我們把這些行為加工變成正式的儀式。當然，我們永遠不得而知，但化石和考古紀錄中有些吊人胃口的跡象，暗示這種行為如何演變成現代的葬儀。

最早的跡象確實年代很久遠。在 1975 年，

古生物學家在衣索比亞一處長滿青草的陡峭山坡上，發現 13 副阿法南猿人的部分骨架（阿法南猿人是距今 320 萬年的人類祖先），九副是成年人，兩副是少年，另外兩副是嬰兒，全都在彼此觸手可及的距離內，顯然是差不多同時存放的。他們是如何跑到那裡仍是個謎，沒有任何證據顯示有突發的洪水或類似的災難，可能讓他們全部立刻死亡，也看不出這些骨頭有被掠食動物嚼碎過的痕跡。正如發現者約翰森（Donald Johanson）後來所寫的，他們就只是「丟棄在山坡上的人族」。

生者的國度

有個可能的解釋是，這些屍體是在「結構性的遺棄」行為中刻意留在那裡的。這並不代表埋葬，也不代表任何具有象徵或性靈意義的東西。即使如此，這仍然要比我們在黑猩猩群所見到的行為有顯著的認知進步——黑猩猩只是讓死者留在牠倒下的地方。這也許是人性的第一次萌生；生與死之間的概念分野。

除非有新的發現，不然無法確認阿法南猿人確實是把死者放在一個特別的地方。但到了 50 萬年前，證據就更加清楚。1980 年代，在西班牙阿塔普爾卡山（Atapuerca Mountains）一個洞穴裡的豎井底部，發現了遺骨坑，裡面有至少 28 個古代人類的遺骸，人種很可能是我們和尼安德塔人的可能共祖：海德堡人。

他們是怎麼跑到那裡的？有可能是意外跌進豎井的，但從骨頭破裂的方式，以及骨架大多屬於青少男或年輕男子來看，似乎又不太可能。最

動物儀式

我們不太可能知道黑猩猩是否能理解死亡，不過在 2010 年，當坦尚尼亞岡貝（Gombe）國家公園的保育員在一棵樹下發現一隻名叫瑪萊卡（Malaika）的母黑猩猩的屍體時，就給了靈長類動物學家深入了解的難得機會。起初，有一群黑猩猩聚在屍體周圍，接下來三個半小時，陸續有黑猩猩走近，其餘的黑猩猩則在樹上觀望。有些黑猩猩會嗅一嗅屍體或幫忙理毛，其餘的會搖一搖、拉一拉、拍一拍屍體。帶頭的公猩猩把屍體拋向河床，結果許多黑猩猩紛紛發出呼救聲。

公園保育員移走屍體的時候，有幾隻黑猩猩還奔到屍體原先躺著的地方，激烈地觸摸嗅聞地面。牠們停留了 40 分鐘，齊聲發出短促響亮的呼叫聲之後才離去。跑到這個地點探視的最後一隻黑猩猩，是瑪萊卡的女兒曼波（Mambo）。

合理的解釋是，他們是在死後被刻意放在豎井頂部，然後再漸漸降到井底。如果真是如此，這就是「屍骨存放」或指定給死者之地的最早證據。

近年在南非也有一項類似的發現，在一個洞穴裡集中堆放著 1,500 個納萊蒂人的骨頭和牙齒化石，納萊蒂人是過去未知的古代人種。無奈的是，我們不知道納萊蒂人的年代（從 300 萬年前到 10 萬年前都有可能），也不清楚這個人種和我們的親緣關係。

我們也不曉得這些人種對死亡有怎樣的理解。不過我們知道，屍骨存放變得越來越普遍。從 50 萬年前開始，骸骨出土的地點往往很難以其他的説法來解釋，有的被塞在裂縫裡，有的在很難碰到的懸壁中，或是在洞穴的後面。

從屍骨存放到下葬，是個很短的概念躍進──弄出人造的壁龕和深溝來存放死者。最早的證據來自以色列的兩個洞穴 Skhul 與 Qafzeh，在洞穴裡的人造坑洞中發現了距今 10 萬年的智人骸骨。這些埋葬地點可能也容納了形式為動物骨頭、貝殼和赭石的陪葬品。大約同時間也有尼安德塔人埋葬的證據。

這些埋葬仍然不代表文化上的分水嶺。目前我們只知道少數幾個這樣的遺址；和應該有的死亡人數比起來，這些算是很稀罕的。看起來也有可能進行火葬，但缺乏證據。

直到一萬四千年前左右，大多數的亡者才埋葬在我們所認為的墓地裡。差不多在同個時候，人類也開始在一個地點定居下來，發展出農業和宗教，這大概不是巧合。我們的猿人過去已逝，也入土了，象徵性的文化正生氣勃勃。

死人比活人還多

我們經常聽到有人說，全世界人口過剩，多到開始流傳說活人的人數超過死人，而這個未經證實的傳言必須入土為安。

圖例：💀 ＝1 億個死人　　💀 ＝今天仍活著的人

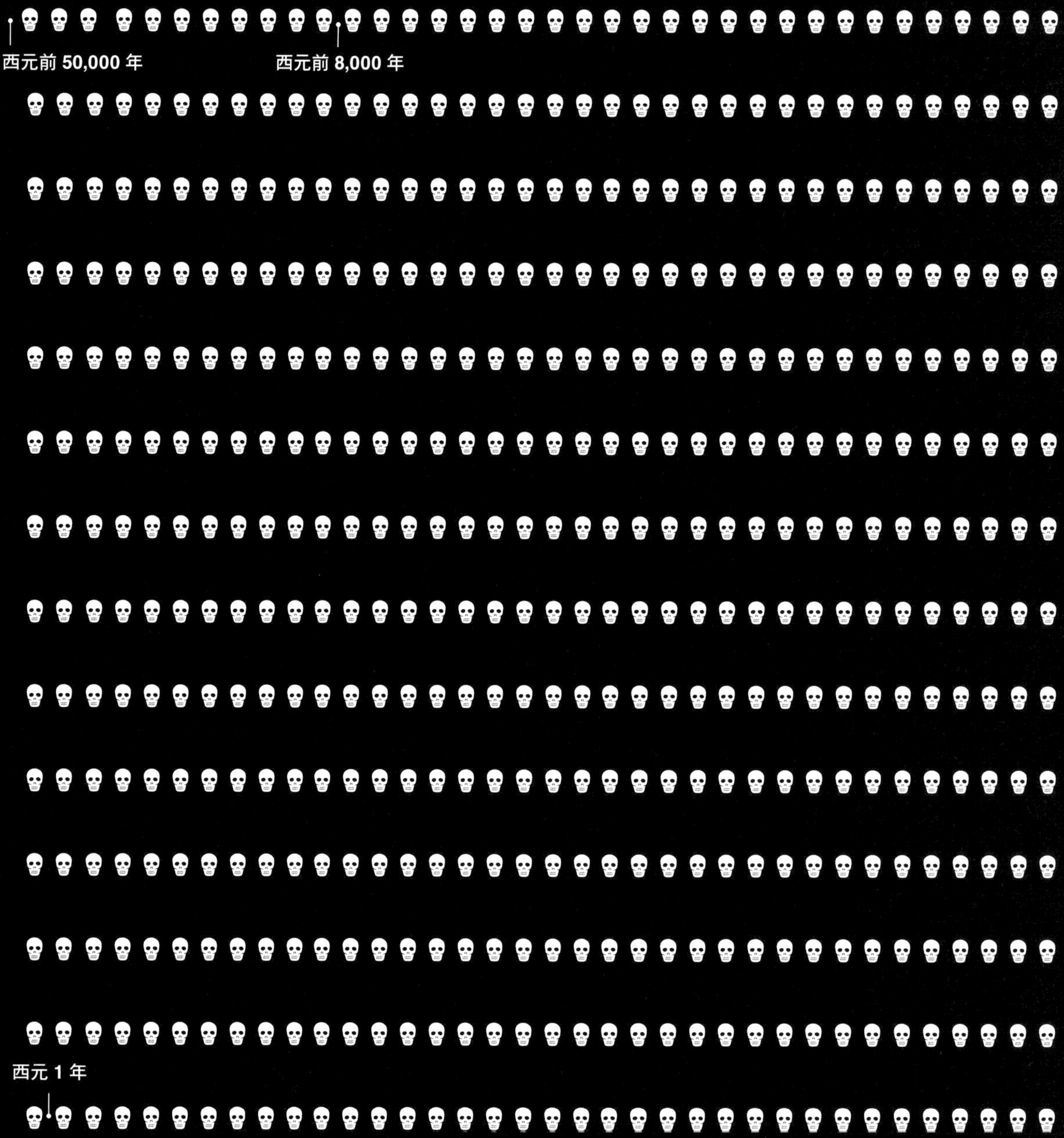

💀💀💀💀💀💀💀💀💀💀💀💀💀💀💀💀💀💀💀💀💀💀💀💀💀💀💀💀💀💀

西元前 50,000 年　　　　　西元前 8,000 年

💀💀💀💀💀💀💀💀💀💀💀💀💀💀💀💀💀💀💀💀💀💀💀💀💀💀💀💀💀💀

💀💀💀💀💀💀💀💀💀💀💀💀💀💀💀💀💀💀💀💀💀💀💀💀💀💀💀💀💀💀

💀💀💀💀💀💀💀💀💀💀💀💀💀💀💀💀💀💀💀💀💀💀💀💀💀💀💀💀💀💀

💀💀💀💀💀💀💀💀💀💀💀💀💀💀💀💀💀💀💀💀💀💀💀💀💀💀💀💀💀💀

💀💀💀💀💀💀💀💀💀💀💀💀💀💀💀💀💀💀💀💀💀💀💀💀💀💀💀💀💀💀

💀💀💀💀💀💀💀💀💀💀💀💀💀💀💀💀💀💀💀💀💀💀💀💀💀💀💀💀💀💀

💀💀💀💀💀💀💀💀💀💀💀💀💀💀💀💀💀💀💀💀💀💀💀💀💀💀💀💀💀💀

💀💀💀💀💀💀💀💀💀💀💀💀💀💀💀💀💀💀💀💀💀💀💀💀💀💀💀💀💀💀

💀💀💀💀💀💀💀💀💀💀💀💀💀💀💀💀💀💀💀💀💀💀💀💀💀💀💀💀💀💀

💀💀💀💀💀💀💀💀💀💀💀💀💀💀💀💀💀💀💀💀💀💀💀💀💀💀💀💀💀💀

💀💀💀💀💀💀💀💀💀💀💀💀💀💀💀💀💀💀💀💀💀💀💀💀💀💀💀💀💀💀

西元 1 年

💀💀💀💀💀💀💀💀💀💀💀💀💀💀💀💀💀💀💀💀💀💀💀💀💀💀💀💀💀💀

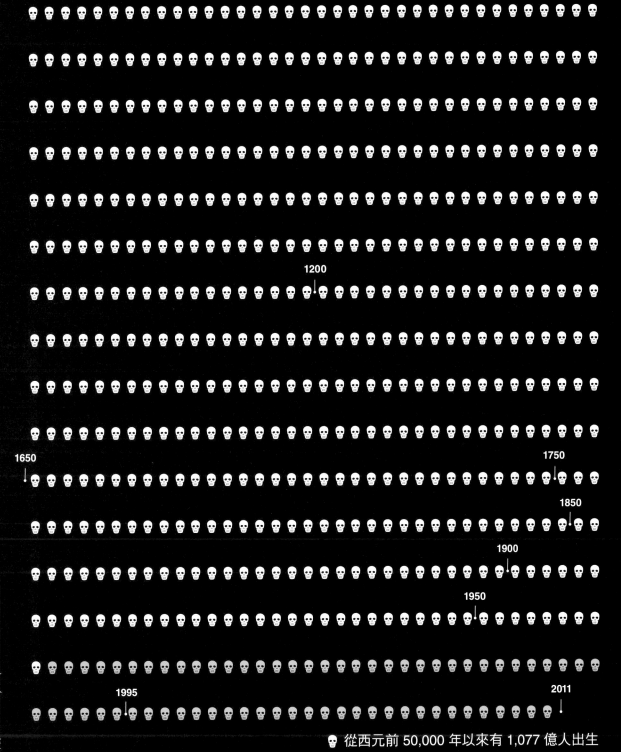

資料來源：HowManyPeopleHaveEverLivedonEarth

💀 從西元前 50,000 年以來有 1,077 億人出生

💀 這些人當中有 6.5%，也就是 70 億人今天仍活著

最早煮熟的餐點是什麼？

早餐：含纖維素的苦葉、水果。午餐：樹皮、水果、生猴肉和猴腦。晚餐：甲蟲幼蟲、樹葉、水果。

不不不，這可不是好萊塢最新流行的食物吃法，而是跟我們親緣關係最近的現存生物黑猩猩吃的食物。這菜色不怎麼可口或多變。相反的，我們就有上千種糧食可選擇，還有各式各樣透過加熱改變化學組成的方法——也就是烹調。

烹煮食物普遍存在於人類社會中。從生活在北極冰天雪地的因紐特人，到撒哈拉沙漠以南的非洲地區狩獵採集者，各個文化都仰賴經由加熱而產生化學物理變化的食物來維持生命。這是很了不起的發明。烹調讓食物更好消化，同時也殺死了可能導致食物中毒的細菌。然而，烹調始於何時何地，仍是大家熱烈爭辯的話題。或許可以稱之為食物大戰。

沒有不用火的食物

沒有火，就無法烹調，所以答案也許可以從控制火焰的證據中尋找。這個議題頗有煽動性，因為火在考古紀錄中是很難確定的事物。證據已經名副其實付之一炬了，而要區分刻意起火的痕跡和閃電引起的自然起火遺跡，也很困難。這就是為什麼考古學家要在洞穴裡找尋火的跡象。

在南非奇蹟洞（Wonderwerk）中發現的灰燼痕跡，說明人族至少在距今 100 萬年前，也就是在直立人（我們的直系祖先）生活的時代，就懂得控制火。在這個遺址也發現燒焦的碎骨，表示直立人是在煮肉。不過，最早的爐床遺跡年代只有 40 萬年之久。

大約在 25 萬年前從直立人演化出來的尼安德塔人，一定會生火，因為在許多尼安德塔人的遺址都能看到爐床，有些遺址還有燒焦的骨頭。我們從尼安德塔人的牙斑分析也得知，尼安德塔人在飲食中添加了藥草，但我們不知道他們是否經常烹煮食物。

證明我們現代人烹煮食物的確切證據，最早可追溯到兩萬年前，當時在中國製造出第一批陶

棕色反應

梅納反應（Maillard reaction）是烹飪中最重要的過程之一，以來自 1912 年描述反應過程的法國化學家的名字命名。這個反應發生在糖和胺基酸之間，所產生的棕色化合物會讓肉類、吐司麵包、餅乾和油炸食物美味十足。人類通常偏愛發生過梅納反應的食物。

從演化的角度看，這很難解釋。梅納反應讓食物比較不好消化，尤其是肉類，還會破壞營養素，產生致癌化學物質。也許是因為烹調的其他好處大大勝過這些危害，所以我們已經演化成偏好呈棕色的食物了。但這無法解釋，為什麼連不懂烹調、也不會去烹調的大猿也有此偏好。

向梅納反應舉麵包
致意

製器皿。外表的燒焦痕跡和煙灰，説明這些器皿是當作炊具使用。但總的來説，考古證據並沒有勾勒出清楚的樣貌，我們必須往別的地方找。

大約在 190 萬年前，人族生物學起了一些重大變化。和祖先比起來，直立人的牙齒非常小，體型很小，腦袋卻大得多。靈長類動物學家朗漢（Richard Wrangham）提出了一個頗具爭議性的假説，認為這些變化是由煮熟的食物造成的。事實上，朗漢相信烹調是促成我們這個支系和更像猿類的祖先分家的主因，如果沒有熟食，智人的身體就不可能存在。

要了解原因何在，不妨想像你吃下的食物和黑猩猩吃的一樣。為了攝取足夠的熱量供應到很耗能量的腦，你幾乎得把整個白天的時間花在找糧食上。黑猩猩幾乎一直在覓食；大猩猩和紅毛猩猩每天有九個小時在吃東西。

脆弱的顎骨

早期我們可能必須花更多時間吃東西。我們的大腦大了兩倍多，腸道則太短，無法長時間留住低質量的生食以便充分消化。事實上，如果我們是身材類似的大猿，那我們的腸道重量只有預期的 60%。

我們的小牙齒和顎骨也有類似的情形，如果要磨碎嚼不動的大量生食，這樣的齒顎太小了。比起更早期的人族譬如巧人（Homo habilis），現代人、尼安德塔人與直立人的牙齒相對於體型來説都很小。朗漢認為，這些形態學上的特徵，正是大約 190 萬年前逐漸適應熟食的結果。

熟食必定改善了我們祖先的生活。加熱讓食物變得比較軟，所需的咀嚼時間就少了，而且釋放出來的熱量也比較多。餵熟食的小白鼠，長得比餵相等熱量的生食的小白鼠更肥胖。經過加熱處理的食物也比較安全。腐肉帶有大量的病原，把肉放在熾熱煤炭上烘烤，可以殺掉導致食物中毒的細菌。烹調的另一個好處，是讓原本不可食用的食物變成可以吃，譬如塊莖，而且還能空出時間，做一些比覓食和吃東西更有趣的事。

煮熟的食物通常比較美味。我們無法得知我們的祖先是否能體會到這個差異，但研究發現猿類比較喜歡煮過的食物，大多數時候會選擇烤過的馬鈴薯、胡蘿蔔和地瓜，而不是生的。

別一下子吃光

烹調需要除了控制火以外的認知能力，譬如能夠忍住不偷吃食材，需要耐性和記性，以及理解轉化過程。最近的實驗發現，黑猩猩具有烹調所需的許多認知能力及行為能力——因此直立人可能也具備了這些能力。

然而，熟食假説有一些瑕疵。許多歸結到熟食的適應結果，譬如腦容量變大，有可能是因為吃下更多生肉而造成的。生物證據和懂得控制火之間的時間斷層，是另一個癥結。

但無論烹調是何時開始的，它都已經演變成人類文化最多變、最具新意的元素之一。我們運用五花八門的烹飪技巧，料理上千種動物、植物、真菌類和藻類。我們花在構想準備糧食的時間比實際享用的時間多出更多，然後還坐下來看烹飪節目，這些節目的主持人已經成為家喻戶曉的百萬富翁。我們烹飪，故我們存在。

填飽肚子

煮熟的食物比較容易消化，熱量也比較容易獲取，這可能是從大約
100 萬年前我們的祖先發明烹調之後，在人類演化上的重要因素。

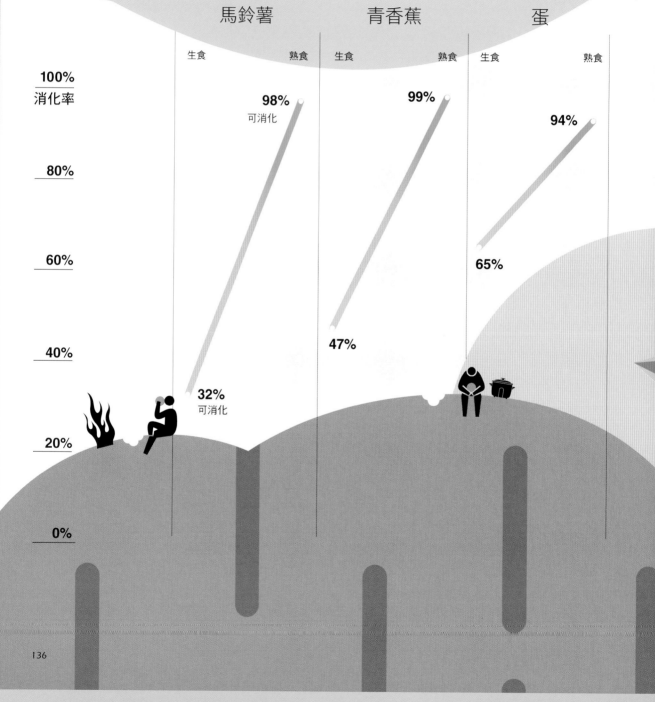

馬鈴薯　　　　　　青香蕉　　　　　　蛋

生食　　熟食　　生食　　熟食　　生食　　熟食

100%
消化率

80%

60%

40%

20%

0%

98%
可消化

99%

94%

65%

47%

32%
可消化

吃生素食的人説他們一直覺
得餓，儘管經常在吃東西，
而且他們的 BMI 值通常低於
吃熟食的素食者。

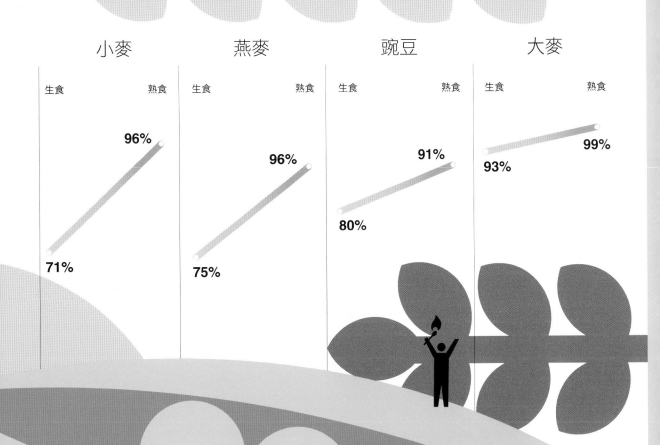

小麥	燕麥	豌豆	大麥
生食　　　　　熟食	生食　　　　　熟食	生食　　　　　熟食	生食　　　　　熟食

小麥　96%　71%

燕麥　96%　75%

豌豆　91%　80%

大麥　99%　93%

那麼肉類呢？

烹調會讓肉裡的脂肪溶出，而損失熱量，不過也會變得更容易消化，並且降
低食物中毒的可能性，這大概可以彌補一下缺點。

生肉很難消化，大約會用掉你剛吃下的能量的三分之一。以大
蟒蛇所做的實驗顯示，煮熟的肉可讓消化的代價減少 13%。

被餵食純肉類的小白鼠體重會下降，但如果肉是煮熟的，
減重的速度會比較慢。

137

我們如何馴化動物？

如果去參觀法國拉斯科（Lascaux）著名的石洞壁畫，你會覺得自己彷彿置身史前動物寓言故事的場景。將近 2,000 幅壁畫當中，差不多半數是動物圖：馬、雄鹿、野牛、貓、熊、鳥和犀牛。一萬七千三百年前畫出這些壁畫的人顯然對身邊的動物很著迷：沒有描繪風景或植物的壁畫，而其餘都是人物畫或抽象符號。然而對他們來說，馴養或擁有一隻動物，應該是全然陌生的概念；拉斯科洞窟壁畫描繪的動物都是野生的。

跳回到今天來看，我們和動物的關係已經徹底改變了。過去一萬五千年來，我們馴養了數百種野生動物，從不起眼的果蠅到威武的大象，幫我們做各種工作：當作糧食、苦力、交通工具、保護者、材料、肥料、有害生物防治、放牧者、同伴、消遣及研究對象。

如果只算牲畜，地球上大約有 320 億隻家畜。狗的數目可能有 10 億，貓有 20 億。其餘的數目就算不清楚了，但只要想想所有的大白鼠、小白鼠、天竺鼠、魚、蜜蜂、蠶、法國蝸牛、蛙、蛇、用來治病的水蛭、果蠅等等，你心裡就有底了。這些動物是怎麼來的？

從人類出現在地球上，有大約 95%的時間生活方式就像拉斯科洞窟壁畫的創作者一樣。後來，差不多在三萬到一萬五千年前，我們開始和動物建立友誼。第一種和人類一起生活的動物，按理說應該會令我們感到害怕厭惡，但竟完全被馴化，如今成為人類最好的朋友：家犬。

美好友誼的開始

這種事從何時何地發生，以及是如何發生的，仍是大家熱烈討論的話題。具有與狗類似的表徵的最古老狼化石，來自歐洲和西伯利亞，年代是三萬多年前，但 DNA 證據則顯示可能起源自更東邊，時間差不多在一萬五千年前。

不管是何時及如何發生的，還有一個問題是：為什麼會發生？自然而然發生，是其中一種可能。野生的狼撿食狩獵採集者留下來的屍體；有些狼學會了跟隨人類，最後形成一種互利關係，幫忙追蹤捕殺獵物並且保護人類。跟隨一小群人類之後，這些狼可能也和野生的同類分離開來，就表示這些狼只會與其他和人親近的狼繁殖

垂著耳朵的可愛模樣

達爾文把家畜的選拔育種類比為野生環境中的自然選擇（天擇），他也是最先注意到這件怪事的人：所有的馴化哺乳動物都與野生的近親有類似的一套生物差異，稱為馴化綜合特徵（domestication syndrome），包括溫馴、垂耳、捲尾巴、體型變小、長相稚氣，以及毛色有所改變。許多表徵顯然對人類很有用（至少是受人喜愛），可能是在馴化與進一步選拔育種的過程中保存下來的，而其他一些表徵似乎是順帶的，因為這些表徵可能受到相同的基因控制。

狗已經和人類共同
生活了至少一萬
五千年。

後代。於是，有利於與人類同住的表徵，譬如溫馴，可能就會保存下來。

另一種可能是，人類刻意收養幼狼然後養大——不過可能性似乎不大，因為狼每天要吃 5 公斤的肉，這是昂貴的奢侈品。

這邊傳來豬叫聲

雖然狗很適合冰河時期狩獵採集者的生活方式，可是人類一直要到一萬一千五百年前開始在村落裡定居，才真正開始馴化動物。

先是豬，不久之後又有綿羊、山羊和牛。幾乎可以確定，馴化這些動物的目的是為了牠們的肉、奶、羊毛、角和獸皮，但在完全馴化前，大概有幾千年前的時間是逐步親手照管野生的豬牛羊。還有一些說法，認為當初薩滿巫師馴化牛是為了獻祭，後來才變成四處走動的糧食儲藏室。

家貓似乎也起源自這段時期，但細節難以確定。家貓的野生祖先是生活在西亞的非洲野貓（*Felis silvestris lybica*），可能是被聚集在糧倉的齧齒動物吸引到人類聚落的。人們可能注意到這些野貓在控制有害生物方面的效用，以及牠們討人喜歡的可愛之處，於是這份稍微帶點距離感的關係就此展開，並且持續至今。一般人認為貓仍然沒有完全馴化——牠們還保留大部分的野性，而且隨心所欲，不像其他絕大多數的被馴化動物。

肥沃月灣是首開先例的地方，但至少還有五個地方也從史前時期就開始馴養動物，每個地方對我們越養越大的動物群都做出獨一無二的貢獻：在中國馴化的馬、鴨子和蠶，在印度馴化的水牛，在非洲馴化的驢和單峰駱駝，在中美洲馴化的火雞，和在南美洲馴化的天竺鼠和駱馬。

雞是如何走遍世界？

在肥沃月灣以外的地區最具重要意義的馴化，大概就是紅原雞了，紅原雞是在差不多 7,000 年前在東亞與南亞各地加入馴化動物之列。最後產生出來的是很常見的雞種，是現在世界上數量最多的家畜。家禽養殖場每年大約生產 400 億隻雞。

如果考慮到原雞是不會遷徙的家禽，不太會飛，只占家裡一小塊地方，那麼這就格外驚人了。雞能夠遍布南極洲以外的各大洲，全是人類的功勞，事實上，雞與我們的關係實在密不可分，還曾經有人拿雞的 DNA 當作替代品，來重現人類如何在廣闊的太平洋區域定居下來。

根據 DNA，雞的旅程至少在 3,000 年前就展開了，朝西抵達中亞，同時也往東進入玻里尼西亞及更遠的地方。大約在西元前 1200 年，雞經過埃及抵達非洲，幾百年後，羅馬人把雞帶到他們的歐洲帝國。這個全球性的左右夾攻最後在南北美洲會合，先有玻里尼西亞人把雞引進美洲，後有歐洲人和非洲人。人類為了各種目的，繼續馴服動物。更近期加入的一些動物包括：大約在西元前 1500 年從歐洲鼬馴化的白鼬，西元 300 年左右在中國從銀鯽馴化的金魚，還有常見的黑腹果蠅（*Drosophila melanogaster*），大約在 1910 年被選定為基因研究的模式生物（model organism）。

供人役使的動物

過去一萬五千年前來，人類為了各種目的而馴化了幾十種動物。

蜜蜂也是十分有用的授粉生物；全世界 70%的農作物靠蜜蜂傳粉。

蜜蜂

大約 5,000 年前在中國馴化，是唯一在史前馴化的昆蟲。

火雞

圖例

糧食

動物飼料

科學

寵物

運動

工作

交通工具

材料

有害生物防治

材料
毛皮、皮革、布料、羽毛等。

蠶

交通工具

鵝

工作
勞務、犁田、放牧、搬運等。

大象　　驢

運動
競賽、打鬥、狩獵等。

鸕鶿　　印度灰狼

在中國和日本被訓練來捕魚。

許多家畜的重要功能是吃掉剩菜，然後變成肉／奶／蛋。

有害生物防治
以及廢物處置

不只是肉、蛋、羽毛的來源

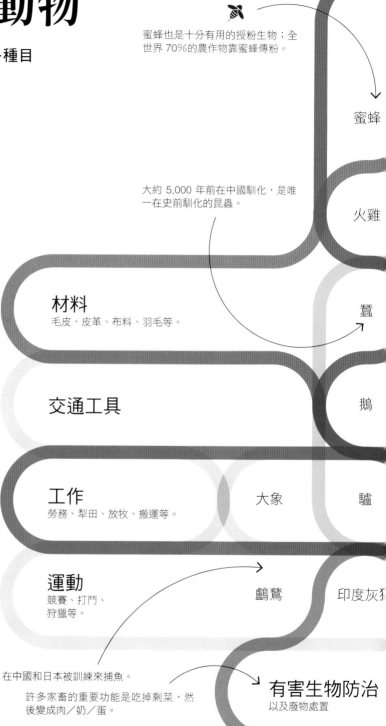

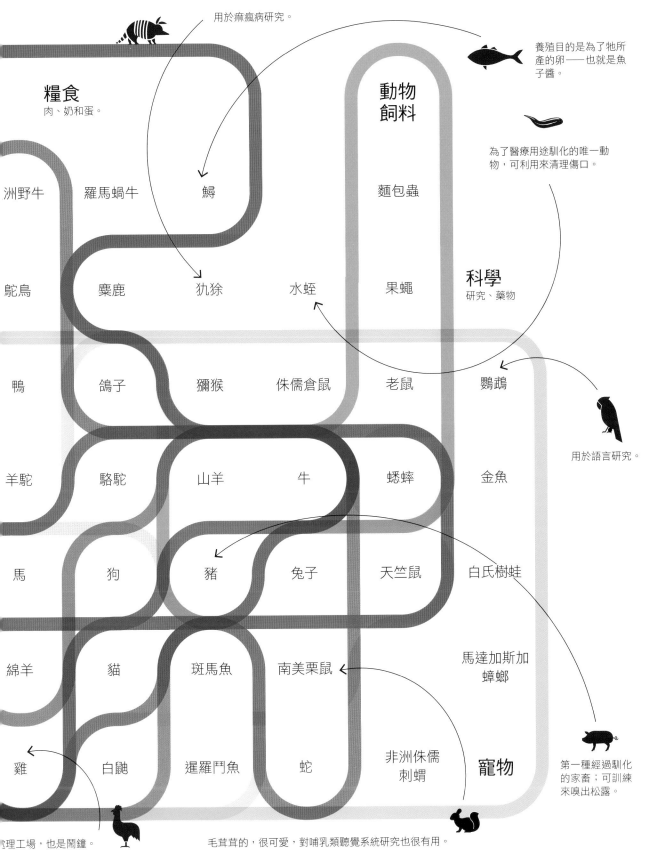

用於痲瘋病研究。

養殖目的是為了牠所產的卵——也就是魚子醬。

糧食
肉、奶和蛋。

動物飼料

為了醫療用途馴化的唯一動物，可利用來清理傷口。

科學
研究、藥物

洲野牛　　羅馬蝸牛　　鱘　　　　　　　麵包蟲

鴕鳥　　　麋鹿　　　犰狳　　水蛭　　果蠅

鴨　　　　鴿子　　　獼猴　　侏儒倉鼠　老鼠　　　鸚鵡

用於語言研究。

羊駝　　　駱駝　　　山羊　　牛　　　蟋蟀　　金魚

馬　　　　狗　　　　豬　　　兔子　　天竺鼠　白氏樹蛙

馬達加斯加蟑螂

綿羊　　　貓　　　　斑馬魚　南美栗鼠

第一種經過馴化的家畜；可訓練來嗅出松露。

雞　　　　白鼬　　　暹羅鬥魚　蛇　　　非洲侏儒刺蝟　**寵物**

理工場，也是鬧鐘。　　　毛茸茸的，很可愛，對哺乳類聽覺系統研究也很有用。

我們從何時開始崇拜神祇？

坦尚尼亞的哈扎族（Hadza）不太關心神祇，他們雖然有開天闢地的神話傳說和超自然故事，但他們的信仰體系是非正式的，他們的神靈是冷漠疏離的，不關心日常的道德觀。

我們經常把哈扎族和其他的狩獵採集族群視為遠古祖先生活方式的代表，若真是如此，他們欠缺了大半歷史上在人類生活中很重要的一環：有組織的宗教。

即使在越來越世俗化的時代，大多數人依然會認同世界各大宗教的其中一個：基督教、伊斯蘭教、印度教、佛教等等。不像非正式的哈扎族民間宗教信仰，這些宗教以教義、規定的儀式及階層式的權力結構為特徵，是人類史上力量最強大的驅動力，好的壞的方面都有。這些宗教是從哪裡來的？

天生的信徒

開始回答這個問題之前，我們必須先問另一個問題：為什麼人會篤信宗教？對很多人而言，答案清楚明白：因為有神。不論是不是事實，這個答案都透露了宗教信仰本質中的有趣之處。對許多人來說，信神是輕鬆容易的，就像呼吸一般。近年來科學家已經提出解釋，說明為何如此。這種解釋有個名稱叫做「認知副產品理論」（cognitive by-product theory），認為人類是「天生的信徒」。我們的大腦自然而然會去尋求具吸引力、且又看似合理的宗教解釋。

比如說，演化賦予我們一個預設好的假設：周圍環境中的一切都是由一個有感知的生命引發的。這在演化上是有道理的：早期人類祖先經常遭受掠食者攻擊，只要從灌木叢傳來一點聲響，

都可能是威脅，寧可謹慎也不要冒險。但這也讓我們看到明明不存在的主體；會去假設我們看到的周遭世界是某個人或東西創造出來的，凡事都有其用意，有果必有因。這當然就構成了大多數宗教的宗旨：有個無形的施為者，負責在世間行事造物。

這種內在認知傾向，會讓人類尋求類似哈扎族信仰的超自然信仰，但這並沒有徹底解釋大

通往另一個世界

我們永遠不會知道，當初建造哥貝克力丘、在此敬奉神祇的人信仰的是什麼，但考古學家有幾個看法。遺址最突出的特徵之一是有很多形狀像門一樣的「門石」，上頭通常有掠食者和獵物的圖案雕飾。這些洞口夠大，可以讓人爬過，這表示造訪者可能曾經這麼做，以此象徵出生或死亡。更重要的是，考古學家在廢墟中發現許多骨頭，包括人骨以及數量驚人的烏鴉——眾所周知，屍體會吸引這種鳥前來。這是讓考古學家認為這座遺址的功能之一是用來進行死亡儀式的另一個理由——死亡儀式當然是現代各宗教的共同特徵。

型、有組織的宗教的起源。這個問題的答案，可能藏在位於土耳其一座山頂上的廢墟堆裡，學者普遍認為這處廢墟是世界最古老的神廟。1990年代發現的哥貝克力丘（Göbekli Tepe）遺址是直徑達 30 公尺的圓形巨石迷宮，中央有許多對6 公尺高的石柱，由稍微小一點的 T 形雕像圍在四周，有些刻著皮帶和袍子，有些則帶有蛇、蠍子、鬣狗的古怪雕飾。

我們很容易明白，挖掘出哥貝克力丘的考古學家為什麼會說它是個宗教建築群。不過，為了讓這個想法成立，他們必須向大家普遍接受的觀點提出質疑，而這個觀點認為：有組織的宗教是新石器革命的產物之一。

村民

簡單說，人類大約在一萬年前開始停止游牧生活，在永久的村落定居下來，到了大約 8,300年前，生活在地中海東部一帶的人具備全套的新石器時代技術：農耕、家畜、陶器和安定的村落。一般也假定他們已經有有組織的宗教。事實上，發展出這類型的宗教可說是他們能夠成功的關鍵。在這種轉變發生之前，人類居住在親近的小型家族中，有了轉變之後，他們大多生活在沒有親緣關係的陌生人當中，需要前所未有的高度信任及合作。

在演化生物學上，信任與合作通常以這兩種方式來解釋：親戚互相幫助，以及互惠利他、互謀其利。但這兩種說法都不容易解釋沒有親緣關係的人群當中的合作。當遇到陌生人的機會越來越大，親戚

間的合作機會就變小了。互利也不再具有成效。

這時宗教就發揮作用了。今天許多宗教都在鼓勵合作與利他主義，一些早期的宗教形態大概也是如此。

具有這些特徵的宗教，可能幫忙把沒有親緣關係的人緊密結合成共同的群體，成為脆弱新社會的凝聚力量。像這樣的群體可能發展成比左鄰右舍更大的規模，在競爭資源方面勝過街坊鄰舍，隨著這些群體繼續發展，他們也會帶著自己的宗教。現在大多數人至少依稀和其中一個非常成功的宗教有所接觸。

哥貝克力丘遺址的問題在於年代太古老，無法放進這個解釋裡。最古老的建築物可追溯到一萬一千五百年前，當時的人還過著狩獵採集式的生活。考古學家在這個遺址並沒有找到農耕的證據，也沒有任何永久聚落的遺跡。不過，哥貝克力丘顯然是某個複雜社會建造出來的，這個社會能夠組織管理大批的人力。證據也清楚顯示，這個社會具有共同的信仰及儀式體系，他們聚集在哥貝克力丘施行與共享。換言之，就是有組織宗教的典型特徵。

因此，發現哥貝克力丘（及附近其他具有類似遺跡的建築群，有的甚至更古老），就等於是徹底推翻了過去普遍接受的觀點：看樣子並非農耕打造出讓有組織的宗教生根的有利條件，而是恰恰相反。最初把人拉在一起形成更大社會的，不是農耕，而是儀式聚會，這些聚會中需要提供餐點，可能就帶動了農業的發展。

值得關注的是，近來的基因研究確認馴化小麥的原生地非常靠近哥貝克力丘。

難以置信的神蹟！

宗教故事充滿「些許反直覺的超自然實體」——違反了我們直覺上對於事物表現的預期的人、動植物、器物和自然物。這些實體非常難以忘懷，看起來也出奇可信。

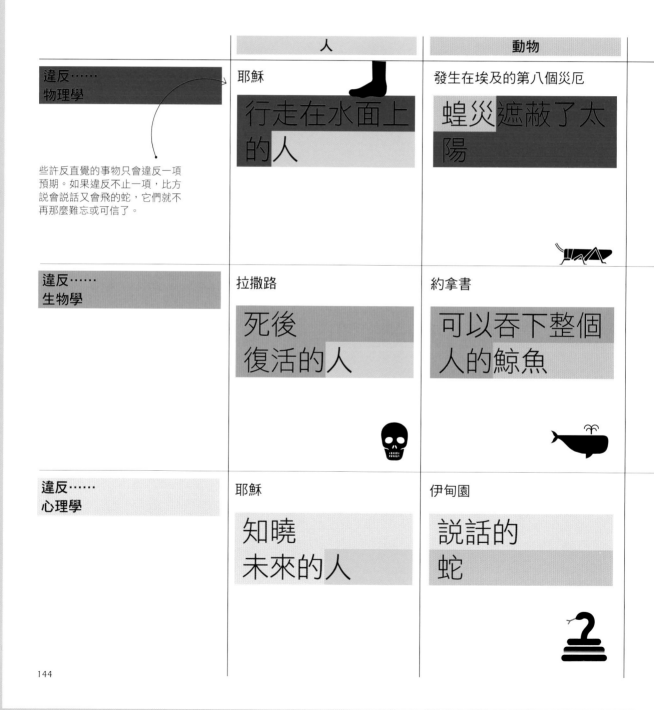

	人	動物
違反…… 物理學	耶穌 **行走在水面上的人**	發生在埃及的第八個災厄 **蝗災遮蔽了太陽**
違反…… 生物學	拉撒路 **死後復活的人**	約拿書 **可以吞下整個人的鯨魚**
違反…… 心理學	耶穌 **知曉未來的人**	伊甸園 **說話的蛇**

些許反直覺的事物只會違反一項預期。如果違反不止一項，比方說會說話又會飛的蛇，它們就不再那麼難忘或可信了。

雖然這些例子都取自舊約和新約聖經，但其他的宗教、民間故事甚至像《魔戒》、《哈利波特》之類的小說，也都充滿了些許反直覺的事物。

植物	器物	自然物
燃燒的荊棘 **起火但沒燃燒掉的**荊棘	耶穌的神蹟 **變成酒的**水	出埃及記 **會分開的**海
亞倫的手杖 **從手杖開出的**花	耶穌的神蹟 **餵飽五千人的兩條魚和五個麵包**	發生在埃及的第一個災厄 **變成血的**河水
知識樹 **知道善惡的**樹	十誡 **告訴人該怎麼做的**石板	伯利恆之星 **幫忙引路的**星星

我們從什麼時候開始酒醉？

想喝點什麼？如果你是典型的人類，這個問題只有一個答案：乙醇。無論好壞，這種會把人醉倒的有毒液體已經深入人類文化數千年。世界各地的古代文化偶然發現了製造出酒精的方法，從此就在爛醉中搖搖晃晃。並未發現發酵作用的，只有生活在北極、火地島和澳洲的原住民。能夠發酵製成乙醇的東西，差不多都讓我們拿來發酵了：葡萄、穀物、蘋果、梨、蜂蜜、米、牛奶、樹汁、蕁麻、去皮馬鈴薯。想要小酌輕鬆一下，我們只需要一些糖、一些酵母和一點耐性。

我們對乙醇的喜好從久遠以前就有了，已知最古老的酒精飲料，年代差不多和農耕同時，但人類和這種東西的連結比這還要早。

喜歡喝酒的物種不只有人類。果蠅會吃經過發酵的水果，而且吃了顯然不會影響到行為。其他的動物就看得出是喝醉了：有人曾看見連雀在吃了發酵漿果之後，在樹間摔落或撞到房子；大象酒醉後的失控行為更是出了名的。在印度阿薩姆就曾經發生一件悲劇，一群大象偶然發現幾桶啤酒而且全喝光了，結果後來至少踩死了六個人。

在我們的靈長類近親當中，加勒比海聖基茨島上的黑面長尾猴有偷喝雞尾酒的壞名聲，而馬來西亞叢林裡的懶猴有喝酒的習慣，每天都會小啜一點玻淡棕櫚的發酵花蜜。另外，也有人觀察到幾內亞的野生黑猩猩喝棕櫚酒喝到爛醉。

這種行為可以追溯到大約一億三千萬年前，結果植物的演化，當時，在恐龍的陰影下，我們人類的祖先和樹鼩並無多大的不同。早期哺乳動物善加利用這種新的食物來源，會這麼做的還有微生物。當時出現了一種喜歡水果的酵母屬，稱為酵母菌（*Saccharomyces*，這個字在希臘文中的意思是糖真菌），同時迅速演化出一種微妙的適應性。這些真菌並不把果糖完全分解，而是發展出部分分解果糖、產生乙醇的能力，這麼做會使能量釋放的效率變差，但優點是可以讓其他也愛吃水果的微生物中毒。

果香

酵母菌有可能以熟透的水果為食，所以乙醇的氣味是代表水果可以吃的指標。後來，經過自然選擇的過程，喜歡吃水果、會憑著乙醇氣味找到營養豐富食物在哪裡的哺乳類生存了下來。那些喜歡經過發酵的水果味道的動物，在生存競爭中勝過了不喜歡這種味道的，於是對乙醇味的喜愛和酒精對精神上的影響，就變成我們的靈長類祖先的生物組成之一。這真是喝一口就愛上。

人類開始農耕後，對酒精的喜愛也提供了些好處。大約一萬年前農耕才剛起步時，生活在小型聚落的人開始把糧食和飲料拿來發酵，藉此保存過剩的穀物，這實質上就等於是用酵

母代替破壞食物的細菌。這麼做甚至可以讓穀物更具營養價值，因為發酵會產生營養素，包括維生素 B 群。

發酵也提供了液體滅菌方法。早期定居聚落面臨的種種不衛生條件當中，發酵飲料比水更安全。隨著聚落不斷擴展，社會的互動應該會變得更加複雜，而喝酒精飲料可能也會促使這些互動順利進行。

至於我們是如何學會製造酒精的，也許一開始是有農夫無意間注意到存放的小麥和大麥受酵母菌污染，而偶然發現了製造方法。有些人類學家推測，我們最初種植穀物的目的是為了發酵，而非糧食。看樣子，啤酒比麵包重要。

葡萄的馴化時間更晚，而且多虧了生長在葡萄皮上的真菌，葡萄在陽光下自然而然就會發酵成酒。真正的酒精飲料最古老的遺跡，證實了自己的悠久歷史。這些遺跡是在一些距今 9,000 年的陶器裡找到的殘留物，出土地點在中國河南的賈湖遺址。化學檢驗顯示這些殘留物含有米、山楂、葡萄及蜂蜜的發酵混合物。

老瓶裝老酒

在距今 7,000 年的伊朗哈吉菲魯茲丘（Hajji Firuz Tepe）遺址出土的陶片，也有最古老的葡萄酒殘留物，它是葡萄和樹脂的發酵混合物。啤酒最早的化學證據也來自這個地區，只是年代大約晚了 1,500 年。酒單上還有雞尾酒：在距今 3,000 年前的青銅器時代，希臘人喝的是葡萄酒、啤酒和蜂蜜酒的混合飲料。這些古老酒精飲料從發現以來，有許多已經讓生物分子考古學家重造出來了，據說有些酒相當順口。

巧克力狂匿名會

就連滴酒不沾的人都有理由向酒的發明舉杯致意：巧克力。西班牙人抵達中美洲之前已繁盛起來的早期中美洲人，在釀酒的過程中開發出巧克力這種副產品。

惟當生可可果裡含的水果肉和可可豆一起發酵時，才會產生出巧克力的味道。早期中美洲人究竟是如何發現這個製作方法的，不容易推敲出來，除非他們是為了別的理由把可可果拿來發酵——事實上也正是為了釀造一種叫做奇恰酒（chicha）的飲料。釀奇恰酒的人把發酵之後留下的可可豆碾碎、加到啤酒裡提味時，發現這些碾碎的可可豆散發出令人愉悅的巧克力味，這大概是巧克力發明的關鍵。

無論發酵是如何被發現的，人類很快就意識到這是源源不竭的禮物。只要從一批活菌取樣，再拿來植入到新的，就可以不斷地進行發酵。

隨著農耕傳播開來，不同的人類文化紛紛出現，釀酒酵母也不斷改變，在不同的地區出現了釀啤酒和釀造葡萄酒的新型酵母。有些還改作麵包酵母之用。

然而，發酵只能做到這麼多。到最後，酵母會被自己的廢物毒死。最烈的發酵酒精飲料中，乙醇大約只占 15% 的體積，不過，距今約 1,000 年前在中國發明的蒸餾法，解決了這個問題，可讓發酵飲料轉變成蒸餾酒。來乾一杯吧！

奇特的混合液

古人把可以隨手取得的原料都拿來發酵製成酒精飲料，結果就釀出了一些獨特的調酒。

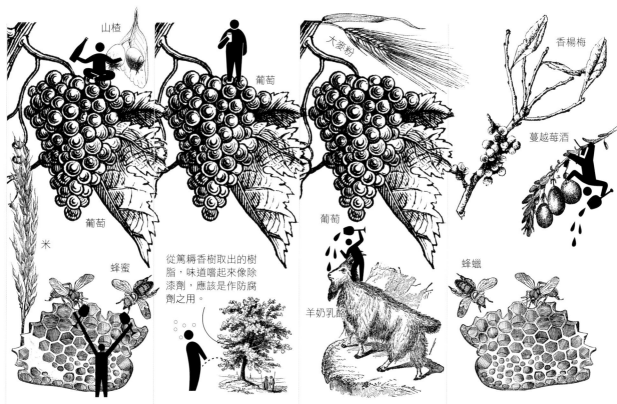

從篤耨香樹取出的樹脂，味道嚐起來像除漆劑，應該是作防腐劑之用。

中國
新石器時代酒飲
9,000 年前

距今 9,000 年前生活在中國賈湖的早期農人以水果、米和蜂蜜當作糖的來源，釀造出已知最古老的酒精飲料。在中國出土的最古老陶器，也來自同樣的年代。這是巧合嗎？

伊朗
上等佳釀
7,400 年前

已知最古老的葡萄酒是新石器時代生活在伊朗札格羅斯山區村落的居民讓葡萄發酵所釀造的。它可能是白酒，因為沒有單寧酸的遺跡。在同一個地區也發現了啤酒的最古早證據，年代大約晚了 1,500 年。

希臘
頭昏眼花的山羊
西元前 9 世紀

荷馬在敘事詩《伊利亞德》中描寫到一種灑上羊奶乳酪碎末和大麥粉的紅酒飲料。考古學家在年代可推到西元前 9 世紀的希臘士兵墓地裡，發現許多小型的青銅製乳酪磨碎器。

丹麥
青銅時代雞尾酒
3,370 年前

帶有香草味的啤酒、蜂蜜酒、葡萄酒混合物，是在丹麥艾特韋（Egtved）一個婦人的墓地底下埋藏的樺木桶裡發現的。希臘和蘇格蘭在大約 3,000 年前也有啤酒、蜂蜜酒和葡萄酒的混合物。

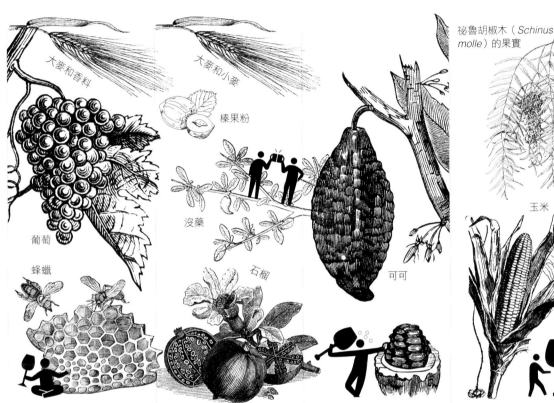

祕魯胡椒木（*Schinus molle*）的果實

大麥和香料

大麥和小麥

榛果粉

沒藥

葡萄

蜂蠟

石榴

可可

玉米

安納托利亞
弗里吉亞人的狂飲
2,700 年前

傳說中的邁達斯王（King Midas）真有其人，統治著弗里吉亞地區的安納托利亞王國。他過世時陪葬了許多罈酒，是由蜂蠟、葡萄、大麥和香料釀製成的。希望國王一滴也沒碰。

義大利
伊特魯里亞麥酒
2,800 年前

生活在義大利中部的伊特魯里亞人是釀酒專家，他們用大麥和小麥釀啤酒，也釀造出摻有迷迭香的葡萄酒，法國人似乎是受此啟發而開始釀造葡萄酒。

宏都拉斯
巧克力奇恰酒
1,200 年前

前哥倫布時期的中美洲人釀造一種叫做奇恰的玉米啤酒，這種酒帶有植物基底的香氣，包括可可味。他們用的發酵方法可能促成巧克力的發明。

祕魯安地斯山區
辣醬
1,000 年前

前印加文明時期的瓦里人（Wari）喜歡辛辣的玉米啤酒。這種酒的其中一個成分是紅胡椒，它和真正的胡椒沒有關係，但帶有相似的味道。

為什麼我們需要這麼多東西？

約翰藍儂在他比較理想主義的時期，提醒我們要去想像沒有占有的世界。就嘗試一下。並不容易，對吧？事實上，這幾乎無法想像。

如果沒有衣服穿，頭頂上沒有屋頂遮蔽，沒有一些烹調方法，沒有乾淨的供水，我們幾乎沒辦法生存。試想一下沒有床、浴室、毛巾、燈泡、肥皂的生活——更別說各種享受和奢侈品，以及那些帶有紀念價值的物品。擁有之物把我們定義為一個物種；沒有這些東西的生活幾乎不能算是人類。

與我們關係最近的現生動物完全沒有這些東西，但也將就過活。黑猩猩會使用粗糙的工具築巢，可是用完一次就會丟掉。其他大部分的動物，根本沒有半點所有物也能過活。

我們如何從沒有家累的猿類，演化成習慣囤積的人類？這個問題不好回答。一方面，要劃分「所有物」和「非所有物」沒那麼簡單：比方

說，你家花圃裡的土壤或水龍頭裡的水，算是你擁有的嗎？要丟東西時，那件東西從什麼時候才不算是你的？更重要的是，我們的祖先可能擁有的許多物品，像是動物毛皮或木製工具，都不可能留存在考古紀錄中。

雖然如此，還是有一些跟人類最初的所有物有關的線索。最早的石製工具大約是在 330 萬年前製作的，就是個明顯的起點。這些工具設計成一種用途，而且想必是供一個人擁有一段時間，不過，這些工具非常簡單，用過一次就可以丟棄，就像黑猩猩的工具一樣。

那是我的！

然而隨著工具日益複雜，越來越難製做，開始發展出所有權的意識。工具變成第一個真正的所有物——擁有者很珍視並持有一段時間、而（心裡可能很羨慕的）其他人認定屬於某人的物

狗主人

哲學家亞當・斯密（Adam Smith）在 1776 年注意到一件跟動物有關的趣事：動物似乎沒有擁有任何東西。「誰也沒見過有哪隻狗跟另一隻狗公平慎重地互換骨頭。」從許多方面看，他沒說錯。只有人類有複雜的財產制度，但有些動物說不定是有所有物的：鳥類有自己的巢，河狸有壩，松鼠和叢鴉會積藏食物，花亭鳥為了吸引異性，會收集五彩繽紛的東西。此外，許多動物都會捍衛地盤。

不過，這些行為都遠遠不及人類所有權的複雜程度。原因很簡單：語言。沒有言語，就沒有彼此都理解的規章與執法機構。財物占了法律的十分之九——而法律是言語建構起來的。

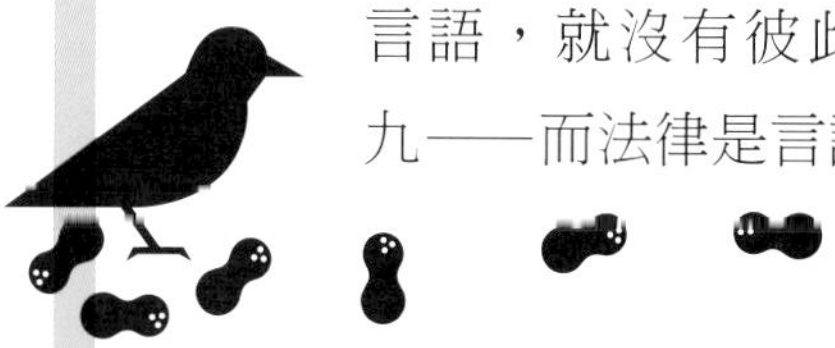

品。矛頭和箭尖出現之後（最早於 30 萬年前出現在非洲），所有權的概念才真正大行其道。獵人應該會從捕殺的獵物身上取回矛頭和箭尖，然後一再重複使用。

另一個重要的早期所有物可能是火。有些現代的狩獵採集聚落會把餘燼隨身帶走，所以可算是「擁有」火。我們的祖先可能也這麼做。控制使用火的確切證據，最早可以追溯到 80 萬年前左右。

衣服也很早就登場了。來自體蝨的基因證據顯示，我們大約在 7 萬年前開始穿上衣服。

一旦擁有了火、衣服和複雜的工具，我們開始仰賴這些東西來生存──尤其是在較寒冷的氣候下定居之後。財物開始成為「延伸的表現型」的一部分，對生存的重要性就像水壩對河狸一樣重要。

炫耀性消費

隨著時間推移，又出現一次向前躍進。物品不光是因為本身的實用性而受到珍視，還成了替擁有者打響名號、宣傳其技藝或社會地位的物品。到最後，某些物品就只基於這些理由而變得有價值，譬如珠寶。顯示珠寶出現的最早證據，是在以色列和阿爾及利亞發現的少數貝珠，年代距今 10 萬年。

人和物品之間的關係顯然在幾萬年前，就已演進到超越實用性與生存值。不過，早期人類的游牧生活方式限制了物品能夠累積的數量，這讓一些考古學家推測，袋子或背囊有可能是我們最早、為人類帶來最顯著變化的財物之一。袋子讓我們能夠聚積的東西多過

雙手所能拿的，而且還能帶著走，很可惜這些袋子是用可生物分解材料做成的，所以我們不知道發明出來的年代。已知最古老的袋子有 4,000 年左右的歷史。

這帶來了徹底的改變，變成居有定所的生活方式。人們一旦選擇定居下來，財物就會開始累積。這種生活方式也預示著新社會經濟形態的開始。聚落變得越來越大，階層也漸漸發展出來，漂亮衣服、珠寶等名牌物品提升了重要人物的地位。事實上，有些考古學家認為，如果沒有相關的「物質文化」，人類社會可能就不會複雜化且階層化。

來攏絡我

生活方式上的這種轉變，也以另一種方式推動物質主義。人們安居下來之後，就比較容易受環境災害的影響，這會使人更想要囤積財物，以防萬一。為求保險起見，另外一種策略是與鄰近聚落打好關係。拿一些非必需財貨來交換，可以拉攏這些關係。到最後，社會變得更加龐大複雜，物質財貨就成了一種財富，這種財貨的交易最終又發展成貨幣。

當今世界上有幾個聚落，並沒有生活在大型的複雜社會中，擁有的財物也非常少。舉例來說，坦尚尼亞的哈扎族幾乎沒有物質財貨，而是奉行強制分享的文化。然而絕大多數的人並不是如此過活，也因此受到物質包圍，擁有一種看似永遠無法滿足的慾望。

那麼改掉人類擁有太多物品的習慣，機會有多大？只要考慮到我們是靠物品來生存、表明社會地位，你就知道這不太可能。別再作夢了。

你一生中會消耗掉多少東西？

財物是界定我們身分的事物之一：黑猩猩雖然沒有財物，卻還是活得好好的。但你有沒有想過，你一生中會消耗掉多少東西？

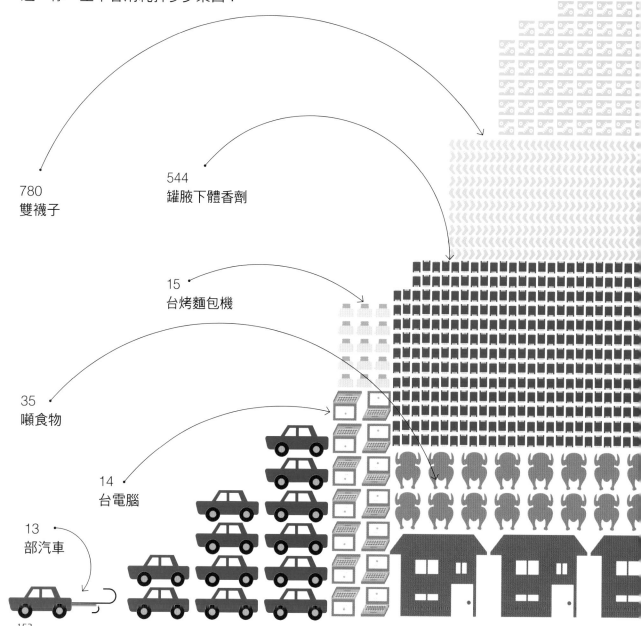

310
雙鞋

780
雙襪子

544
罐腋下體香劑

15
台烤麵包機

35
噸食物

14
台電腦

13
部汽車

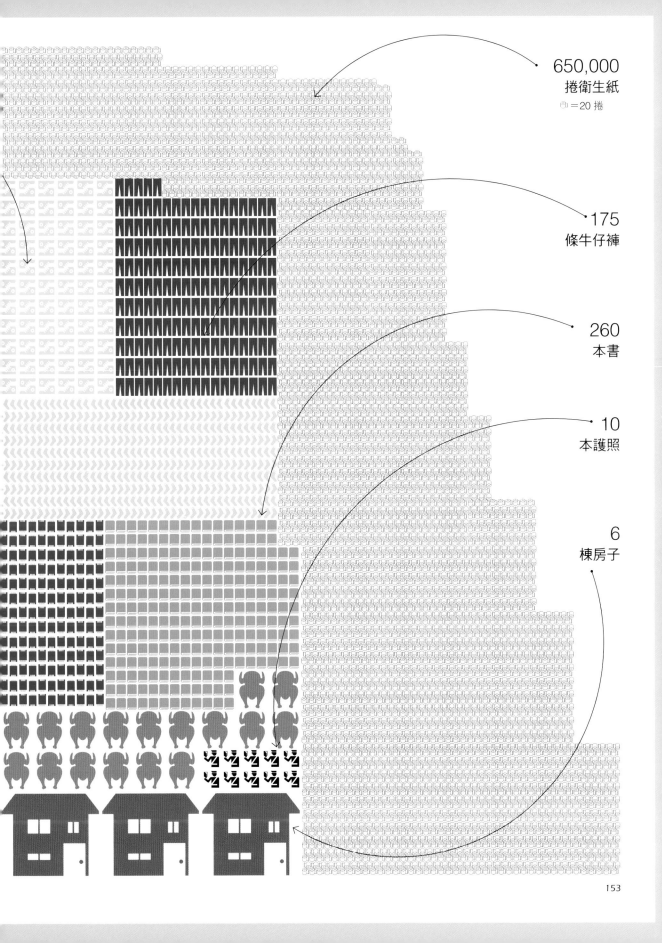

650,000
捲衛生紙
🧻 = 20 捲

175
條牛仔褲

260
本書

10
本護照

6
棟房子

我們何時脫下獸皮換上衣服？

人類在許多方面與其他大猿不同，但最明顯的一點是我們看起來赤身露體。黑猩猩、巴諾布猿（舊稱倭黑猩猩）、大猩猩和紅毛猩猩幾乎全身是毛，我們幾乎完全沒有。

當然，我們很少裸裎相見，所以往往不會注意到我們身上沒什麼毛髮。這是因為我們通常穿著衣服，彷彿失去了早期祖先遮身的毛髮是個重大錯誤似的。

就某些方面確實是。在演化出人類的非洲，保持涼爽所帶來的考驗比保持溫暖更大。在這種環境下，沒有毛髮應該是優勢，特別是考慮到我們的降溫系統是流汗，這在渾身長滿毛時就無法順暢運作。但我們一沒有了毛，活動範圍就變窄了，如果走到太北或太南邊，環境就會太惡劣，讓我們無法生存。

這顯然不再是問題。現代人類偏布全球，而克服這項考驗的技術之一就是衣服（火與遮風避雨的地方也幫了很大的忙，但都不像套頭毛衣這麼方便攜帶）。衣服也不限於保暖和保持乾燥，它是重要的社會訊號，向外界傳達我們是誰。

穿暖和些

如此說來，衣服的起源可說是人類史前史上的大事，但很可惜，這也仍是個謎。衣服是由可生物分解的材料製成的，像是羊毛、毛皮、皮革、植物纖維，並不容易逃過時間的摧殘。已知最古老的衣物只有幾千年之久，但我們知道，人類穿衣服的歷史一定比這還早得多：在一萬五千年前、最後一次冰河期的高峰期，取道白令陸橋走到阿拉斯加的西伯利亞人一定是穿著衣服的。如果把時間再往前推，我們也很難想像四萬年前在歐洲定居下來的人身上沒有任何保暖的東西。

人要衣裝

保存完好的最古老鞋子距今大約 5,500 年前，它是在亞美尼亞的洞穴中發現的，材料是一塊牛皮，再由一條皮繩繫成。不過，鞋子一定在更早以前就發明出來了，而且有間接證據證實這一點。從中國的一個洞穴出土的四萬年趾骨，可看出這個人習慣穿著鞋子。

考古學家測量了這些骨頭的形狀與密度，並和 20 世紀的美國人、史前時代晚期的因紐特人及史前時代晚期的其他美洲土著做了一番比較。鞋子改變了我們的走路方式。腳趾彎曲的程度更小，所以骨頭承受的力變小，就造成解剖學上的差異。穿著鞋的現代人的小趾很孱弱，打赤腳的美洲土著卻有強壯的小趾，而穿著鞋的因紐特人介於兩者中間。在中國發現的趾骨和因紐特人的腳趾最相似，顯示趾骨所有者經常穿著鞋子。

5,500 年前東拼西湊
成的古老棕色鞋子

有替代的考古證據讓我們知道，衣服可能是古老的發明。距今一萬五千年前的法國石洞壁畫上，有穿著衣服的人，不過真實性有待商榷。最古老的縫紉針大約有四萬年之久，而處理動物皮的刮刀可追溯到 50 萬年前，但這兩樣東西都有可能用於製衣以外的用途。至於我們的祖先從何時開始變成沒有毛髮，確切的證據就更少了。

幸好，我們不需要考古學。變得赤身露體以及後來開始穿衣服，這兩件事的年代都是從一個非常不可能聯想到的源頭推算出來的：蝨子。對大多數的哺乳類來說，蝨子是個惱人的事實。大部分的靈長類動物都會染上特定一種蝨子，但不知為何紅毛猩猩和長臂猿竟逃過一劫。人類因只有局部地方有毛髮，加上穿著衣服，所以身上有頭蝨、陰蝨和衣蝨，這三種全都會吸血。我們真是最骯髒邋遢的猿類。好處是，我們可以從蝨子身上得知人類的過去。

第一種蝨子與無毛髮有關。可能我們的身上也曾經只寄生著一種蝨子，占領了從頭到腳覆蓋全身的毛髮。後來發現這就是現代頭蝨的祖先，人蝨（Pediculus humanus）。隨著我們的大部分體毛逐漸消失，人蝨的寄居地也日益縮小，但有個新的去處開張了：陰毛。陰毛比頭髮粗硬，虛弱無力的頭蝨根本抓不住，結果由陰蝨（Pthirus pubis）這種蝨子取得優勢。陰蝨體型比頭蝨大，也比較強壯（因此 crabs 這個英文字除了是「螃蟹」的意思，也是陰蝨的暱稱）。陰蝨也喜歡寄居在鬢毛、眉毛、腋毛和胸毛裡，偶爾會長在頭髮裡。

你也許會以為陰蝨是從頭蝨演化而來的，但其實不然：與陰蝨關係最近的現存生物是大猩猩蝨（Pthirus gorillae）。過去的某個時刻，這種蝨子從大猩猩身上跳到人類身上，究竟是怎麼跳的，這話題太過細緻：我們不需要討論。不過遺傳學告訴我們，這兩種蝨子大約在 330 萬年前分支，也就表示那時候我們的祖先已有分開生長的頭髮和陰毛了。這非常早，比智人演化出現的時間更早。我們一直是沒有毛髮的。

有憑有據的線索

那麼衣服呢？史前人類開始以衣蔽體，就為蝨子新製造了一個適宜的環境。這次，先進駐的是頭蝨。衣蝨看上去就像變大、變強壯的頭蝨，這兩種蝨子的親緣關係無疑是相近的。

然而，兩者間的差異又大到能夠用遺傳學來判定分家的時間。最近一次的分析結果顯示，這兩種蝨子的共祖至少在八萬三千年前就出現了，但可能還可以再往前推到 17 萬年前。看起來，我們的祖先在走出非洲占領世界之前，就開始穿上衣服了。若是如此，就不禁讓人推測，衣服正是讓他們能夠遷徙的技術突破之一。

第一批衣服究竟長什麼模樣或用什麼材料製成的，誰也不知道，但衣服的發明與象徵性文化的萌生差不多同時，所以我們可以合理假設，除了功能性，炫耀和時尚很快就加入了。毛皮很好——只可惜頭上有蝨子。

蝨子與人

蝨子的演化史告訴我們跟人類有關的故事，包括我們從什麼時候失去體毛、何時開始穿上衣服──還有，可能跟大猩猩有點過從甚密。

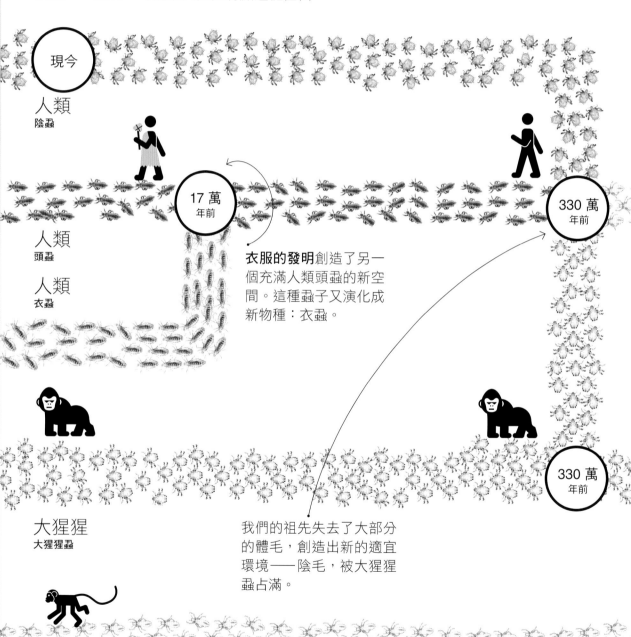

現今
人類
陰蝨

17 萬
年前

人類
頭蝨

人類
衣蝨

330 萬
年前

330 萬
年前

大猩猩
大猩猩蝨

黑猩猩
黑猩猩蝨

衣服的發明創造了另一個充滿人類頭蝨的新空間。這種蝨子又演化成新物種：衣蝨。

我們的祖先失去了大部分的體毛，創造出新的適宜環境──陰毛，被大猩猩蝨占滿。

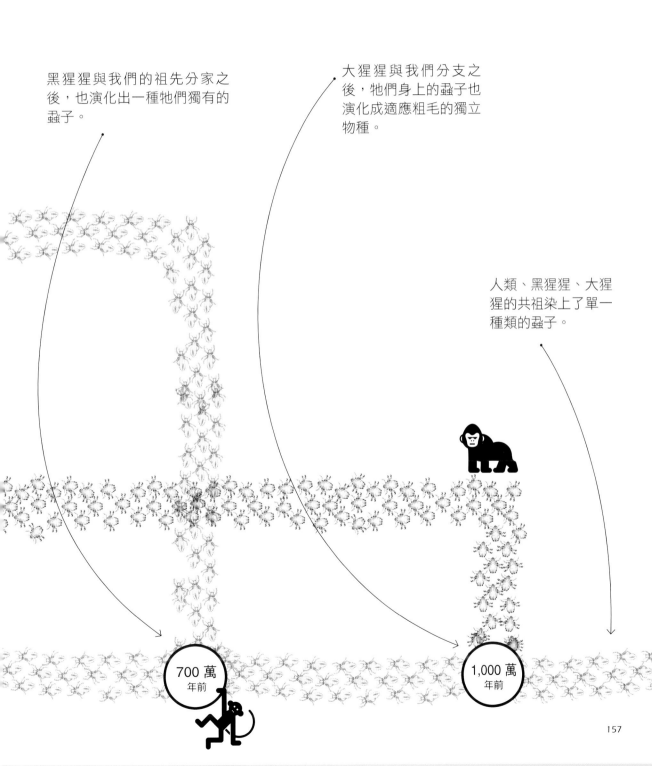

黑猩猩與我們的祖先分家之後，也演化出一種牠們獨有的蝨子。

大猩猩與我們分支之後，牠們身上的蝨子也演化成適應粗毛的獨立物種。

人類、黑猩猩、大猩猩的共祖染上了單一種類的蝨子。

700 萬
年前

1,000 萬
年前

第一支音樂聽起來像什麼？

在剛果雨林深處，居住著地球上最有音樂天賦的一群人。姆本澤勒族（Mbenzélé）過著狩獵採集生活，鮮少離開雨林，也沒有收音機或電視。雖然很少與外界接觸，但其音樂創作——以人聲、擊掌與鼓所譜出的作品，卻帶有超凡的和聲及複節奏，有人說堪比複雜的交響音樂。

要說明音樂是人類天性的一部分，姆本澤勒族可說是我們擁有的最佳證據之一。就像有語言和宗教一樣，所有的文化都有音樂，音樂是讓我們成為人類的事物之一，同時也是最難解釋的事情之一。

達爾文對人類大部分特徵的起源有一套觀察敏銳的看法，而他說音樂是我們「最神祕難解」的才能。達爾文提出，音樂最初只是「音樂性的原始語言」，是一種像鳥鳴一樣以聲音求偶的炫示，最後分成兩個獨立的特徵：音樂及言語。

其他人則認為，音樂是一種加強各種心智技能（如記憶、情緒）的大腦訓練。也曾有人形容音樂是「聽覺上的乳酪蛋糕」，是一種令人愉悅的經驗，我們之所以受到吸引，純粹是出於其他的心理特徵，譬如模式辨識。可惜，幾乎沒有證據可以證實這些想法。

找出我們的聲音

有個原因是，音樂的起源消失於時間洪流之中。最古老的樂器，是在仍留有壁畫的歐洲岩洞裡發現的骨笛遺物，年代在四萬兩千年前到一萬五千年前之間，正是創造力勃發的時期。

其中一件是迪夫耶巴布笛（Divje Babe flute），出土於現今斯洛維尼亞的尼安德塔人遺址。有些考古學家認為，它是由尼安德塔人製作和使用的笛子，但這可就很有意思了——如果尼安德塔人熟諳音樂，就表示我們的共同祖先也懂，這會把音樂起源的時間推到至少 50 萬年前。然而我們沒有實際證據，這是可想而知的，因為最早的音樂八成是用唱的。

要再深究音樂的起源，從動物著手是較有希望的途徑。總的來說，可探究的不多：大部分的動物對音樂不感興趣。讓猴子在音樂和靜音之中二選一，牠們每次都選靜音。猴子似乎也辨別不

電音搖擺怪獸

許多動物能隨著節拍擺動，最出名的大概就是一隻名叫「雪球」的中型葵花巴丹鸚鵡，這隻鸚鵡在 2009 年因為一支 YouTube 影片被瘋傳而爆紅。這支影片拍下牠跟著「新好男孩」的歌曲熱舞——而且完全配合節拍。

研究人員在網路上進一步搜尋，找到其他 14 種節奏感發達的動物，包括金剛鸚鵡、長尾鸚鵡、亞洲象，以及一隻名叫蘿南（Ronan）的年輕海獅。另外還有 500 支影片，也可以看到狗、鴨子、貓頭鷹等動物跟著音樂擺動，雖然跟不上節奏。很多人也擁有這種特質，英國人戲稱為 dad dancing，意指「笨拙的舞步」。

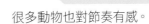

出和諧與不和諧。從這方面來看，猴子很像旋律辨識障礙症（amusia）的患者，旋律辨識障礙是一種罕見的神經系統缺陷，讓患者喪失一般認為是本能的音樂欣賞能力。對這些運氣不好的人而言，音樂是單調乏味的噪音，一首歌聽起來和另一首沒什麼兩樣，少數人甚至分辨不出音樂和某人用扳手敲排水管所發出的聲音。原因可能是他們缺少了可讓自己接受音樂的大腦系統，這也暗示音樂是人類獨有的。

鳥類的鳴唱

不過，動物界可不是全都不能辨別音調。許多鳥的歌聲很複雜，還會學唱新曲。爪哇雀可以分辨出音樂風格：牠們比較喜歡巴哈（Bach）的旋律，勝過荀貝格（Schoenberg）的無調性音樂，會選擇聽巴哈而不是靜音。

但這並未讓鳥類徹底成為有音樂天賦的動物。鳥鳴具有嚴密的功用，多半僅存在於雄鳥身上，目的是追求異性及保護地盤。相較之下，我們創作、聆聽音樂的理由五花八門——性活動、親密關係和地盤都是理由之一，但我們也會為了助興或改變心情、敬神、自我激勵、讓自己心神專注或純粹找樂子，而來創作、聆聽音樂。

人類還會刻意譜寫新的音樂，發展出新風格，尋求新的音樂感受。就連最靈活的鳥類歌手，怎麼唱都是同一套曲目。現在普遍的觀點是，音樂是人類這個支系獨有的——但這並沒有說明音樂的起源。

不過，音樂的其中一個特色，也就是節奏，似乎在演化上有跡可循。不像音高及和聲，節奏在所有的音樂文化中都顯現出共通性。人類的嬰兒在還沒發展出和聲理解力之前，很早就對節奏有反應。

很多動物也對節奏有感。與我們親緣關係最近的黑猩猩就很有節奏感。野生黑猩猩會敲打能產生共鳴的物體，譬如樹木的板根；另外，曾有研究人員拿一套爵士鼓給傑克遜維爾動物園（Jacksonville Zoo）裡的巴諾布猿，結果這些猩猩很快就學會了。

這些動物有許多是社會性的，有些人把這視為線索。節奏感和社會行為之間，可能有某種關聯——特別是在需要協調行動方面。節奏有社會黏著劑的作用。巴諾布猿和黑猩猩都生活在大型群體中，當中的個體都需要評估回應同伴的行動。預測群體動作的時機並與同伴的行動同步，這兩種能力也許強化了涉及節奏的神經迴路。

配合節奏

我們的祖先在進行像是製做工具、狩獵、準備食物等活動時，應該也需要社會協調，長時間下來，這樣的行為可能就變得有明顯的節奏，因為隨著節奏幹活可以使動作協調——想想那些勞動歌和水手之歌就知道了。會發展出重複、有節奏的動作，可能也是為了促進團結，讓攸關人類生存的社會關係更緊密。

如果這個模型是對的，那麼我們的音樂性就是從節奏感開始的。幾千年下來，這已經擴展成比其他任何一種動物的音樂性複雜許多的東西了。我們可能永遠不會了解過程或原因，但這應該阻止不了我們去享受音樂帶來的獨特樂趣。腦部掃描顯示，音樂活化的腦區，與食物、性和毒品對應到的腦區相同。搖滾一下吧！

完美的和聲

〈Somewhere Over the Rainbow〉這首歌的前兩個音。

如果兩個音的頻率（或產生此音的振動弦長度）之間呈簡單的整數比，這兩個音的合音聽起來會是悅耳的。這些數學關係可由利薩如曲線（Lissajous curve）來描述：圖樣越複雜，聲音就越不和諧。

最和諧　　　　　　　　　　　　　最不和諧

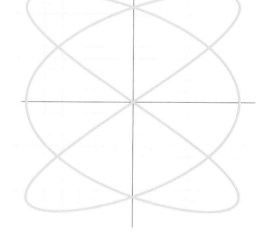

八度
1:2（舉例來說，a = 1，b = 2 (1:2)）

五度
3:2

〈綠袖子〉的前兩個音。

〈Do-Re-Mi〉這首歌裡的 Do 和 Re。

小三度
6:5

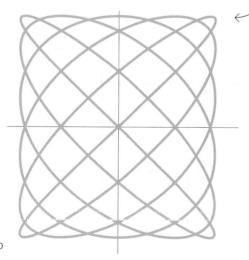

大二度
9:8

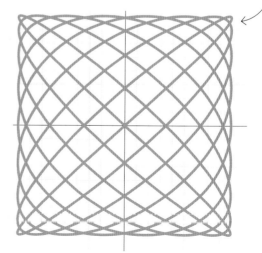

在〈小星星〉這首歌裡從
第一個「一閃」跳到第二
個「一閃」的音程。

〈Kumbaya〉這首
歌的前兩個音。

〈驪歌〉的前兩個音。

 完全四度
4:3

 大三度
5:4

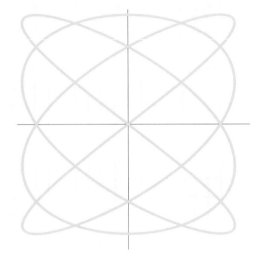

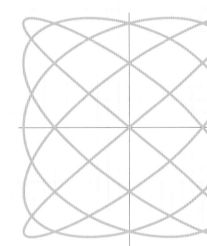

〈Take on Me〉副歌部分的前兩個音。

 大七度
15:8

 三全音
25:18

在〈Purple Haze〉
開頭聽到的
↓

誰發明了衛生紙？

1850 年代是家庭清潔的黃金十年，洗碗機和洗衣機都在這段時期問世，但這兩項發明都不如紐約市的蓋耶提（Joseph C. Gayetty）所發明的東西那麼具革命性。他在《科學美國人》雜誌刊登的廣告裡，聲稱這是「不易親近的重大發明」、「我們這個時代最棒的好事」。廣告中的小字才透露出這是什麼玩意：蓋耶提的藥用紙，美國第一個商品化的衛生紙。

結果，蓋耶提的聲明成了非常大的挑釁。雖然衛生紙現在看來是讓家裡舒適的民生必需品，但在 1850 年代，為了區區的「擦屁屁紙」花一大筆錢，卻是一種會惹來眾人嘲笑的構想。玉米殼以及從報紙、雜誌和型錄上撕下來的紙，既好用又沒花多少錢，有什麼不好呢？美國一些型錄出版商甚至開始在角落打個洞，像是默認他們的產品注定會掛在茅坑，當衛生紙用。

衛生大事

蓋耶提的廁紙特別引起醫界人士的注意。根據李察‧史密斯（Richard Smyth，《擦擦史：一部關於溫柔呵護我們胯下的輕薄好夥伴－衛生紙的趣史》的作者）的說法，讓醫界特別擔憂的是他堅稱這種新紙可以治好痔瘡，並且很快就在頂尖醫學期刊上投文章駁斥。

不管蓋耶提的這些說法如何誇大，第一個發明衛生紙的人並不是他。中國人在幾百年前就發明出來了。中國從第二世紀開始使用紙，不久就將其用於擦拭。就連殘暴的明太祖朱元璋（統治期為 14 世紀），也為自己的皇宮訂製了一萬五千張超級柔軟芳香的廁紙，展現出體貼的一面。

中國人似乎也是最早使用牙刷的，這是另一件很重要的個人衛生用品。許多古老文化是靠著嚼樹枝來保持牙齒清潔，事實上所有已開化的人似乎都有某種保持牙齒衛生的工具，但一直要到 15 世紀，在中國明朝時期，才出現了真正的牙刷。這些牙刷是用豬鬃作刷毛，木頭或獸骨作牙刷柄。至中國遊歷的歐洲人把牙刷帶回家，這項技術就傳到了西方。

牙膏發明的時間又更早了。古代埃及人、羅馬人及希臘人會用各式各樣的物質來保持牙齒清潔，只不過成分相當基本且耐磨：灰燼、蛋殼、浮石、木炭粉、樹皮、鹽、碎骨和牡蠣殼，全都使用過。約在西元前 2800 年由巴比倫人發明的肥皂，也是常見的成分，另外，羅馬人會添加味道改善口臭，而中國人似乎在牙刷還沒出現之前，就發明了最早的薄荷味牙膏。

一大把葉子

然而，中國人對衛生紙的偏愛並沒有廣為傳播。英國人安於現狀，照樣用一大把羊毛或葉子，而貴族則繼續使用亞麻碎布，或者應該說是叫人代為使用：有一本 14 世紀流傳下來的僕人手冊上建議，「擦屎僕」（groom of the stool）要在關鍵時刻準備好「擦臀巾」。

印刷機發明後，世人很快就改用小冊子和書本上撕下的廢紙。正如 17 世紀的作家布朗（Thomas Browne）所描述的：「著作等身、孩子眾多的人，就某種意義上可以說是大眾的恩人，因為他貢獻了廁紙和士兵。」

想把衛生紙商品化的不只蓋耶提一人，可是

聞起來一股青春氣息

　　人類的腋窩看來幾乎就像是專門發出臭味的，不像皮膚的其他區域可分成乾性、溼潤或油性，腋窩因為有高密度的汗腺和皮脂腺，所以既溼潤又屬於油性。這個地方也有大量的頂泌腺（臭腺），會不斷製造出一種蛋白質和脂質的混合物。這個溼潤肥沃的環境非常適合細菌生長，這些細菌就聚居在皮膚上，吃掉皮脂和其他營養物，排出難聞的廢物，即體臭。

他的產品引發的風波最大。蓋耶提宣稱他的紙張「既像紙幣般嬌嫩，又如書寫紙般厚實」。但真正讓醫學界震怒的是他聲稱印刷機的油墨有毒，會造成痔瘡，而他的產品可以「治療預防痔瘡」。這些說法毫無可信之處，但並不妨礙多家公司在 1930 年代之前紛紛推出衛生紙來補救。

　　醫學期刊很快就發動攻勢。《紐奧良醫學新聞暨醫院公報》（New Orleans Medical News and Hospital Gazette）公開聲明：「紐約市的蓋耶提先生已經發現大眾心裡準備好接受任何看似騙局的東西。」《內科與外科通訊員》（Medical and Surgical Reporter）也指控蓋耶提是在利用大眾，奚落他想要「看他們當眾出糗」。《刺絡針》（Lancet）沒那麼擔心一般人，而是比較憂心那些靠醫治痔瘡賺大錢的外科醫生的命運：「他們的職業現在已步入黃昏，大家只需要簡單的一張紙，上面印著『蓋耶提』這個大名。」

要掙錢，就別怕髒

　　不過，就算沒有治好痔瘡，大眾還是領會到衛生紙帶來的舒適感，而且很快就冒出一大堆跟風產品。北方紙業（Northern Tissue）在 1930 年代竟提出一個賣點，說自己的產品是「不會斷裂的！」今天，單單在美國，衛生紙產業每年創造的價值就高達 35 億美元，平均每人每年用掉超過兩萬張，把這和我們花在牙膏與漱口水的 30 億美元相加起來，就可清楚看見，與消化道兩端有關的個人衛生用品都是賺錢的生意。

各種擦屁股的方式

衛生紙是中世紀時在中國發明的，但並沒有傳播到世界其他地方。
各種東西都曾經拿來「擦屁股」；真的是拿到什麼就用什麼。

中國
紙

紙大約在西元 100 年
發明的，歷史記載在
第 6 世紀末時廢紙已
被拿來擦屁股了。世
界第一個衛生紙產業
始於 14 世紀。一份
1393 年的文件上記
載，當時為明朝宮廷
生產了 72 萬張，約
60 公分乘 90 公分的
特大廁紙。

13 世紀的亞洲
手

許多文化使用左手擦
屁股，用右手吃飯。

9 世紀的阿拉伯
卵石

先知穆罕默德的語錄
提到「卵石擦拭」，
並進一步規定必須是
奇數次，而且只能左
手拿卵石。

古羅馬
海綿棍子

一根末端為海綿的
棍子，海綿則要浸
在醋、葡萄酒或鹽
水裡。

北歐海盜
綿羊毛

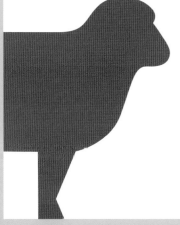

因紐特人
夏天用苔蘚，
冬天用雪

中世紀英國
棉或亞麻布

貴族有專門的僕人來
做擦拭工作，稱為
「擦屎伕」。

美國拓荒者
乾玉米殼

資料來源：*Bum Fodder: An absorbing history of toilet paper* by Richard Smyth（中文版《擦擦史：一部關於溫柔呵護我們胯下的輕薄好夥伴—衛生紙的趣史》，商周，2013 出版）

出海的水手

繩索

船上已磨損的繩索末端，且要一直浸在一桶海水裡。

中世紀英國

棍子或樹葉

平民使用的是存放在廁所的「擦臀棒」（gompf stick）或是一把樹葉。有一則當時流傳下來的笑話是這麼說的：Q：綠林裡什麼樹的葉子最乾淨？A：冬青，因為沒有人會在尖尖的葉子上擦屁股！

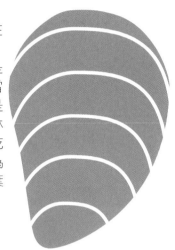

18 世紀的漁民

貽貝的殼

19 世紀的美國人

西爾斯百貨型錄

許多型錄的左上角都打了洞，方便掛在茅坑旁邊。

17 世紀的法國

發明坐浴盆

義大利從 1975 年開始就強制要求新的盥洗室裝設坐浴盆。

18 世紀的歐洲人

從書本、雜誌和曆書上撕下的紙頁

Chapter 5

Knowledge
知識

我們從什麼時候開始書寫的？

如果你想記錄人類曾經有過的每個想法，你需要：26 個抽象形狀、幾個圓點、彎曲線條和短線，以及一些空格。就這樣。

書寫可說是人類史上最偉大的發明，因為歷史只能書寫而存在。還沒有書寫之前，所有的構想轉瞬即逝，只能靠口頭傳遞，或是注定消失。書寫讓構想得以脫離終有一死的人腦，獨立編成碼，並繼續發展下去。正如語言學家丹尼爾斯（Peter Daniels）在 1996 年所著的《世界書寫系統》（The World's Writing Systems）中所說：「語言界定了人類；但書寫界定了文明。」

從人類存在的時間來看，書寫是很近期的發明。人類至少十萬年前就有口語了，然而書寫的雛形要到大約 35,000 年前才出現。

這些早期的遺跡，是在歐洲幾個舊石器時代洞穴中發現的。除了動物，壁畫裡還有 26 個抽象的符號，包括幾何形狀、鋸齒線、箭頭和一堆圓點，具有一致的畫風。這些符號在法國的 146 座洞穴裡一再出現，年代可推到將近一萬年前，有些甚至是在世界其他各處遺址發現的。

牆上的書寫

這些符號就算有含義，也無從知曉，但對其研究者來說，這些符號帶著誘人的暗示。某些記號經常成對出現——這是早期書寫系統的典型特徵，複合的符號往往代表新的概念。其他的記號也許代表更大的形體（figure）的一部分。在肖維（Chauvet）岩洞中發現的 W 形，看上去像是長毛象的象牙，而身體並沒有畫出來。這個特徵在原始書寫系統中很常見，就是以圖示來象徵物

體和想法，稱為舉隅（synecdoche）。

除了這些洞窟裡的符號，目前所知最早的象形文字可以上溯到新石器時代，那是文化創新激增的時代。例如，在中國賈湖墓穴發現的龜甲上刻有 16 種符號，年代距今約 8,500 年。另外還有溫查文（Vinča script）——有數十種重複出現的符號，刻在歐洲東南部各地出土的數百件器物上。這兩種象形文字看起來都像書寫系統，只是無從解讀，所以沒有人敢肯定。

5,300 年前出現在蘇美城市的楔形文字，是真正能夠把口語的複雜度完整記錄下來的最早書寫。這些用鈍蘆葦刻在泥板上的文字，最初是用來記錄著付給工人多少啤酒之類的事，這對日益複雜的社會來說是必要的發明。起初只有一些象

識字的大腦

閱讀是我們所能辦到的奇事之一。人腦預設會學習口語能力，但識字需要穩紮穩打的多年努力。大腦需要接受訓練才能運用出於其他原因（譬如模式辨識）而發展出來的認知模組，從而將一連串的抽象符號轉換成語言。書寫也同樣困難和違反直覺，需要大量的時間精力，而這也說明了，為什麼讓大眾具備讀寫能力是非常晚近的現象。

形符號，譬如罐子代表啤酒，到大約 4,600 年前，這些記號已經演變成代表音節，因此可以用來寫下語言。比方說，代表「箭頭」的字是「ti」，所以箭頭的象形符號就開始代表一些字（如 til，意思是「生命」）中的 ti 音節。這類文字被稱為音節文字（syllabary）；日語等一些現代語言就是以這種方式書寫的。

認識字母表

還有兩個書寫系統也差不多在這個時候出現：埃及的象形文字以及今天在印度和巴基斯坦使用的印度河文字。埃及象形文字多半是在表示語素，意思就是每個符號代表一個完整的詞，但其中也包含了最早的字母表元素，而字母表中的符號代表的是單音。

這些也不過是隨著文明的興衰來來去去的幾百個書寫系統，種類多到驚人。除了音節文字、語素文字及字母表，還有像阿拉伯文那樣沒有母音的輔音音素文字（abjad）。

有些文字從左讀到右，其他則是從右讀到左，還有一些同時有兩種讀法：有幾種文字在每一行末尾會掉頭，沿著反方向繼續讀回去。這種方式稱為「牛耕式轉行書寫」（boustrophedon）。

通行於西方世界的拉丁字母表大約始於 4,000 年前一種用來記錄古埃及語言的文字中。它是從象形文字系統演變來的；舉例來說，字母 A 源自上下顛倒的公牛頭圖形，稱為 alf。

地中海沿岸的城邦採納了這套文字並加以改進，由腓尼基商人傳遍地中海區域。腓尼基文字有 22 個字母，可能是第一個純字母的系統。

希臘人大約在 3,000 年前借用了腓尼基文字，並加以改進，後來羅馬人又借了回去，刪掉一些字母，再加幾個新的。今天約有 50 億人使用羅馬字母表，它是全世界被廣泛使用的約莫 35 種文字當中最常用的。多虧羅馬字母和其他文字，我們才能了解生活在數百年前的人們的思想與經驗。

但令人沮喪的是，許多古代著述我們仍然一無所知，因為所用的文字無從解讀。這當中包括了印度河文字、伊朗的原始埃蘭文字（proto-Elamite）、克里特島米諾斯文明的線形文字 A（Linear A），以及復活節島的朗格朗格文字（Rongorongo）。更重要的是，有很多口語從未書寫下來。如今雖然有差不多 7,000 種口說語言，但只有一小部分擁有書寫傳統。

找回失物

有些文字是刻意發明來填補缺口的。韓國的諺文（韓字）於 1440 年代創制；美國切羅基族（Cherokee）的文字則於 1820 年代發展出。最近期加入的是果達瓦語（Kodava），在印度有 20 萬人口說（現在也越來越多人書寫）這種語言；果達瓦文字發明於 2005 年。

維持一種書寫系統需要大量的投資，如今已消亡的書寫系統多不勝數。不過總的來說，隨著世人越來越倚賴手機與電腦來溝通，書寫的使用量實際上會急劇增加。未來的歷史學家將會接觸到我們的更多想法，但這些想法值不值得一讀，就是另一回事了。OMG！RBTL！

最早的文字？

法國洞窟以史前石刻藝術著稱，但在距今 35,000 到 10,000 年前的 146 個遺址中，牆上也畫了 26 個像是字母的符號。我們不知道這些符號的含義（如果有的話），但它們可能是代表事物的象形文字。

線
70%的遺址
35,000 到 10,000
年前

圓點
42%的遺址
35,000 到 10,000
年前

張角
42%的遺址
35,000 到 10,000
年前

卵形
30%的遺址
35,000 到 10,000
年前

羽狀
25%的遺址
首次出現於 25,000
年前

圓形
20%的遺址
35,000 到 10,000
年前

四角形
20%的遺址
35,000 到 10,000
年前

三角形
20%的遺址
35,000 到 10,000
年前

扇狀
18%的遺址
35,000 到 10,000
年前

半圓形
18%的遺址
35,000 到 10,000
年前

井字形
17%的遺址
35,000 到 10,000
年前

棒狀
15%的遺址
35,000 到 10,000
年前

杯狀
15%的遺址
35,000 到 10,000
年前

指痕
15%的遺址
35,000 到 10,000
年前

陰刻手形
15%的遺址
30,000 到 13,000
年前

十字形
13%的遺址
35,000 到 10,000
年前

屋頂形
10%的遺址
25,000 到 13,000
年前

鳥形
不到 10%的遺址
30,000 到 13,000
年前

陽刻手形
7%的遺址
30,000 到 13,000
年前

蛇形
7%的遺址
30,000 到 13,000
年前

梳形
5%的遺址
首次出現於 25,000
年前

鋸齒形
7 個遺址
20,000 到 13,000
年前

心形
3 個遺址
30,000 到 15,000
年前

梯子形
3 個遺址
首次出現於 25,000
年前

螺旋
2 個遺址
25,000 到 15,000
年前

腎形
很稀少
35,000 到 13,000
年前

有些符號也出現在世界上其他地方，這讓人懷疑早期的
人類是否已發展了一套符號通訊系統。

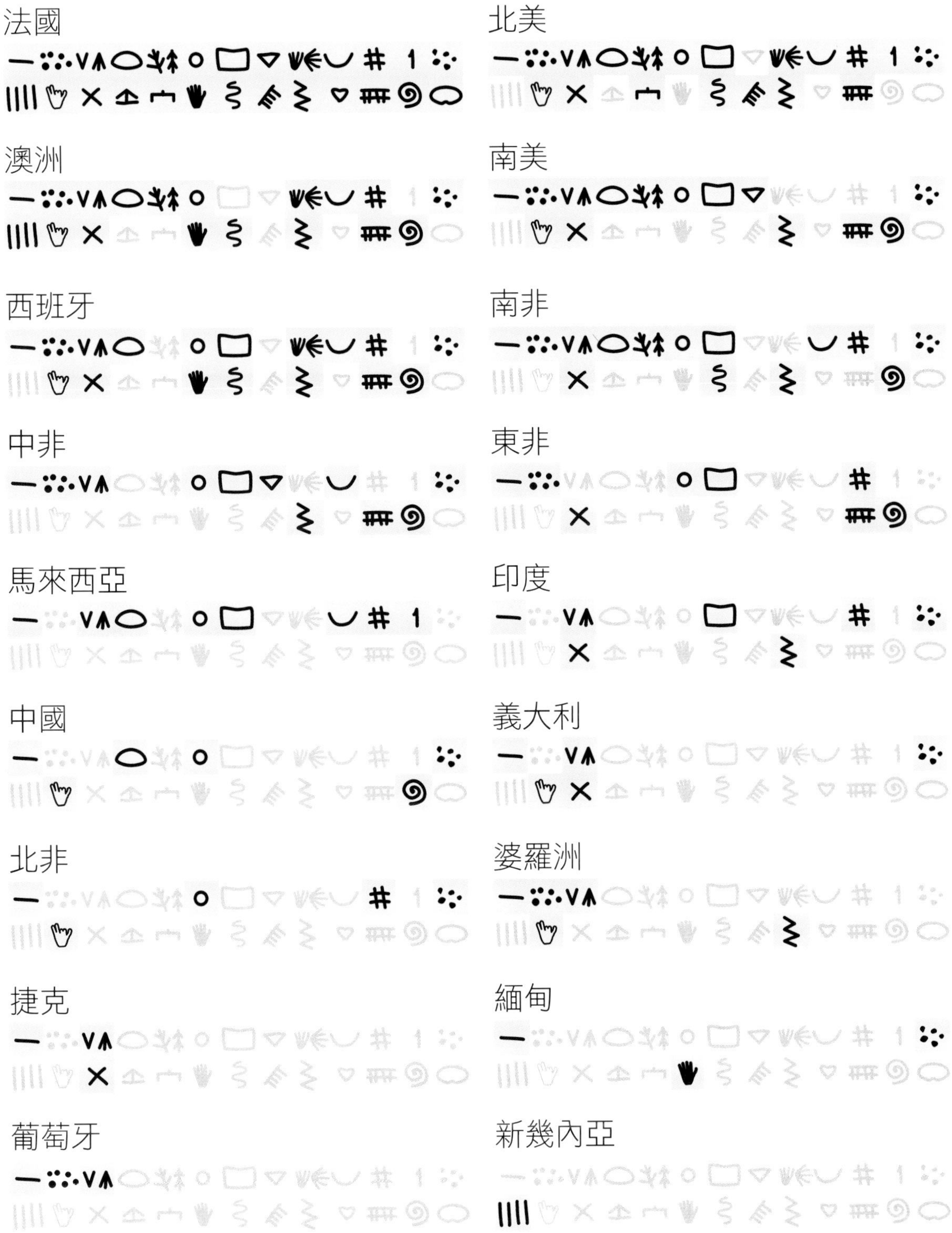

法國

北美

澳洲

南美

西班牙

南非

中非

東非

馬來西亞

印度

中國

義大利

北非

婆羅洲

捷克

緬甸

葡萄牙

新幾內亞

我們怎麼發現「無有」的？

一個人原本有七頭山羊，他用三頭換了玉米，又給了三個女兒一人一隻當嫁妝，一隻不知道丟哪去了，他還剩下幾頭山羊？

這個題目並不難，但離奇的是，在歷史上大半的時間裡，人類並無相應的數學方法來解這個問題。計數的證據可以一路回推 5,000 年，然而跟「無」、即「零」有關的數學概念，即使依照最寬鬆的定義來看，存在的時間也還是不到 2,500 年。

零的故事是計數與數學的故事，但它是兩種零的雙線發展故事：其中一條線上，零是代表「無」的符號，而在另一條線上，零是計算用的數字，有自己的數學性質。我們理所當然認為兩者是相同的，但其實並不相同。

先出現的是作為符號的零，即像 2016 這樣的數字當中的零。

要知道 2016 代表的意義，必須先理解「位值系統」概念。幸好這不難，熟習了百位、十位與個位的小學生都懂這個概念。2016 當中的 6 表示六，1 代表十，2 是指兩千。零的作用非常重要：它告訴我們這個數字不需要「百位」。要是沒有這個零，我們很容易把 2016 錯看成 216 或 2160。

第一個位值系統從西元前 1800 年左右開始出現在巴比倫，用來算季節和年份。這套系統以 60 當底數，而不是我們熟悉的 10，因此假想中的巴比倫學童得學會的位值是 3600、60 及 1。這個系統運作得很順暢，只有一個明顯的缺點：如果某個位值欄沒有東西可放，巴比倫人就直接讓位置空著。這有可能導致數值上的混亂。

大約西元前 300 年，巴比倫人大概是為了免除這樣的錯誤，引進新的符號「↗↗」來表示空位。這是世上第一個零。七個世紀後，在世界的另一頭，馬雅祭司兼天文學家再次發明了零。

作為計數系統中的占位符號，零顯然是很有用的概念，可是巴比倫人和馬雅人都沒領悟出，零本身可能就是非常有用的數。

不可否認，把零增添進來對數字殿堂來說不全然是好事。接納了零，就會帶來各種新奇的概念，萬一沒有謹慎處理，整個體系可能會崩解。不像其他的數，加上（或減去）零不會讓結果有任何變化，但任何一個數乘上零，都會跌落到零，至於把一個數除以零會發生什麼事，我們就別鑽研了。

避談虛空

緊接著嘗試這個概念的是古典希臘文明，但並不熱衷。希臘人堅信，數字是在表達幾何形狀；哪種形狀會對應到不存在的東西呢？在他們的宇宙觀中，行星及恆星嵌在一系列的同心圓天球上，地球位於中心，而由「靜止不動的推動者」讓一切運轉。在這個宇宙論中，沒有「虛空」的容身之地，由此可知零是個邪惡的概念。後來基督教哲學熱切借用的，正是這個圖像。

根源於永恆創生毀滅輪迴觀念的東方哲學，就沒有這種疑慮。零的旅程的下一站，是在《婆羅摩曆算書》找到的，這本專著寫於西元 628 年左右，內容在談數學與物理世界的關係，作者是印度天文學家婆羅摩笈多（Brahmagupta）。

婆羅摩笈多率先把數從物理或幾何現實世界

「無」的符號化

1400 年前，印度人發明了零的概念，但不知為何，當時的數學家在沒有符號 0 的情況下似乎也應付得來。西元前 662 年，敘利亞學者塞博赫特（Severus Sebokht）寫道，一些偉大的印度數學家「用九個記號」做計算——很可能就是 1 到 9。與數字零有關的最早紀錄，出現在 214 年後——印度北部瓜廖爾（Gwalior）一座寺廟裡的銘文中，有個像壓扁了的雞蛋的符號，看得出來很接近我們使用的 0。

這個銘文提到一塊 270 肘長的土地；肘（hasta）是印度的長度單位，相當於腕尺（cubit）。

化了，新的可能性——負數的世界就打開了。

從零蛋到英雄

結果產生了連續數線的概念，這條線在正數與負數兩個方向無限延伸。在這條線的正中央，正負的交界處，就是空（sunya）。這個新的數很快就與符號零合為一體。這象徵著如今全世界都在使用的純抽象數系的誕生，而且沒過多久就產生了做數學的新方法：代數。

消息花了很長的時間才傳到歐洲。直到 1202 年，義大利數學家費波納契（Fibonacci）才終於向西方世界詳細介紹了這個新的計數系統，展示該系統在執行複雜計算方面優於算盤之處。商人與銀行業者很快就被說服了，但當權者不以為然。1299 年，佛羅倫斯市針對零這個數碼發出禁令；他們認為，在一個數後面加個零竟能讓這個數的值變大 10 倍，無異於鼓勵詐財。

從 16 世紀開始，哥白尼革命宛如粉碎水晶球般揭示地球其實是繞著太陽轉，歐洲數學才緩慢擺脫亞里斯多德宇宙論的束縛。

於是，對零的更深入理解成了導火線，引爆隨後的科學革命。隨之而來的事件更確立了零在數學上，以及對於建立在數學基礎上的一切，是多麼不可或缺。看著零如今靜靜地身為數的一員，同樣很難理解它當初怎會引來這麼大的困惑與苦惱。這無疑是個無事生非的例子。

抽離，變成抽象的量，而這也讓他開始思考新的問題，譬如拿一個數減掉比它更大的數會發生什麼結果。在幾何上這毫無意義：小塊區域減掉大塊區域，還剩多少區域？不過，一旦把數字抽象

「無」的重要人物

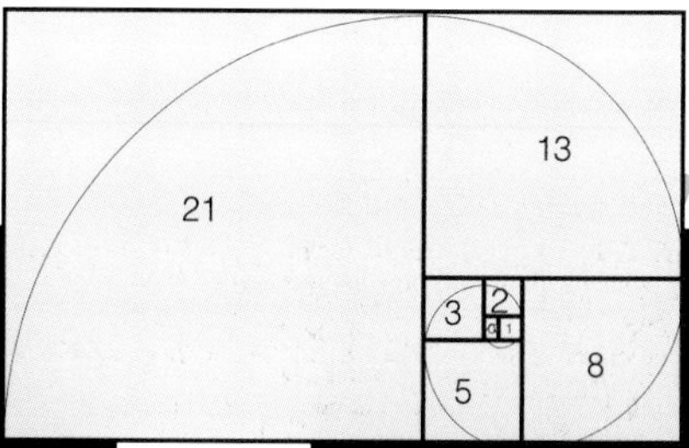

著名的費波納契數列中,每一個數都是前兩個數的和。

印度,約西元 628 年

算術

婆羅摩笈多是第一個寫下零的四則運算規則的人。

零加正數得正數
零加負數得負數
零加**零**得**零**

零減正數得負數
零減負數得正數
零減**零**得**零**

任意數乘以**零**得**零**
任意數除以**零**得**零**

我們現在認為這是錯的

波斯,約 780–850 年

代數

花拉子密促成印度數碼系統的傳播,這個系統採用圓圈代表零,來標記空位。他還發展了被稱為代數的解題法。

.	0
١	1
٢	2
٣	3
٤	4
٥	5
٦	6
٧	7
٨	8
٩	9

如果沒有十位數,就要用一個小圓圈來「保留欄位」。這個圓圈叫做 sifr,在阿拉伯語中的意思是「空」。sifr 最後就變成零。

義大利,約 1170–1250 年

計算

費波納契把印度 — 阿拉伯數碼系統推廣到歐洲,展示了符號零在貿易與商業上的實際用途。

法國,1596–1650 年

解析幾何

笛卡兒創建了一種坐標系,把兩個數表示成空間中的點,把方程式表示成線,統一了幾何與代數。

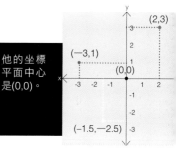

他的坐標平面中心是(0,0)。

英國，1642–1726 年
微積分
為了從越來越趨近零的小區間理解運動與變化量，**牛頓**
發展出一門新數學，稱為微積分。

他的計算方法現在→
應用於將太空觀測
站及太空船置於穩
定的軌道上。

牛頓試圖理解為
什麼行星繞恆星
運行的軌跡會是
橢圓。

德國，1736–1813 年
天文學
拉格朗日算出太空中
鄰近天體的引力會相
互抵消，因而淨力為
零的位置。

德國，1646–1716 年
二進位數
萊布尼茲和牛頓都不
約而同發展出了微積
分，而且萊布尼茲先
發表了自己的方法。
他也發明了只用到 1
與 0 的二進位數，是
現代電腦的基礎。

1	1
2	10
3	11
4	100
5	101
6	110
7	111
8	1000
9	1001
10	1010

空集合裡
沒有元
素，就像
空袋子裡
沒裝東西
一樣。利
用包含空
集合所成
的集合，
就可以用
來定義出
其他所有
的數。

德國，1848–1925 年
集合論
弗雷格解決了如何在
不用物件的情況下定
義數的難題。解法是
從一個不含任何東西
的集合開始：即空集
合，也就是零。

從最右邊開始，二進位數的每個位值分別代表 1、2、4、
8 等等，而不是我們比較熟悉的十的乘冪。

0   1   2   3

我們什麼時候開始有衡量事物的標準？

你無法管理你不能衡量的東西。從超級市場到科學領域，這句警語貫穿我們的社會，而且一直都是如此：所有古代文化似乎都曾發明出計量距離、重量、容量、面積與時間的制度。歷史上到處是已經過時的單位：蒲式耳（穀物容量單位）、腕尺、鏈（chain）、路得（rood）、英擔（hundredweight）等等。

毫無疑問的，度量衡是一門精確的科學，任何一個制度都必須基於人人都可接受且容易理解的標準單位，因此通常會以人體作基礎：舉例來說，一腕尺就等於手肘到中指指尖的距離。我們今天仍在使用以這種方式衍生出來的單位，包括英尺（foot，源自腳長）和手掌（hand，即一個手掌的寬度，用來量馬的身高）。

另一個方法是採用相對來說較為一致的自然現象：比方說，以前寶石的重量是以刺槐（carob）的種子為單位，後來就衍生成克拉。

這些單位還算有用，但終究太過變動不定，結果人們開始把標準寫在石頭或金屬上，存放在像雅典衛城這樣的執政機關建築物裡。你在那兒可以找到像是指（dactyl）或匙（kochliarion）這類單位的精確定義。

革命性的量測

現代計量學誕生於法國大革命的動盪之中。領導者急於建立起新的國家認同，於是想掃除舊體制的所有痕跡，包括不合理的度量衡。結果就產生了井井有條的公制。

公制最初只有兩種單位：公斤與公尺。公斤定義為在冰融化的溫度下一公升的水的質量，這立刻就與公尺產生關聯（一公升等於邊長十公分的立方體的體積）。

公尺則定義成北極到赤道距離的一千萬分之一。定出其實際長度是非常了不起的成就。這項工作費時七年，測量員要爬上敦克爾克、巴塞隆納兩地間的教堂尖塔做三角測量，還要觀測北極星的位置，才能推算出北極到赤道的距離。

這兩個單位後來都以金屬鑄造出來：一公斤重的鉑圓柱，及一公尺長的鉑棒。

這是迄今最準確且系統化的制度，但仍然依賴易變動的量。即使在 1875 年大家採用公尺作國際標準之前，還是有不少人抱怨這個量測太不明確了。物理學家馬克士威（James Clerk Maxwell）就認為，根據地球大小定義出來的單位本身就是不穩定的，因為地表一直在變動。

1870 年代，美國數學家裴爾斯（Charles Sanders Peirce）提出一個極為重要的洞見：可以用光的波長來定義公尺。這也為根據自然界基本常數來定度量衡的構想播下了種子，從而衍生出今天的科學量測系統：國際單位制（SI）。

手指、手肘與竿子

腕尺（cubit），從中指指尖到手肘的距離。

桿（rod）是一種長度單位，長度為 5.5 碼（約 5 公尺），用來度量面積。1 英畝等於 160 平方桿。

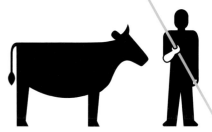

無法完成的測量

定義得最不精確的 SI 單位，是電流單位安培：「以間距一公尺平行擺放在真空中、圓形截面積可忽略不計的兩條無限長筆直導線，如果在有恆定的電流通過時，導線之間產生的作用力大小等於每公尺長度 2×10^{-7} 牛頓，那麼通過導線的就是一安培的電流」。看懂了嗎？看不懂也沒關係：這是個不可能進行的測量。到哪去找無限長的導線啊？

但這需要時間。直到 1960 年，度量衡的維護者才終於有所行動。他們收起純鉑棒，換成了依據氪 86 原子發射光譜所定義的公尺，而在 1983 年這又被取代了，公尺的定義變成光在 1/299,792,458 秒內所行進的距離。

國際單位制也在 1960 這一年誕生，除了公尺，它還為公斤、秒、克耳文（絕對溫度單位）、安培、莫耳，以及燭光（用來計量光的強度）等六個「基本單位」定義了國際標準。這些基本單位可以組合起來，構成其他所有的度量衡單位，譬如焦耳、赫茲（簡稱赫）、瓦特（簡稱瓦）和歐姆，像這樣以人名來命名的「導出單位」有 20 個。

不過，計量學的麻煩並未到此結束。七個基本單位中，有五個的定義仍不夠好。以秒為例，依據的是地球自轉，而這會有略微的變動。這個問題在 1967 年解決了，但其餘四個到現在仍是問題。倘若國際單位制是人，你應該會說他有體重問題，長了一顆尷尬的痣（mole，「莫耳」也是這個英文字），體溫不正常，明顯缺乏活力。

這是很嚴重的問題。不管是買菜還是做粒子物理研究，度量衡單位都必須是相同的，不因人、因地而異。沒有普世一致的制度，可能就會造成災難，就像美國 NASA 混用了英制和公制單位，結果在 1999 年損失了價值 1 億 2,500 萬美元的火星氣候探測者號（Mars Climate Orbiter）衛星。

問題最重大的是公斤，現在依然是用一個實物來定義——鑄造於 1870 年代的鉑銥合金圓柱。同時鑄造的公斤原器有 40 個左右，有些存放在巴黎市郊塞弗勒（Sèvres）的國際度量衡局總部，其他在世界各地的度量衡標準實驗室，偶爾會互相比對。1949 年計量學家發現，國際公斤原器比它的幾個副件輕了大約 50 微克（即一百萬分之 50 克），這是個令人尷尬的大誤差。他們在 1989 年又檢驗了一次，問題仍舊存在。

永遠不變

公斤的問題也波及莫耳，這是化學家計物質的量所用的單位。莫耳的定義是：0.012 公斤的碳 12 所含的原子數目。噢！

絕對溫度的單位克耳文也不符合目標。絕對溫度的定義為 0.01℃ 的 1/273.16，而 0.01℃ 是純化海水的三相點，這是固態（冰）、液態、氣態得以共存的溫度。在大多數情況下這都是可行的，但在技術領域上，就會使非常高溫或非常低溫難以測量。安培面臨的問題更糟糕。

計量學家很清楚這些問題，也正積極把所有的基本單位改成由恆定不變的自然界常數來定義。等改革之日到來，度量衡標準將會是史上第一次有嚴謹的基礎*。

*譯按：國際度量衡大會即將在 2018 年用普朗克常數重新定義公斤。

萬物的單位

所有的物理現實世界都能用七個基本量測來量化。
基本單位也可以組合在一起，構成導出單位（derived unit）。

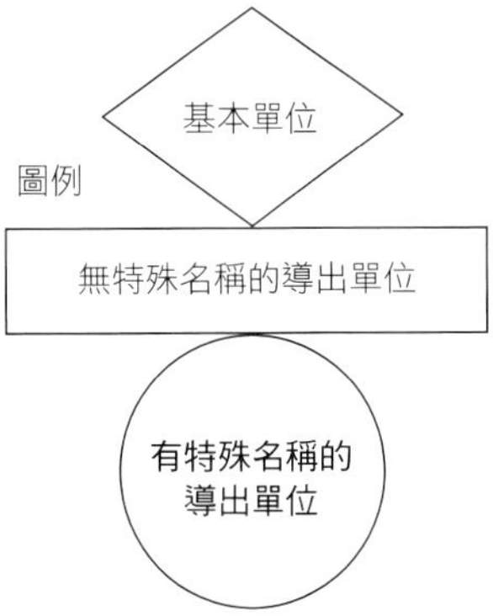

圖例

基本單位

無特殊名稱的導出單位

有特殊名稱的
導出單位

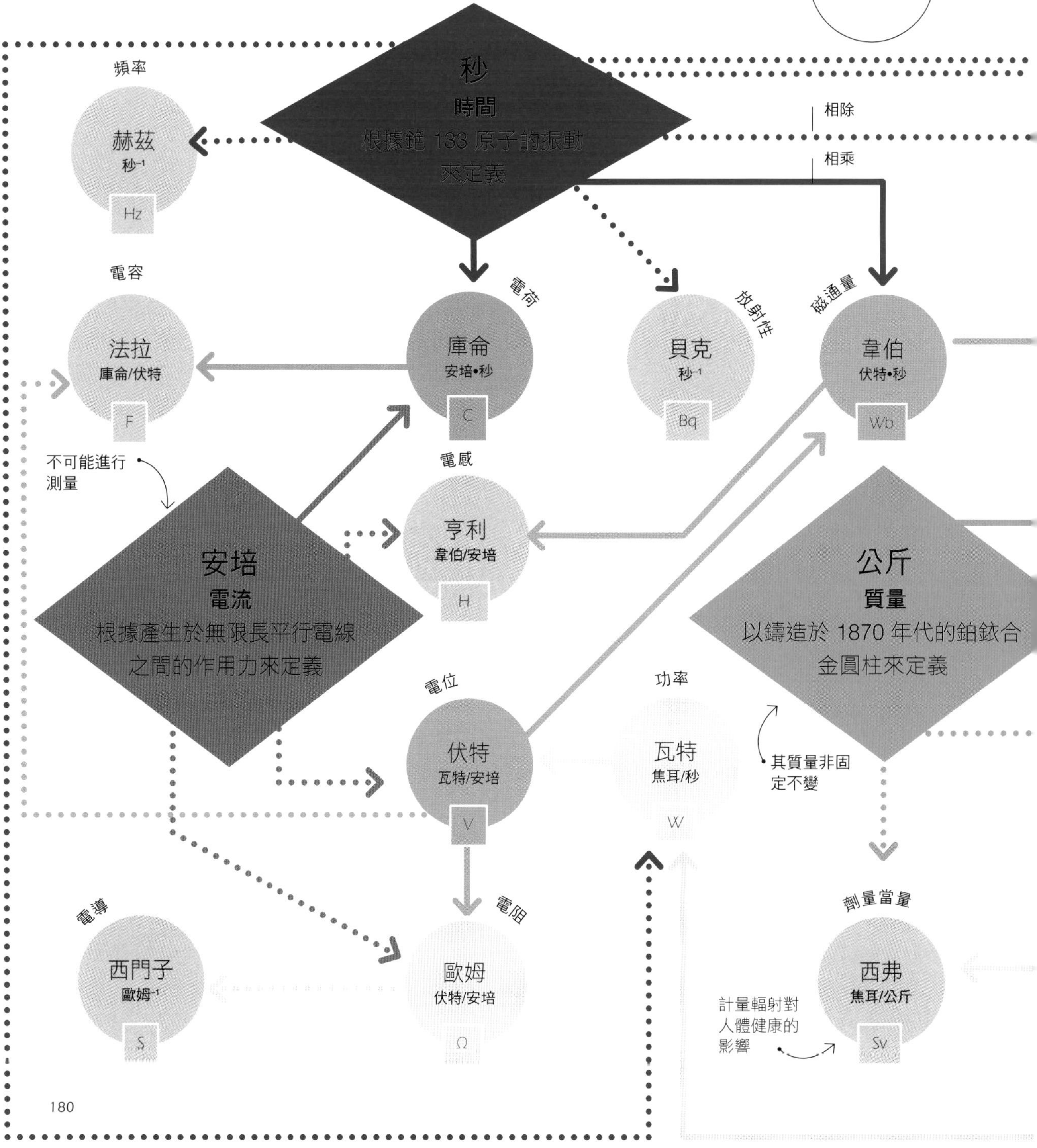

秒
時間
根據銫 133 原子的振動
來定義

相除

相乘

頻率
赫茲
秒⁻¹
Hz

電容
法拉
庫侖/伏特
F

電荷
庫侖
安培·秒
C

放射性
貝克
秒⁻¹
Bq

磁通量
韋伯
伏特·秒
Wb

電感
亨利
韋伯/安培
H

不可能進行
測量

安培
電流
根據產生於無限長平行電線
之間的作用力來定義

公斤
質量
以鑄造於 1870 年代的鉑銥合
金圓柱來定義

其質量非固
定不變

電位
伏特
瓦特/安培
V

功率
瓦特
焦耳/秒
W

電導
西門子
歐姆⁻¹
S

電阻
歐姆
伏特/安培
Ω

劑量當量
西弗
焦耳/公斤
Sv

計量輻射對
人體健康的
影響

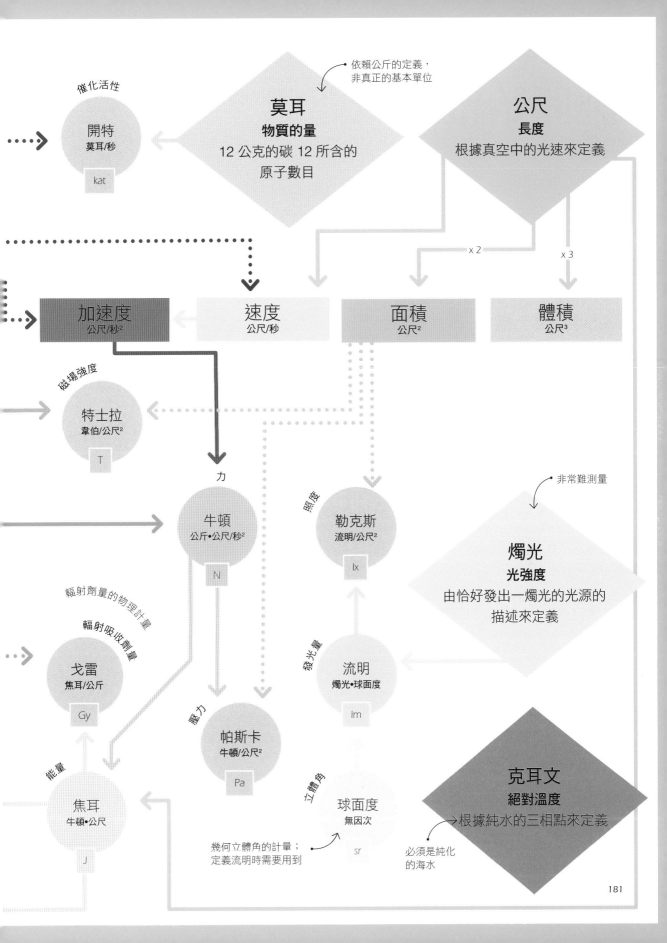

催化活性

開特
莫耳/秒

kat

依賴公斤的定義，
非真正的基本單位

莫耳
物質的量
12 公克的碳 12 所含的
原子數目

公尺
長度
根據真空中的光速來定義

x 2

x 3

加速度
公尺/秒²

速度
公尺/秒

面積
公尺²

體積
公尺³

磁場強度

特士拉
韋伯/公尺²

T

力

牛頓
公斤•公尺/秒²

N

照度

勒克斯
流明/公尺²

lx

非常難測量

燭光
光強度
由恰好發出一燭光的光源的
描述來定義

輻射劑量的物理計量

輻射吸收劑量

戈雷
焦耳/公斤

Gy

發光量

流明
燭光•球面度

lm

壓力

帕斯卡
牛頓/公尺²

Pa

能量

焦耳
牛頓•公尺

J

立體角

球面度
無因次

sr

幾何立體角的計量；
定義流明時需要用到

克耳文
絕對溫度
→根據純水的三相點來定義

必須是純化
的海水

181

誰開始留意時間的？

注視著時鐘的秒針，你可能會看見某個怪現象：有時候它好像沒有向前走，而是暫停了片刻……才又滴答滴答走動起來。這種「時間暫停」的錯覺，是由視覺系統的設計方式造成的：眼睛動得很快時，視覺系統會停止運作，這時大腦就會按照自己的猜測來填補那段空缺。但這也簡單扼要地說出我們計量時間時遇到的問題。

時間是捉摸不定的現象，時而飛逝，時而慢慢吞吞，有時又彷彿停滯不前似的。我們感覺時間就像是一條上頭擺著無數「此時此刻」的輸送帶，從過去延伸到未來，一刻也不會停下來，然而我們並不確定它真的存在：它可能像空間或質量一樣，也是宇宙的基本性質。或者，它有可能是我們的大腦創造出來的錯覺。

不過，這種詭變多端並不能阻止我們嘗試把它弄清楚。人類已經發明許多更準確的方法來制定並度量時間。

我們的祖先不可能沒注意到「此時此刻」的感受，以及日、季節、年的規律循環，但在人類史前史的大部分時間裡，自然界的計時器如黎明、黃昏、月相等等，已經夠準確了。像英國巨石陣這類的巨石遺跡，也許是用來預測季節遞嬗的某種曆，但我們只能揣測。

記錄時間

已知最早創建正式計時系統的嘗試可追溯到大約 4,000 年前，當時古埃及人已經想到要把一天劃分成更小的單位。在帝王谷發現的早期日晷上，可以看到白天被分成 12 等分，想必是為了記錄修墓工人的工作時間而設置的。若真是如此，工人也許會覺得時間過得很緩慢，尤其是在盛夏時節。這個「原始小時」可能會隨著一天的長度而變，盛夏的一小時比隆冬的一小時長 16 分鐘（以現代的分鐘來計）。也許是為了解決這個問題，古埃及人發明了水鐘，這種計時工具把一天分成 24 等分，不需倚賴太陽就能報時。

下一個重大的創新，就是把時間分得更精細。首先，大約在西元前 300 年巴比倫人把一天切成 60 個單位，每個單位也細分成 60 個小單位，每個小單位再細分一次，產生的單位分別對應到現代的 24 分、24 秒及 0.4 秒。

秒的出現

我們現在採用的系統是在 10 世紀末左右，由波斯博學家比魯尼（Al-Biruni）發明出來的，他借用了埃及人的一天 24 小時概念，再做兩次 60 等分的細分，產生了分與秒——秒之所以稱為「second」，就因為它是第二次（second）60 等分。

秒仍是基本時間單位。幾百年來，秒都與太陽週期維持著關係，定義為一日的 1/86,400，但科學家逐漸意識到，這個定義重新引出古埃及人遇到的問題。一日的長度並非永遠完全相等，來自月球及太陽的引力會逐漸讓地球的自轉變慢，因此 100 年前的一日比現在稍微短些，而 100 年後會長一點。大氣層與地球軸心快速擺動造成的不穩定性，也有可能以不可預測的方式使地球自轉放慢或加速。

這在日常生活上不成問題，可是有這麼多度量單位要依賴秒，所以秒的長度變化無常是不可接受的。科學家最終想到解決之道，跟古埃及人的辦法類似，但比用滴漏的水來計時更複雜。

經過多年來多次晦澀難懂的辯論，國際度量衡委員會終於在 1967 年對秒的新定義達成協議，從此之後就改成「原子秒」，依據銫原子的特定振動次數來定義。這項果斷的決議切斷了天文學與時間的歷史關係。

不過，天文學仍然每隔幾年出其不意地發揮一下作用。我們當然可以用原子鐘計量時間的流逝，但一日的長度依然不知不覺地持續變長，讓原子時間與地球時間漸行漸遠。

躍入未知

從人類的角度看，每百年相差 2 到 3 分鐘的差異微乎其微，但對科學來說可就太不準確了，因此在 1972 年，閏秒制度誕生了。天文學家利用他們所能找到最嚴謹的固定參考點——位於幾十億光年遠的類星體，來記錄地球的自轉。當地球轉動的變化量即將讓地球時間與原子時間相差超過 0.9 秒時，他們就會發出增減 1 閏秒的通報。到目前為止，通告一直都是增加閏秒。這就產生了世界協調時間（UTC）。

同時，想要把時間劃分得更精細的努力並未停歇。原子鐘的準確度極為驚人：1955 年發明的第一個可靠原子鐘準確到 300 年才誤差 1 秒。

之後又有多次改進。2013 年，美國科學家打造出一個超級準確的原子鐘，要是從 5 億 4,200 萬年前寒武紀生物大爆發時期就開始滴答走動的話，到現在可能只慢或快大約半秒。最新的技術能做到更精準的地步。新一代的計時器稱為光學鐘（optical clock），不久之後將精準到即使從 138 億年前大霹靂開始運行，到現在仍一秒不差。

地質時間

在度量時間方面，對我們來說概念上最困難的重大進展之一，就是領悟到它到底包含了多少時間。從有生之年的角度來看，一千年大概還可以想像，但 138 億年就超出我們的理解範圍了。「地質時間」（Deep Time）與常識相悖，也難怪自從發明了計時工具，需要耗時 4,000 多年來發現這件事。

直到 18 世紀中葉，人們都還斷定宇宙的年齡是幾千年之久。後來地質學家逐漸發現，這與事實相去甚遠，根本差了幾個數量級。他們研究的岩石看上去永恆不變，但這是錯覺，岩層、化石與斷層線其實訴說著超乎想像的漫長歲月裡發生的極緩慢變化。

埃及水鐘是第一個把計時與天文學分割開來的裝置。

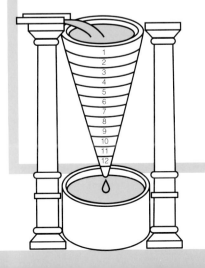

12 的力量

許多古老的度量系統都以 12 這個數為
基礎。十二進制大部分已經被十進制給
取代了,但仍保留在計時上。

金字塔式的安排

埃及人可能是第一個採用十二進制計時法
的文明。在帝王谷發現的早期日晷顯示,
埃及人把白天分成 12 等分。

他們為什麼選擇 12,
原因不明。
有可能來自天空:
埃及天文學家把
夜空分成 12 等分。

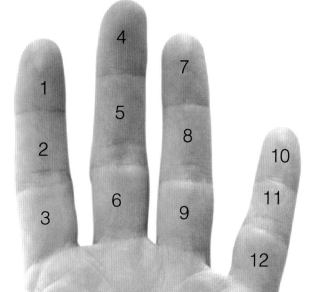

沿指節往下數

以 12 為底數的緣由,可能
是當我們靠一隻手來計數
時,可以用大拇指數出另外
四根手指的 12 個關節……

也有可能來自人體解剖學 ⟶

又或者是基於一年可以大致分成 12 個太陰
週期。

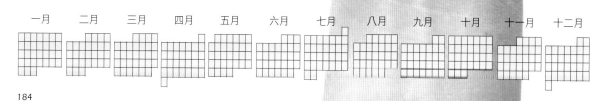

| 一月 | 二月 | 三月 | 四月 | 五月 | 六月 | 七月 | 八月 | 九月 | 十月 | 十一月 | 十二月 |

1 英尺等於 **12** 英寸

 1 先令等於 **12** 便士

 1 金衡磅等於 **12** 金衡盎司

 黃道帶分成 **12** 宮

1 個八度有 **12** 個半音

 1 碼等於 **36** 英寸

啤酒 1 桶等於 **36** 加侖啤酒

很多物品以**打**為販售單位

12…24…36…48…60……

以 12 為一組的模式出現在各種量度中。

1×12
一年有 12 個月

2×12
一天有 24 個小時

5×12
一小時有 60 分鐘，一分鐘有 60 秒

×3
(36)

×4
(48)

×2
(24)

×5
(60)

×1
(12)

另一隻手可以用來記錄 12 的倍數，一直數到 60（5×12）為止

這個系統在亞洲使用得很廣泛，也許可以說明 12 和 60 兩數為什麼經常並存在一些度量系統裡。指算可能也產生了以 10 為底數的系統。

每週 70 小時

法國大革命期間，他們試圖以十進制來計時，把一天分成 10 小時，一小時分成 100 分鐘，一分鐘分成 100 秒。但沒有流行起來。

魔數

12 可以被 2、3、4、6 整除，這對度量衡制度很有用，因為在這些制度中，需要把較大的單位分成一半、三等分及四等分。

	½	⅓	¼	⅙
十二進制				
十進制	0.5	0.333333	0.25	0.166667

10 這個數不像 12 那麼容易分成小段，會出現 0.3 這種難看的小數循環。

我們何時開始討論政治？

如果你看過敵對的政治人物激烈交鋒，心想「他們好像沒有交集」，你的看法大致沒錯。雙方的意見分歧根源於比意識形態更深層的東西：這有生物學上的根源。

人類是政治動物。儘管現代政治與從政者和政府關係緊密，但其實政治只是在不斷辯論如何組織社會，以及如何分配權力與資源。這種爭論已經進行幾千年了，一群群四處游牧的狩獵採集者必須做出決策，跟我們沒有兩樣。

在進入現代之前的各個社會中，政治主要是由軍事統領之間的權力鬥爭構成的，而隨著社會日趨文明，鬥爭也變得較為民主，於是往往會出現我們首次從 18 世紀最後十年的法國注意到的現象。在大革命期間，有個昭然若揭的問題造成法國社會分裂，一方支持君主制、教會及舊制度下的其他傳統，另一方支持革命。在立法會議中，傳統派人士坐在右邊，革命派坐在左邊。

權力鬥爭

在此之前及之後的所有政治，或多或少都看得出這條基本界線。我們可以把政治理解成保持現狀與推翻現狀這兩種力量的角力。現代政治制度基本上由左右兩派或保守派、革命派之間的角力所定義。那麼，這種似乎普遍存在的人類分歧從何而來？

傳統的看法認為，政治傾向是我們依據證據和論述，在自覺且理性的情況做出的選擇，如果選擇不同，那是因為我們推斷出的結論不一樣。然而最近的研究卻顯示，事情遠比這複雜多了。政治就存在血液中，政治差異深深根源於基礎生物學裡，不僅如此，這些差異大大超出了意識的控制範圍。

針對政治信念生物根源的研究，最早出現於 1950 年代，當時世界正在努力理解極權主義。這項研究名垂青史的主因，是它辨認了所謂的權威性人格（authoritarian personality）。不過，認為這種人格僅適用於極少部分人的觀點引發了爭議，大家對這件事的興趣就消退了。

我們來往的朋友

最能清楚說明政治信念並非有意識的決定的幾個證據，來自一些用來衡量無意識態度的心理測驗——無意識的態度就是指運作於意識之外的偏好。這些測驗顯示，意識形態不同的人，社會偏好也會有所不同。一般來說，保守派比改革派更有可能偏好地位高的人士與主流社會族群，譬如白人和異性戀者，而改革派在與種族和性取向的弱勢族群的相處上，表現得比保守派更自在——不過值得注意的是，改革派也同樣無意識地偏好地位高的族群，只是不像保守派人士那麼明顯。

政治論爭會使人頭昏腦脹（lose their heads）。如此說來，「左翼（左派）」和「右翼（右派）」的標籤源自法國大革命，真是太相宜了*。

*編按：lose their heads 亦有「腦袋不保」之意，法國大革命其間不少人因政治鬥爭而被送上斷頭台，這邊有雙關之意。）

但這些研究人員有抓到重點。現代研究已經發現，人格確實會影響政治信念。心理學家四處窺探辦公室和學生宿舍時，發現保守派和改革派傾向以不同方式安排空間。保守派喜歡整齊，守成規，擁有較多跟秩序有關的物品；改革派的房間比較凌亂，跟調查研究有關的物品比較多。

道德迷宮

這些研究人員的結論是，這些表現在外的差異，是兩種內在人格特徵的展現——即開放性（openness to experience）和嚴謹自律（conscientiousness），這是我們已知具有穩固遺傳基礎的「五大」特徵的其中兩項。

有幾個相關研究也顯示，保守派人士有更高的「認知閉合」（cognitive closure）需求想把不確定變成確定，把含糊不清變成清楚明瞭。

兩者的生物差異還見於道德判斷領域。改革派覺得受苦和不平等在道德上令人不悅，而保守派比較在意的是不尊重權威及傳統，以及性行為或精神上的「不潔」。同樣的，這些差異有意想不到的生物根源：都與人多容易產生反感有關。

一般而言，保守派比較容易對屁味之類的刺激產生反感。不論是哪種政治信念的人，往往都會因為厭惡感而難以容忍道德上不可靠的行為，但保守派的反應又更加強烈。這或許能解釋同性婚姻與非法移民議題上的意見分歧。保守派經常對違反現狀非常反感，所以斷定這些事情在道德上無法接受。自由派就沒那麼容易產生反感，也比較不可能做出這麼強烈的評判。

甚至連對世界的看法也會出現差異，譬如他們對驚嚇的反應。保守派面對突如其來的巨大噪音，有較明顯的驚跳反射，眨眼次數較多，流的汗也較多。他們對於具威脅性的圖片，也會表現出較強烈的回應，看得更迅速而且凝視更久。保守派比較有可能說他們認為世界是危險的地方。

最富爭議的是，科學家已經開始尋找這些差異的遺傳根源。我們從 25 年前，就已經知道政治態度是有高遺傳力的。同卵雙胞胎比異卵雙胞胎更可能擁有共同的政治觀點，這說明了產生作用的不只是他們共同的環境，還有共同的基因。

右派、左派與中間路線

遺傳學家近來開始研究可能會導致意識形態的特定基因。沒有人暗指有改革派基因或保守派基因，不過有個令人感興趣的基因，是多巴胺D4 受體（DRD4）基因的 7R 變體，這與尋求新鮮感的行為及左派政治傾向有關。

這項研究等於是把政治觀點的些微差異簡化成二分法，把保守主義視為人格疾患，因而遭到批評。現實世界比這還要複雜，在左派與右派的群體當中有各種主張和無數意見，而且還有其他的政治傳統不符合這個模型，特別是放任自由主義（libertarianism，或譯自由至上主義）。

然而有重大的證據顯示，政治的主要驅動力並不是意見分歧，而是基本生物差異。所以，你不該對政治立場與你相反的人感到生氣，而是替他們難過：他們會錯得這麼徹頭徹尾且愚蠢，真的不是他們能控制的。

左腦，右腦

你也許認為是你選擇了自己的政治信念，但其實是政治信念選擇了你。生物稟性讓大多數人出於本能地傾向左派或右派。

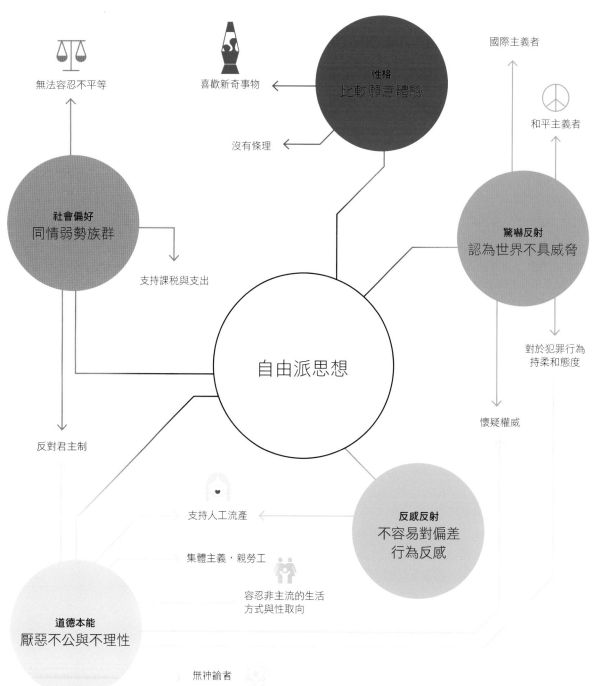

無法容忍不平等

喜歡新奇事物

性格
比較願意體驗

國際主義者

和平主義者

沒有條理

社會偏好
同情弱勢族群

支持課稅與支出

驚嚇反射
認為世界不具威脅

對於犯罪行為
持柔和態度

自由派思想

懷疑權威

反對君主制

支持人工流產

反感反射
不容易對偏差
行為反感

集體主義，親勞工

容忍非主流的生活
方式與性取向

道德本能
厭惡不公與不理性

無神論者

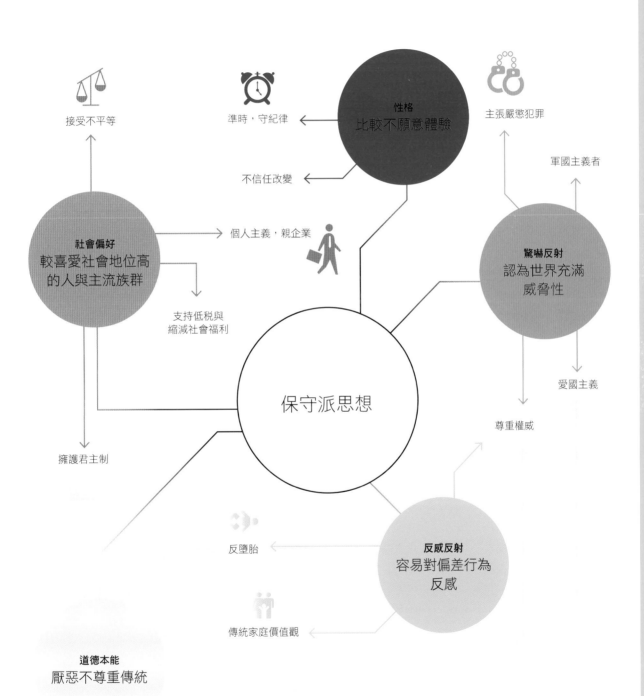

接受不平等

準時，守紀律

主張嚴懲犯罪

性格
比較不願意體驗

軍國主義者

不信任改變

社會偏好
較喜愛社會地位高
的人與主流族群

個人主義，親企業

驚嚇反射
認為世界充滿
威脅性

支持低稅與
縮減社會福利

愛國主義

保守派思想

尊重權威

擁護君主制

反墮胎

反感反射
容易對偏差行為
反感

傳統家庭價值觀

道德本能
厭惡不尊重傳統

篤信宗教

這些是代表左翼與右翼典型觀點的概括；極少
有人會贊同所有特點。

錬金術何時變成了科學？

乳酪製造商大概不會有太好的印象，但世界上其他人應該會永遠感激。

時間是 1869 年 2 月 17 日，俄羅斯化學家門得列夫（Dmitri Mendeleev）原訂在聖彼得堡一間乳酪工廠做些顧問工作，不過他取消了，當天在家裡奮筆疾書。到了晚上，他已勾勒出歷史上最成功的科學理論之一的框架：元素週期表。

門得列夫靈光乍現的時刻，代表數百年來理解與控制物質變化過程的努力達到巔峰。蠟燭燃燒時會產生什麼現象？為什麼一小撮鹽放進一杯水中攪拌一下就消失了？鉛可以變成黃金嗎？如今我們把這些問題歸類到化學領域，在大家眼裡是相當乏味嚴肅的科學，但它的前身並非如此。

踏出第一步的是古希臘時代的哲學家。亞里斯多德主張，萬物都由四個元素組成：土、火、空氣與水。物質的特性來自本身所含元素的比例，譬如金屬是由土和水構成的，但若把它加熱，有一部分的土會變成火。

金屬與染料

亞里斯多德在西元前 322 年去世，在這之前十年，亞歷山大大帝征服了埃及，建立新都亞歷山卓（Alexandria）。精通亞里斯多德哲學的工匠開始涉獵冶金術和染料製造，他們把自己的技藝稱為 khymeia，意思是「鑄在一起」。這個傳統後來傳到伊斯蘭學者那，他們稱之為 al-khimya。中世紀時，這些知識終於傳到了歐洲，從事魔法的術士替它包上神祕主義的外衣，以鍊金術（alchemy 或 chymie）稱之。

鍊金術士的主要目標是點金石，這種物質可以把賤金屬變成金和銀，治癒任何疾病，獲得長生不老的能力。這些人也是身懷絕技的工匠，善於控制轉化物質，製成藥物、玻璃和炸藥。

然而鍊金術並不是一門科學。轉折點出現在 1661 年，自然哲學家波以耳（Robert Boyle）在那年出版了一本劃時代的著作，書名是《懷疑的化學家》（The Sceptical Chymist），把剛興起的科學方法應用到鍊金術上。波以耳認為，我們不能光只是主張物質由四種元素組成，還必須用可重複的實驗來證明這一點。

駕馭元素

法國貴族拉瓦節（Antoine Lavoisier）完成了這項任務。他接下了波以耳的挑戰，開始尋找元素，並把元素定義為無法進一步分解的任何東西。拉瓦節在 1789 年發表了一份清單，列出 33 個「元素」，其中有許多確實符合我們今天對元素這個概念的理解。不久之後又發現了更多元素。越來越多人認為，每個元素各有獨特的原子，而元素相互組合起來可構成化合物。

到了門得列夫的時代，已經知道的元素有 63 個。他的突破在於按照原子量替這些元素分組，結果呈現出一些性質模式。譬如第一族都是會與水產生劇烈反應的軟金屬，第七族包含了氟、氯這些氣體和溴，都以由兩個原子組成的分子。這並不是唯一的模式。在每一族裡，元素的活性會隨著原子量變大而改變。在第一族，活性會隨著原子量變大而增加，但在第七族情況卻恰恰相反。

週期表是化學上的統一理論，它不僅解釋了觀察結果，也做出預測。若尚未發現符合應有性質的元素，門得列夫就大膽留下空白，聲稱日後

牛頓的魔法

中世紀歐洲的錬金術士當中除了有神祕主義者，也不乏受人尊敬的學者，其中最受尊崇的人物就是牛頓，他在 1680 年代還寫了一本錬金術語詞典《化學品索引》（*Index Chemicus*）。

我們尊為大科學家的人物居然會受神祕之術誘惑，想來實在古怪，不過當時科學和魔法之間並沒有明顯的差別。然而到 1727 年牛頓去世的時候，錬金術已成為邪惡之術。牛頓留下大量未發表的筆記和論文，有許多與錬金術有關。皇家學會成員裴利（Thomas Pellet）審查過這些遺作之後決定查禁，列為「不適合出版」。

就會發現新的元素來填補。他是對的。比方説，矽的正下方有個空位，門得列夫把它稱為「類矽」，結果 15 年後德國化學家溫克勒（Clemens Winkler）發現了這個元素，將其命名為鍺（germanium）。

現代錬金術

沒有多久，就有人發現了導致這些模式的根本原因：電子。這種粒子是在 1896 年發現的，但要到十年後蓋革（Hans Geiger）和馬士登（Ernest Marsden）才做出了重要的實驗。他們朝金箔發射一束氦原子核，沒想到許多氦核直直穿過，因而得出一個結論：金原子內部大半是空的。他們解釋説，電子圍繞著原子核轉，它們之間就留下了一大片空無，後來證明這個解釋基本上是正確的。

電子的軌道説明了元素的化學與物理性質。譬如活性的大小，就取決於原子容不容易獲得或失去電子。

不過電子就像一把雙刃劍。對於電子引進的所有規律性，化學家用來理解由電子帶來的效應的方式只是個粗略的估計。實際上，電子是帶有詭異性質的量子物體：它們可以同時出現在兩個地方，或是「穿隧」通過空間。

隨著量子革命加快腳步，科學家也開始仔細探究原子核，他們最重要的發現之一，是元素可以藉由核反應相互「轉化」——這似乎有悖化學定律。沒人提到錬金術，但在 1980 年，化學家西博格（Glenn Seaborg）就拿鉍（bismuth）這種賤金屬做實驗，把鉍原子變成金原子。

基本元素……

……親愛的門得列夫。這位俄羅斯化學家發表於 1869 年嘗試建立的元素系統，後來證明是非常準確的。

上下排序 ↓ 按照原子量從小排到大
左右排序 → 根據元素化學性質的相似性

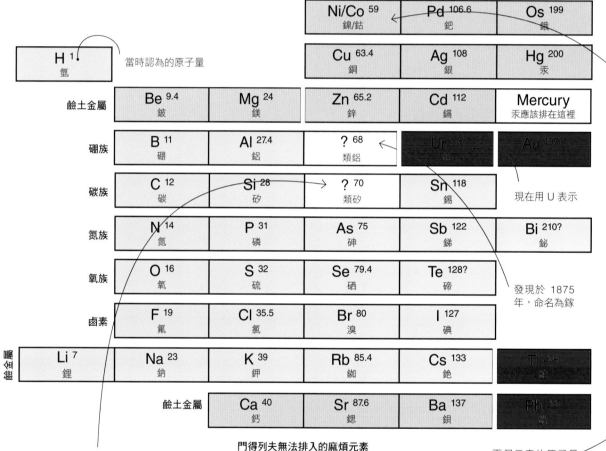

當時認為的原子量

	Ti 50 鈦	Zr 90 鋯	? 180 —		
	V 51 釩	Nb 94 鈮	Ta 182 鉭		
	Cr 52 鉻	Mo 96 鉬	W 186 鎢		
	Mn 55 錳	Rh 104.4 銠	Pt 197.4 鉑		
	Fe 56 鐵	Ru 104.4 釕	Ir 198 銥		
	Ni/Co 59 鎳/鈷	Pd 106.6 鈀	Os 199 鋨		
H 1 氫	Cu 63.4 銅	Ag 108 銀	Hg 200 汞		
鹼土金屬	Be 9.4 鈹	Mg 24 鎂	Zn 65.2 鋅	Cd 112 鎘	Mercury 汞應該排在這裡
硼族	B 11 硼	Al 27.4 鋁	? 68 類鋁	Ur 116 鈾	Au 197? 金
碳族	C 12 碳	Si 28 矽	? 70 類矽	Sn 118 錫	
氮族	N 14 氮	P 31 磷	As 75 砷	Sb 122 銻	Bi 210? 鉍
氧族	O 16 氧	S 32 硫	Se 79.4 硒	Te 128? 碲	
鹵素	F 19 氟	Cl 35.5 氯	Br 80 溴	I 127 碘	
鹼金屬	Li 7 鋰	Na 23 鈉	K 39 鉀	Rb 85.4 銣	Cs 133 銫	Tl 204 鉈
鹼土金屬		Ca 40 鈣	Sr 87.6 鍶	Ba 137 鋇	Pb 207 鉛

現在用 U 表示

發現於 1875 年，命名為鎵

發現於 1886 年，命名為鍺

兩個元素的原子量太接近了，門得列夫無法分開它們

門得列夫無法排入的麻煩元素

? 45 類硼	Ce 92 鈰
?Er 56 鉺	La 94 鑭
?Yt 60 釔	Di 95 鐿鑭
?In 75.6 銦	Th 118? 釷

發現於 1879 年，命名為鈧

現在用 Y 表示

後來發現這不是一個元素，而是另外兩個元素鐠與釹的混合物

門得列夫用問號代表未知，但他（正確）預測將會發現的元素。這個元素在 1922 年被發現，命名為鉿。

← 1869 年俄羅斯化學家門得列夫用當時已知的 63 個元素排出的週期表。不可思議的是，其中 52 個排對了或幾乎正確，□有□個排□（還有 7 個他不知道該怎麼排）。

元素週期表（現今）

現代的週期表仍然根據原子質量與化學性質來安排，不過同族的元素是直排成行，而非橫排成列。表內包含 118 個元素，其中 43 個在門得列夫的時代尚未發現（標為白色者）。

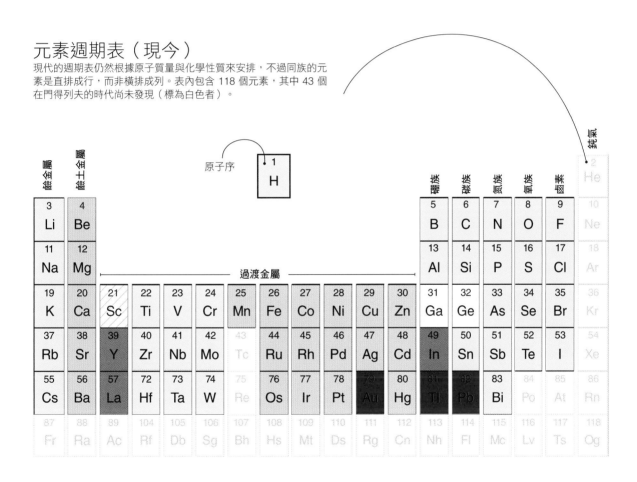

鍆（Mendelevium），1955 年以門得列夫的姓氏命名

193

我們是怎麼發現現實世界怪怪的？

1874 年，年僅 17 歲的科學天才馬克斯·普朗克（Max Planck）跟他的大學指導教授說他想以物理為志業時，這位前輩提出了一點建議。「在這個領域，所有的東西差不多都已經發現了，只剩下幾個洞要填補而已。」

後來證明他的話有幾分正確——不過那些洞是可能連路易斯·卡洛爾（Lewis Carroll）* 也會感到驚奇的兔子洞。不到幾年的時間，填補漏洞的各種嘗試，讓世人對宇宙有了翻天覆地、但會令人腦筋打結的全新認識，而最先進到洞裡的人就是普朗克，儘管不太情願。

如今量子力學是我們對現實世界最成功的描述，它讓我們了解小至原子、大到恆星的一切事物。它也教導我們，現實世界本質上就是極其神祕，甚至是無從理解的。

靈光一閃

這場革命從一個電燈泡展開的。普朗克在 1894 年接受委託（當時他在柏林的一所大學任教），替愛迪生的新發明做些技術工作。許多電氣公司想知道如何從最少的能量榨取出最大量的白光，於是普朗克開始探究燈絲溫度與光的顏色之間的關係。

結果這等於是把令人苦思不得其解的著名問題——黑體輻射問題——重新描述了一次。這個問題描述一塊物體（譬如金屬）的溫度與所發出光的顏色之間的關係（黑體是一種假想的實體，能完全吸收並發射電磁輻射）。實驗測量結果已經顯出一個無法由物理學解決的重大反常現象：不管溫度變得多高，黑體幾乎都不會發出紫外

光。後來這就稱為「紫外災變」（ultraviolet catastrophe）。

1900 年 12 月，當時已 42 歲的普朗克站在德國物理學會的面前，提出一個解法：能量其實是一團一團的，而不是能以任意大小存在的連續現象。他把這些離散的單元稱為量子（quantum）。當時普朗克並沒意識到他正爬進一個無路可退的洞，但他的結論（他用「絕望之舉」來形容）鼓舞了渴望深入研究的年輕一代物理學家。

其中一位就是愛因斯坦，當時他還是個 25 歲的無名小卒，正試圖弄懂光電效應；光電效應是指許多金屬在某些頻率的光波照射下（不管光的強度如何）發射出電子的現象。普朗克提出的量子，正是他需要的概念。愛因斯坦明白，光電效應只能在把光也量子化的情況下解釋。若果真如此，就不可能再以古典物理的角度，把光想成一種在空間中傳播的波。相反的，光一定是由粒子流組成的，每個粒子都攜帶了一個能量子。

既非此也非彼

物理學家很難接受這個觀點，畢竟已有清楚的證據顯示光是一種波，特別是當我們讓光束通過兩道狹縫時，所產生的干涉圖樣完全就像池塘裡泛起的兩組漣漪。唯一的解決辦法就是把有如常識般的概念完全拋掉，接受光既是波也是粒子的想法。

到 1920 年代，「波粒二象性」（wave-particle duality）已被普遍接受，這讓老派物理學家滿肚子火。更糟的還在後頭。

箱子裡的貓

在 1920 年代，大家普遍透過量子力學的哥本哈根詮釋逐漸接受量子世界的怪現象，但並非每個人都對哥本哈根詮釋的含義感到自在。薛丁格用了一個很著名、卻會引發許多誤解的想像實驗，來提醒人們注意其荒謬之處。想像有一隻貓被關在箱子裡，箱子裡放了一瓶毒氣，瓶子破掉的機率是 50%。根據量子力學，在箱子打開之前兩種結果發生的機率一樣大，也就是說，在有人偷偷打開來看之前，那隻貓同時處於死、活兩種狀態。

1927 年，德國理論物理學家海森堡（Werner Heisenberg）領悟到，波粒二象性的結論根本上限制了我們對世界的認識。舉例來說，如果把粒子的位置測量得越精確，我們就越不能掌握這個粒子的動量。在量子世界，粒子並不像撞球；這些粒子不具有位置何動量這兩種分離的性質，只有這兩者無法分開的混合體。

海森堡的不確定原理（uncertainty principle）現在仍是量子理論中最違反直覺的預測之一，而隨著這些想法繼續發展，也與日常世界越發脫節。

荒謬劇

很多人比較能接受海森堡的奧地利對手薛丁格（Erwin Schrödinger）的研究。薛丁格同意，我們不可能把粒子描述成待在空間中的固定一點，最多只能給粒子可能會出現的所有位置一組機率。按這種邏輯，只有在某個人想花力氣看一個粒子時，它才會在特定的位置安頓下來。

各種狀態疊加在一起的情形只有在進行觀測時才會崩陷（collapse）的這個概念，後來成為「量子力學哥本哈根詮釋」（Copenhagen Interpretation）最重要的信條，此詮釋是由海森堡和波耳提出來的。這個概念還引出另一個很重要、但怪異無比的概念——纏結（entanglement），也就是兩個相隔遙遠的粒子的疊加狀態。

這麼荒謬的結論讓量子的開路先鋒焦慮不已，正如波耳本人所說的：「與量子理論初次相遇卻未被嚇到的人，可能還不了解量子理論。」

然而這些概念終究得到證實，新一代的實驗甚至驗證了那些最令人難以想像的預測。不過，我們的理解雖然提升得很快，困惑的程度卻沒減多少。確實有洞沒錯，但可能永遠也填不滿。

進入兔子洞

20 世紀初的量子力學開路先鋒們重寫了現實世界的規則，但他們當中沒有
人真正接受他們所發現的怪事。

1900 年

普朗克

因提出能量只能以某些大小（稱為量子）存在，而偶然開啟一場革命。但他並非真正相信這件事：這只是為了解釋一些撲朔迷離實驗結果的數學花招。

「其實我沒有想太多。」

1905 年

愛因斯坦

把普朗克的理念成功應用到光上面，量子理論開始成形。但愛因斯坦從未真正把這視為事實。

「量子力學的確令人印象深刻，但內心的聲音告訴我這還不是事實。」

1918 年諾貝爾
物理學獎

1921 年諾貝爾
物理學獎

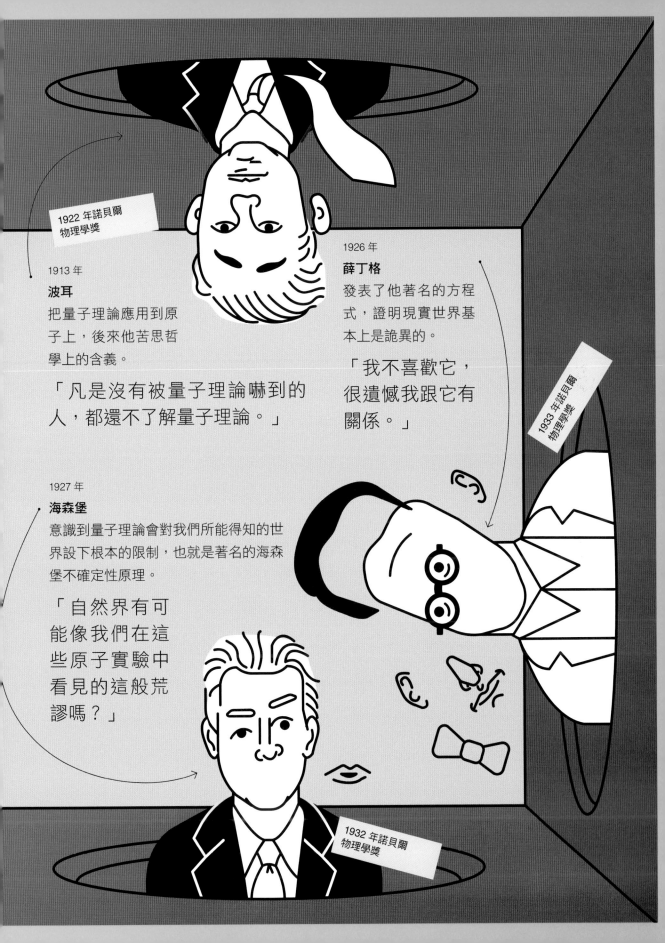

1913 年
波耳
把量子理論應用到原子上，後來他苦思哲學上的含義。

「凡是沒有被量子理論嚇到的人，都還不了解量子理論。」

1922 年諾貝爾物理學獎

1926 年
薛丁格
發表了他著名的方程式，證明現實世界基本上是詭異的。

「我不喜歡它，很遺憾我跟它有關係。」

1933 年諾貝爾物理學獎

1927 年
海森堡
意識到量子理論會對我們所能得知的世界設下根本的限制，也就是著名的海森堡不確定性原理。

「自然界有可能像我們在這些原子實驗中看見的這般荒謬嗎？」

1932 年諾貝爾物理學獎

Chapter 6

Inventions
發明

為什麼發明輪子
要花這麼久的時間？

烏魯克（Uruk），5,500 年前。這座蘇美城市一片榮華景象，是世上所見最龐大富裕的人類聚落。此城還格外都市化，有成千上萬的居民、大型建築、城牆、市集和住宅區。

我們從烏魯克城的遺跡可以知道這麼多。但明顯少了現代城市的必要特徵之一：輪子。

很難想像一座正常運作的現代城市沒有用來送貨載人的私家車、計程車、公共汽車、貨車、腳踏車和三輪摩托車，然而烏魯克似乎不像是裝有輪子的城市。僅有的證據是少數幾幅蝕刻在年代不明的泥板上、看起來隱約像是四輪車的版畫。相較之下，倒是有很多看上去像雪橇的象形文字，暗示烏魯克城的交通工具是設計成在地面上拖行前進。

如果輪子在蘇美真的很罕見甚至沒有的話，那就令人有點想不透了。這項技術顯而易見、簡單易制、又十分有用，而且發明的時機也已臻於成熟。製陶器用的陶輪在這個時候已是悠久的技術，烏魯克城的街道很平坦，得以拉著橇四處跑，也應該很適合輪子。可拉車的驢、牛等牲口已被馴化，複雜的貿易網絡也在該地區形成。金屬加工正開始普及。看在老天爺的份上，這不是石器時代了！

也許我們只是尚未發現烏魯克城的車輛遺跡。早期交通工具可能是用木頭和繩子製成的，所以無法完好保存在考古紀錄中。然而，蘇美最早清楚描繪出的有輪車輛，年代可追溯到一千年後，有個帶著裝飾的木箱上繪有驢子拉著的四輪車。結論很清楚：讓烏魯克的世界運轉的方式不管是什麼，都不會是輪子。

更奇怪的是，當見多識廣的蘇美人似乎正在努力發明應該早就知道的東西，文化相對落後的地區的人們卻在四處旅行。考古學家在位於德國弗林貝克（Flintbek）、距今 5,500 年的墓穴地下，發現兩條互相平行的波浪狀車轍，想必是輪子會搖晃的車子留下來的痕跡。這個位於歐洲的漏斗頸陶（Funnel beaker）文化，製作出來的陶罐上有看起來很像四輪車的圖案裝飾。

最早的輪子實物遺跡同樣來自落後的歐洲。2002 年，在現今斯洛維尼亞的一片沼澤地發現的盧布里雅那沼澤輪（Ljubljana Marshes wheel），是個木頭輪軸組合體，大約有 5,150 年的歷史；但我們不清楚它附在什麼東西上，有可能是手推車。再往東走，在現今烏克蘭境內的草原上，一些距今 5,000 年的墓穴裡發現了輪子和完整的車子。

關於革命

我們不知道歐洲古老的製車技術是從別處傳過來的，還是自行發明出來的，但有證據顯示歐洲在很早以前就發展出輪子了。語言就像骨頭和 DNA 一樣保存著遠古的痕跡，如同生物學家只要觀察共同的基因與身體特徵，就能重建兩個物種的共祖，語言學家也可以用同樣的方法重建已消失的語言。比如說，「名字」的英文字 name 源自拉丁字 nomen，而 nomen 也衍生出法文中的 nom 和西班牙語中的 nombre。

如果把現代歐洲語言的族譜整理出來，就可以看到其中大部分的語言及一些非歐系語言有共同的源頭：一種現在已經消失的語言，叫做原始

為什麼動物沒有輪子？

演化已經替移動問題想出各種優雅的解決之道：鳥類靠飛行，烏賊有噴射推進，壁虎攀附在牆上，而跳蚤有裝上彈簧般的腿。然而還沒有哪種動物演化出輪子。為什麼沒有呢？原因是，演化是漸進式的，並沒有先見之明：它只會想出此時此刻有用的設計。邁向飛行或噴射推進的每一小步都比以往更好。但在成功做出輪子之前，並沒有本身已經很有用的漸進步驟，更不用說根本沒有辦法打造出一個既能自由轉動，同時還能保有血管和神經的附肢。

印歐語（Proto-Indo-European）。這種語言可能發源於西亞，新來的移民將其帶到歐洲。

語言學家重建出來的原始字彙中，包含了五個跟輪子有關的字詞，其中兩個的字義是「輪子」，有一個的意思是「軸」，還有一個是指用來把牲口套在車子上的杆子，最後一個是動詞，形容靠車輛運輸的動作。會用這麼多字詞談論輪子，就意味著它是語言使用者日常生活的重要組成部分。

原始印歐語的年代大約是在 5,500 年前，這也暗示，在製作出盧布里雅那沼澤輪的年代，輪子製作已經是老技術了。更有意思的是，打造出烏克蘭墓穴中那些車子的顏那亞人（Yamnaya），也是使用原始印歐語系。

基因證據顯示，大約在 4,500 年前，顏那亞人往西擴展到中歐，還繼續建立歐陸幾個主要的新石器時代晚期文化和紅銅時代文化，包括分布很廣的繩紋器文化（Corded Ware culture，因其獨特的陶器得名）──分布範圍從北海延伸到俄羅斯中部。

上車

顏那亞人是畜牛的牧民，在距今大約 5,500 年以前，他們的聚落都還一直緊鄰著家鄉的河谷──這是方便他們取得人畜用水的唯一地方。但他們能夠到達歐洲，就說明已經精通製車技術。有了車子，才可以把水和糧食帶到任何想去的地方，考古紀錄也顯示他們開始占據大片的領土。

輪子迅速傳播開來，到 4,500 年前左右，輕巧的二輪車初次亮相，很快就被用來作戰。輪子還啟發了更多發明，譬如水車、嵌齒輪及紡車。雖然發明花了些時間，但輪子一旦出現，技術文明便一路順暢了。

有了輪子就能旅行

可是能走多遠?以下是對歷史上各種突破性的輪式交通工具進行一小時試跑的結果。

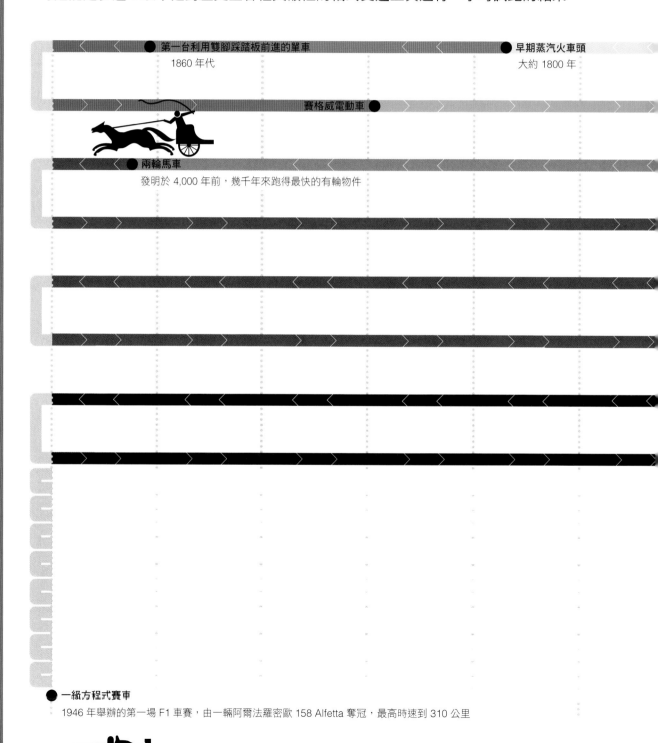

● 第一台利用雙腳踩踏板前進的單車
1860 年代

● 早期蒸汽火車頭
大約 1800 年

賽格威電動車 ●

● 兩輪馬車
發明於 4,000 年前,幾千年來跑得最快的有輪物件

● 一級方程式賽車
1946 年舉辦的第一場 F1 車賽,由一輛阿爾法羅密歐 158 Alfetta 奪冠,最高時速到 310 公里

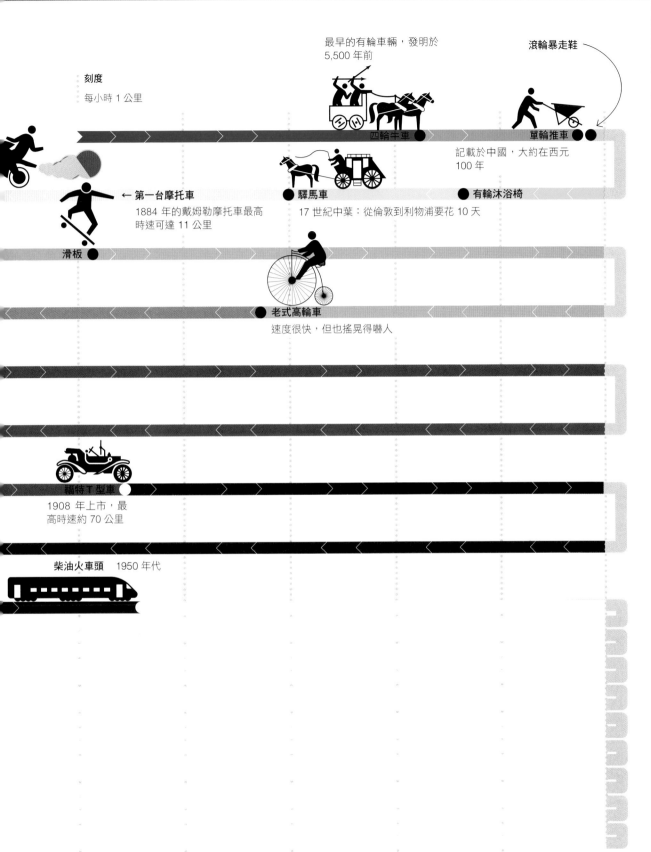

最早的有輪車輛，發明於 5,500 年前

滾輪暴走鞋

刻度

每小時 1 公里

四輪牛車

單輪推車

記載於中國，大約在西元 100 年

← 第一台摩托車

1884 年的戴姆勒摩托車最高時速可達 11 公里

驛馬車

有輪沐浴椅

17 世紀中葉：從倫敦到利物浦要花 10 天

滑板

老式高輪車

速度很快，但也搖晃得嚇人

福特 T 型車

1908 年上市，最高時速約 70 公里

柴油火車頭　1950 年代

我們是從什麼時候開始
透過無線電傳話的？

1895 年 12 月，義大利龐蒂奇歐（Pontecchio）有位年輕的貴族在清晨時分搖醒母親，向她展示自己的新作。馬可尼（Guglielmo Marconi）在波隆納近郊自家別墅的閣樓祕密製造了一個裝置，他利用這個裝置發送出摩斯電碼訊息，而房間另一頭的電鈴接收到訊息，就跟著發出鈴聲。無線電聯繫成功了。

對於熟悉電視、手機與 Wi-Fi 的現代人來說，這一成就看起來也許不怎麼樣，不過馬可尼發明出的機器，能透過無線電波而非電纜來發送出訊號，可說是 20 世紀最具影響力的重大技術進展之一。此影響力甚至大到很多發明家都想將功勞據為己有──而且往往不無道理。

收到，明白

馬可尼的成功關鍵在於結合了兩個既有發明，再創造出一個新的發明。第一個是發射機，基於德國物理學家赫茲（Heinrich Hertz）用來驗證有可能產生出電磁波的實驗室儀器。另一個是檢波器，這是法國物理學家布朗利（Édouard Branly）發明的接收器，用來檢測周圍的電磁波，譬如閃電發出的電磁波。

完成閣樓實驗之後，馬可尼變得更積極，不久就在戶外發送長距離的訊號。他在 1896 年移居倫敦，並為自己的發明申請專利；一年後創立了無線電報通訊公司（Wireless Telegraph & Signal Company），建立起最早的國際無線電連線，也為商業無線電廣播打下基礎。1909 年，他和另外一位發明家共同獲頒諾貝爾獎，表彰他「對無線電報發展的貢獻」。

一般認為馬可尼是無線電的發明人，但他其實只是乘著創新之勢而起，最後因此贏得讚譽。他既非第一個領悟出無線電傳輸有可能做到的工程師，也不是從事此研究的唯一一位。若時運稍有一些轉折，歷史書上就會是不同的故事。

德國物理學家布勞恩（Karl Ferdinand Braun）理應受到更多讚揚，他和馬可尼共享諾貝爾獎，儘管兩人並沒有一起工作過。馬可尼仰賴的許多技術，是布勞恩早先發明出來的，馬可尼本人也承認「借用」了一些布勞恩的構想。

另外一位不可小看的對手是天才型的特斯拉（Nikola Tesla）。特斯拉 1893 年在費城的富蘭克林研究所做了一場受到廣泛報導的演講，描述了理論上要如何製造無線電發報機和接收器，這比馬可尼的閣樓示範早了兩年。但當時特斯拉沒

直播中？

企業家很快就意識到，馬可尼的無線電報發明有潛力發展成具大眾市場的技術。舉世第一個商業廣播電台──設於美國賓州東匹茲堡的 KDKA 電台，在 1920 年 11 月 2 日開播。它播出當天的總統大選結果，並在稍後請求聽眾回饋意見：「如有哪位聽到這個廣播並與我們聯繫，我們將非常感激，因為我們非常希望知道這個廣播傳送得多遠，以及接收情況如何。」

西門子 D-Zug，這是在 1924 年推出的早期商業廣播接收器

有任何設備，他說這是「電機工程有朝一日必須要解決的重要問題」。特斯拉嘗試自己解決，最後在 1897 年取得專利，但馬可尼已搶先一步。

有一位貨真價實的天才緊盯著你是一回事，如果有兩位，那又是另一回事了。幾乎就在馬可尼在閣樓上修修改改的同時，才華橫溢的紐西蘭人拉塞福（Ernest Rutherford）正在基督城的坎特柏立學院奮力精進。但馬可尼很幸運：拉塞福在 1895 年前往劍橋繼續自己的研究，但他的實驗室忽然決定集中精力研究剛發現的 X 射線，致使無線電波研究受到阻礙。

超越同時代的人

特斯拉與拉塞福因為別的緣由在歷史上留名，但馬可尼的其他對手大多已被人遺忘了。英國物理學家洛吉（Oliver Lodge）就是其中一位，他聲稱自己比馬可尼早一步的說法大概是可信度最高的。1894 年 8 月，洛吉利用無線電把某個摩斯電碼從牛津大學的克雷倫登實驗室（Clarendon Laboratory），傳送到大約 60 公尺外的牛津博物館，他所用的硬體跟馬可尼「發明」的裝置非常類似，不過馬可尼否認知情。

洛吉很可能因自謙而受累：他稱自己的成果為「一種形式非常稚拙的無線電報術」，直到 1897 年才打算申請專利，但馬可尼已握有這項智慧財產了。

最激烈的無線電報發明者之爭，發生在馬可尼去世之後八年。1945 年 5 月 7 日，一群傑出的聽眾齊聚在莫斯科的波修瓦劇院聽講，此後 5 月 7 日這一天就訂為「無線電日」，紀念海軍工程學院（Naval Engineering College，靠近聖彼得堡）的俄羅斯物理學家波波夫（Aleksandr Popov）。這群聽眾被告知，波波夫早在 50 年前一場俄羅斯物理化學學會的會議上，就成功示範了史上首次無線電傳輸。

政治宣傳機器

根據 1925 年《無線電世界》（Wireless World）期刊上蘇聯科學家加貝爾（Victor Gabel）對此事件的描述，波波夫以無線電發送「Heinrich Hertz（海因里希・赫茲）」這個名字的摩斯電碼。這次傳輸比馬可尼取得專利的時間還要早，也讓波波夫成為正式的無線電發明人。

前提是確有此事。加貝爾是唯一提到這場會議的人；期刊總編輯對此持懷疑態度，但還是刊登了。波波夫本人從未聲稱自己比馬可尼早發明，甚至也沒有把他當成對手。兩人在 1902 年相識，還建立了堅定的友誼。

不過，蘇維埃政府的虛張聲勢倒是大大彌補了波波夫的謙讓——可能是受到馬可尼加入義大利法西斯政黨的刺激。1925 年，《無線電世界》的那篇文章一登出來，蘇聯的宣傳機器就開始運轉。當時蘇聯科技遠遠落後西方，史達林想盡辦法隱瞞真相。不但宣揚波波夫發明了無線電報，甚至還說電視和飛機也是俄羅斯科學家發明的。這種政治宣傳奏效了：有一本 1963 年出版的教科書上根本沒提到馬可尼。

無論功勞該歸給誰，無線電報的發明可說是創造了現代世界。1928 年電視廣播開始播送，雷達幫助英國贏得第二次世界大戰，而現今生活中最具代表性的智慧型手機技術，也始於雙向無線電。

向眾星播送

從地球發出的無線電訊號正以光速向外行進。
即使是 2004 年才播出的節目，也已經傳到了
可能適合生命居住的行星上。

你在這裡

地球

光年 10

光年 20

光年 30

10 光年

20 光年

30 光年

4226 海隊星

卡普坦 b 星

鯨魚座 τ 星

葛利斯 832c

葛利斯 1061c

葛利斯 682c

葛利斯 667Cc, e & f

葛利斯 180c & b

HD 40307g

「這是一則突發新聞，一則沉重的報導。剛才有架飛機撞上世貿中心⋯⋯」

「這是《銀河便車指南》的故事，這本指南可能是偉大的小熊座出版集團

「來自德州達拉斯的新聞快報。總統甘迺迪的車隊今天遭三發

「據國家元首總部報導，我們的元首希特勒與布爾什維

所發行過最出色、也絕對是最暢銷的」

50 光年

60 光年

子彈擊中，總統正在德州進行為期兩天的演講行程。稍後我們會……」

70 光年

克主義戰鬥到最後一口氣，今天下午在帝國總理府的作戰指揮總部為國捐軀。」

80 光年

「儘管看起來難以置信，但今晚在紐澤西登陸的奇怪的生物是火星侵略大軍的先鋒部隊。」

90 光年

史上第一個商業廣播

100 光年

「……如有哪位聽到這個廣播並與我們聯繫，我們將非常感激，因為我們非常希望知道這個廣播傳送得多遠……」

K-2-18b

110 光年

馬可尼從英國康瓦耳耳發送出字母 S
的摩斯電碼傳到加拿大紐芬蘭島
的訊號：滴—滴—滴……

第一個飛行的人是誰？

假若你碰巧途經英國薩默塞特郡的小鎮查德（Chard），可能會很驚訝竟會看見歡迎你來到「動力飛行發源地」的牌子。如果你真的不敢相信自己的眼睛，那就去鎮中心。你會在街上看到一尊銅像，紀念世界上第一架飛機。

每個城鎮都需要一個可打響名聲的名目，但這個美名不是屬於美國北卡羅萊納州小鷹鎮（Kitty Hawk）嗎？當年萊特兄弟終於實現人類長久以來飛翔之夢的地方？

可以說是，也可以說不是。小鷹鎮在航空史上絕對占有一席之地，但查德鎮也是。1848 年 6 月，發明家史特林費羅（John Stringfellow）完成了不可能的任務，他的蒸汽動力飛機在查德鎮中心飛越了一座廢棄蕾絲廠。

史特林費羅差一點就能千古留名，就只差了一件事：他自己沒有飛。他的飛機就是我們所說的無人機。一直要等到 1903 年，奧維爾·萊特（Orville Wright）在小鷹鎮試飛了 12 秒、飛越 37 公尺，人類才終於像鳥類一樣，實現了重於空氣的動力飛行。

飛行史充滿了功虧一簣和幾乎被遺忘的先驅，但當萊特兄弟迅速獲得認可，先前這些嘗試就全都成了他們最後得以成功的奠基者。其中最具影響力的，是英國科學家凱萊（George Cayley），他大概可算是以比同時代的史特林費羅更勝一籌，比萊特兄弟整整早 50 年就做到動力人類飛行——要是當時的引擎技術能夠勝任此工作的話。

凱萊年輕時，科學家和一般大眾都不相信人類能像鳥一樣飛翔，甚至認為嘗試去做這件事很蠢，但凱萊沒有因此洩氣，即使同時代的人都覺得他瘋了。他在 1799 年發表了一幅飛機設計圖，並首次描述成功飛翔的空氣動力。他的專著《空中航行》（*Aerial Navigation*，共分三部）

我們飄走了！

人類一直很渴望飛行，這個夢想在 1783 年 10 月終於成真。我們並非百分之百確定誰先做到的——如果不是蒙哥菲爾（Jacques-Étienne Montgolfier），那麼就是他的合作者德侯齊爾（Pilâtre de Rozier）。但無論是哪一位，都是在巴黎附近爬進熱氣球的籃子裡，然後升到空中。

這是一項轟動的成就，但也有些掃興。的確，人類一直想要飛行——可是要像鳥一樣飛翔。坐在熱氣球（一種沒有引擎的輕於空氣的飛行器）裡飄蕩其實不算。一個月後，德侯齊爾完成了首次無繫繩的氣球飛行，在巴黎上空緩緩飄了 25 分鐘。1785 年，他又成就了航空史上另一項第一：當時他的氣球爆炸，在加萊（Calais）附近上空摔下來，成為死於空難的第一個人。

分別在 1809 及 1810 年出版，但都遭到質疑。

　　凱萊倒是不在意，他已完成一系列實驗來支持自己的計算結果，也確信自己解決了動力飛行問題。凱萊打造出一個比一個複雜的飛行器，最後做出一架原物尺寸的滑翔機，他的孫子在 1853 年駕著它飛越約克夏郡史卡博羅（Scarborough）附近的淺谷。

像鳥一般飛翔

　　這架滑翔機有固定的機翼和一個簡陋的尾翼，機尾還加了個方向舵。凱萊意識到，尾巴是鳥類飛行能力的關鍵，因此對飛行器來說也應該是不可缺少的東西。它欠缺的就是引擎──他已嘗試多年想要做出一個引擎，但都沒成功。樂觀的凱萊於是選擇了滑翔機。

　　萊特兄弟還提到另外兩位先驅對他們的重要影響。其中一位是德國人李林塔爾（Otto Lilienthal），他所設計的滑翔機的機翼像鳥的翅膀一樣，頂部表面有很大的弧度。這些機翼能產生出的升力，是其他試驗者作夢也想不到的。李林塔爾從各種起飛地點試了無數次滑翔飛行，包括柏林郊外他家附近一座特別打造的 15 公尺山坡。然而這些試驗卻讓他賠上了性命，在 1896 年的一次試飛時失速墜落，摔斷脖子而喪生。

　　另一位是美國天文學家蘭里（Samuel Langley）。他在 1896 年做出一架由小型蒸汽機驅動的模型飛機，它在耗盡燃料前飛了超過一公里。但由於原物尺寸的蒸汽機實在太重了，所以蘭里從未做出大到能夠容納一名真人飛行員的飛機。等到汽車技術發展起來，改用汽油燃料的內燃機，才為未來的飛行員解決了這個難題。

　　到 1903 年 10 月，蘭里已經放棄蒸汽機，試圖在華盛頓特區波多馬克河上一艘船屋的屋頂上發動一架汽油動力飛機。幾次試飛都失敗，主因是他疏忽了起飛後就必須操縱飛機。不久之後，萊特兄弟的汽油引擎飛機升空了。與蘭里不同的是，萊特兄弟認真研究過操縱，從他人、當然還有鳥類的經驗中學習。

　　萊特兄弟最聰明的貢獻之一在於設計出一種控制飛機滾轉的方法──滾轉是指飛機繞著頭尾貫穿機身的軸所做的翻轉。萊特兄弟設計的機翼，是讓飛行員操控機翼的彎曲弧度，瞬間增加飛機其中一側的升力，而不像李林塔爾在他那架有致命缺陷的滑翔機上的做法，靠飛行員左右移動身體的重心。

送我上月球

　　這可說是很重要的一步，因為要能操縱飛機又不失去升力，一直是很大的難題。此外，萊特飛行器有個活動式的前置翼，稱為升降舵，用來控制俯仰，即機頭的上下運動，機尾還有一個方向舵可控制偏航。這些要件綜合起來，就讓萊特兄弟的飛機能夠控制三個維度上的運動，這是那些先驅們未曾好好考慮到的關鍵因素。

　　奧維爾‧萊特的短暫飛行至今仍然是技術史上最偉大的成就之一，而在短短 66 年後，NASA 就讓人類登上月球，同時經常有旅客搭飛機飛到世界的另一頭。現在坐飛機已是家常便飯，十分耗時又無趣，令人很容易忘記我們的祖先多麼渴望飛行，對他們來說，坐在廉價航空的經濟艙裡簡直就是奇蹟。

● 墨爾本 從倫敦出發要花 840 小時

縮小的世界

一百年前，搭船或坐火車到達目的地要花幾天甚至幾
個月的時間，現在坐飛機幾個小時就到得了。

布拉番郵公司

● 橫濱 480
1890 年代晚期，橫濱與倫
敦之間將近 10,000 公里的
郵件往返路程靠船運和火車
只需 20 天

● 里約熱內盧 672

●
布宜諾斯艾利斯 840

皇家郵政路線

1896 年開通北方快車
（Nord Express），
以鐵路連接巴黎與聖
彼得堡

聖彼得堡
48

特內里費島（西班牙）120 ●

開普敦 432 ●

里斯本 96 ●

巴黎 8 ●
倫敦 ●

900 800 700 600 500 400 300 200 100

（約 40 天）

塞德港 312

直布羅陀 120 ●

孟買 432

塞德港位於蘇伊士運
河 的 北 入 口 處，
1869 年運河通航
後，通往亞洲的路程
縮短約 7,000 公里

馬爾他 216 ●

紐約 120 ●

舊金山 216
蒸汽火車從紐約到舊
金山只需 83 小時。
在有鐵路前，這趟路
程要花六週，得坐船
繞過南美洲最南端的
合恩角。1914 年巴
拿馬運河通航後，船
運時間就大幅縮短了

聖托馬斯島（維京群島）
336

新加坡 624 ●

紐西蘭船運公司航線

● 威靈頓 984

大英輪船公司航線

● 香港 1056

1900 年
從倫敦出發的一個月旅程

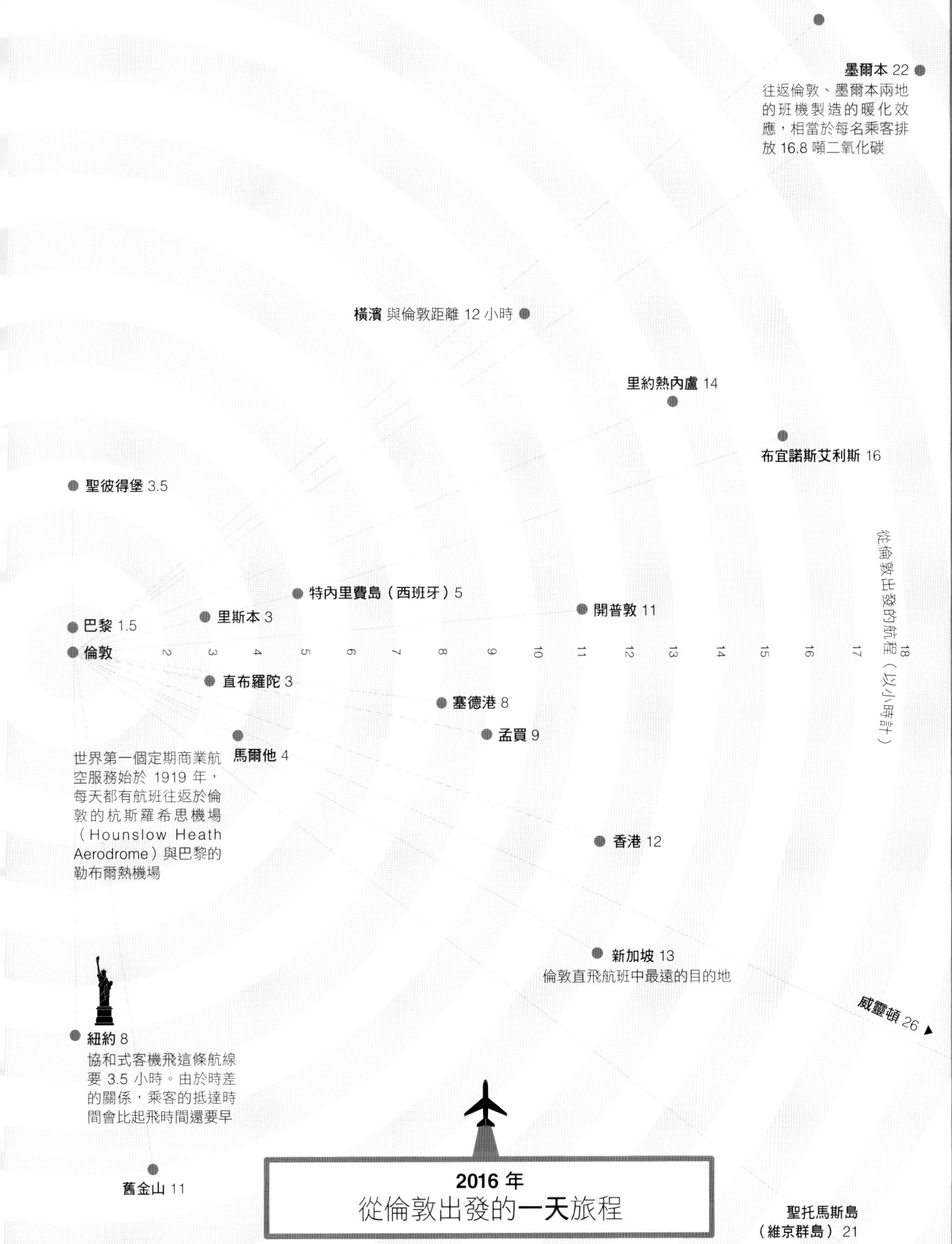

墨爾本 22
往返倫敦、墨爾本兩地的班機製造的暖化效應，相當於每名乘客排放 16.8 噸二氧化碳

橫濱 與倫敦距離 12 小時

里約熱內盧 14

布宜諾斯艾利斯 16

聖彼得堡 3.5

從倫敦出發的航程（以小時計）

特內里費島（西班牙）5

里斯本 3   **開普敦 11**

巴黎 1.5

倫敦 2 3 4 5 6 7 8 9 10 11 12 13 14 15 16 17 18

直布羅陀 3

塞德港 8

馬爾他 4   **孟買 9**

世界第一個定期商業航空服務始於 1919 年，每天都有航班往返於倫敦的杭斯羅希思機場（Hounslow Heath Aerodrome）與巴黎的勒布爾熱機場

香港 12

新加坡 13
倫敦直飛航班中最遠的目的地

威靈頓 26 ▲

紐約 8
協和式客機飛這條航線要 3.5 小時。由於時差的關係，乘客的抵達時間會比起飛時間還要早

2016 年
從倫敦出發的一天旅程

舊金山 11

聖托馬斯島（維京群島）21

為什麼鍵盤字母的排列是 QWERTY？

技術經常替英語創造出新字：television（電視）、hoover（真空吸塵器）、iPod 就是其中幾個例子。但沒有任何一個字的由來會像 QWERTY 這個字。

電腦鍵盤是世界上最普及的技術之一，每天有數十億人在使用，所以我們很少留意。但在尋常和熟悉的背後，這些鍵盤也有非常奇怪之處。為什麼字母會這樣排列？

世人對 QWERTY 鍵盤的愛恨情仇始於 1866 年美國密爾瓦基的小工作間裡。有位名叫舒爾斯（Christopher Latham Sholes）的出版商在那裡動腦筋，想發明一個讓他賺錢的東西：一台自動為書本編頁碼的機器。

舒爾斯的發明家友人葛利登（Carlos Glidden）加入他的行列。1867 年 7 月，舒爾斯碰巧讀到《科學美國人》雜誌上一則關於「打字機器」的簡短介紹，這似乎給了他們靈感，決定改做「一台可供人……用比手寫快一倍的速度來印出想法的機器」。

是鋼琴還是打字機？

一年後，他們擁有了三項專利權。不過，你很難看出他們的成品是打字機。它看上去更像是鋼琴，上面有象牙鍵和黑檀木鍵，每個字母都有一個鍵。

這台機器很容易卡住，打字行也常偏離，但舒爾斯用它寫信給潛在的投資人。其中一位是鄧斯摩爾（James Densmore），還沒親眼見到機器就立刻買下四分之一的專利權股份。當他前往密爾瓦基實際考察時卻感到失望，直說這東西「沒用」。話雖如此，鄧斯摩爾對整體的概念仍

然有信心，鼓勵舒爾斯繼續。

接下來發生的事有點隱晦不明。舒爾斯在 1872 年提出另一項專利申請，表明鋼琴鍵盤改為成排的圓鍵，但沒有指定字母的位置。

然後，QWERTY 鍵盤像是突然間就出現了。1872 年 8 月，《科學美國人》刊出一篇讚揚「舒爾斯的打字機」的文章，配了一幅版畫，畫中的機器有四排的鍵盤，第二排的頭幾個鍵是 QWE.TY。

QWERTY 被湊在一起

鄧斯摩爾向雷明頓公司（E. Remington & Sons）的工程師示範這台打字機，雷明頓是位於紐約的槍枝製造商，並已跨足家電產品。雷明頓簽署了製造打字機的合約，後來生產出鍵盤稍有不同的雛型，鍵盤配置是：QWERTUIOPY。

舒爾斯顯然不滿意，要求他們把 Y 放回 T 和 U 之間。雷明頓同意了，QWERTY 首次湊在一起。雷明頓在 1874 年推出一號打字機，很快就成為全世界第一台熱賣的打字機。

到 1890 年，在美國使用的 QWERTY 鍵盤超過了 10 萬個。QWERTY 鍵盤顯然是從 1870 年代的初始設計逐步演變出來的。但這種配置方式又是從何而來？

最常見的解釋是，這種配置是為了「讓打字員慢下來」，以防機械零件卡住。早期的設計的確容易卡住，若把經常成對出現的字母隔開，按理說可以解決問題。

但此說法並非為真。E 和 R 是英文裡第二常見的字母對，卻排在一起，而最常一起出現的 T 和 H 也是近鄰。在 1949 年做的一項統計分析，

西方速度最快的打字員

　　打字機的發明家努力做出「一台可供人……用比手寫快一倍的速度來印出想法的機器」。從這個判斷標準來看，他們成功了：手寫的速度很少超過每分鐘 30 字，就連差強人意的打字員都可以比這還快。但從另一個標準來看，他們失敗了：即使是速度最快的打字員，也快不過速記。

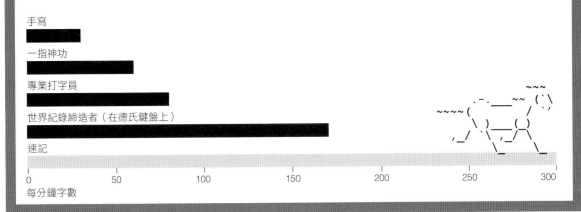

發現 QWERTY 鍵盤上的常見字母對，其實比隨機安排的鍵盤還要多。

　　另一個都市傳說是，這種鍵盤排列方式讓推銷員可以用第一排的鍵，迅速打出「TYPE WRITER QUOTE」這行字，給顧客留下深刻印象。這主意不錯，而且看起來這些字母確實不太可能像是碰巧排在一起，但這個說法並沒有歷史證據。

　　或許比較有說服力、但也較為平淡無奇的理由則是，這種鍵盤就只是原先鋼琴式鍵盤的一種半隨機重排。

　　我們可能永遠不會知道實情。舒爾斯敲定鍵盤一百年後，英國拉夫堡大學（Loughborough University）的歷史學家諾伊斯（Jan Noyes）發表了一篇冗長的分析，結論是：「看起來……QWERTY 鍵盤上的字母配置似乎沒有顯而易見的理由。」

最糟糕的設計

　　有件事倒是很清楚：它的設計並沒有考慮到打字時不看鍵盤的人。正如諾伊斯所說：「原先的 QWERTY 鍵盤是為了單指找鍵打字法而設計的，並非盲打。」盲打是後來的發明。

　　這也許能解釋 QWERTY 鍵盤在操作上眾所

周知的缺點。1930 年代，打字員和打字越變越普遍，研究人員也開始質疑它的實用性。教育心理學家德弗乍克（August Dvorak，作曲家德弗乍克的遠房堂兄弟）批評最為激烈，他找了一群工程師測試 250 種鍵盤，最後得到的結論是，QWERTY 鍵盤設計是最糟糕的配置之一。

　　他其實別有居心。德弗乍克在 1936 年為另外一種選擇，德氏簡化鍵盤（Dvorak Simplified Keyboard）申請到專利。他聲稱這種鍵盤更好上手，使用起來更快，比較不會造成手部拉傷。但它並沒有賣起來。事實上，自從 QWERTY 鍵盤成為通用標準以來，已擊敗無數競爭對手。這種鍵盤從機械打字機無縫轉移到電腦上，現在又轉移到觸控螢幕上，凡是以拉丁字母為標準的地方，都看得到它。

　　雖然名聲不佳，但它也沒那麼糟糕：1975年所做的研究發現，熟練的打字員可以達到理論最快速度的 90%以上。

　　QWERTY 鍵盤頑強持續存在的真正原因在於慣性：想想看設計、測試、製造一個替代品，接著還要重新訓練數十億人使用，這一切要花多少成本。只要還需要把字母鍵入機器，QWERTY 鍵盤就仍會繼續廣泛使用。

字母湯

QWERTY 鍵盤上令人迷惑不解的字母排列
方式，是多年試驗下的產物。

同年稍早核發了一個
新專利，是一個有三
排鍵的鍵盤，不過
沒有指定哪個鍵是哪
個字母。

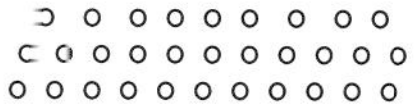

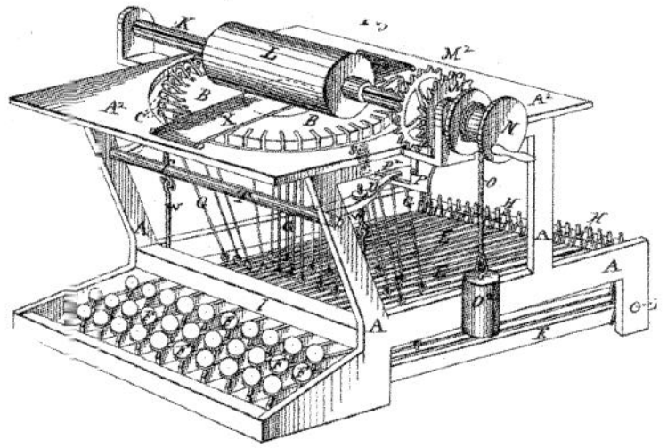

1868 年
鋼琴式鍵盤

以字母表順序排列的鋼琴式鍵盤，字母與數字鍵共兩排

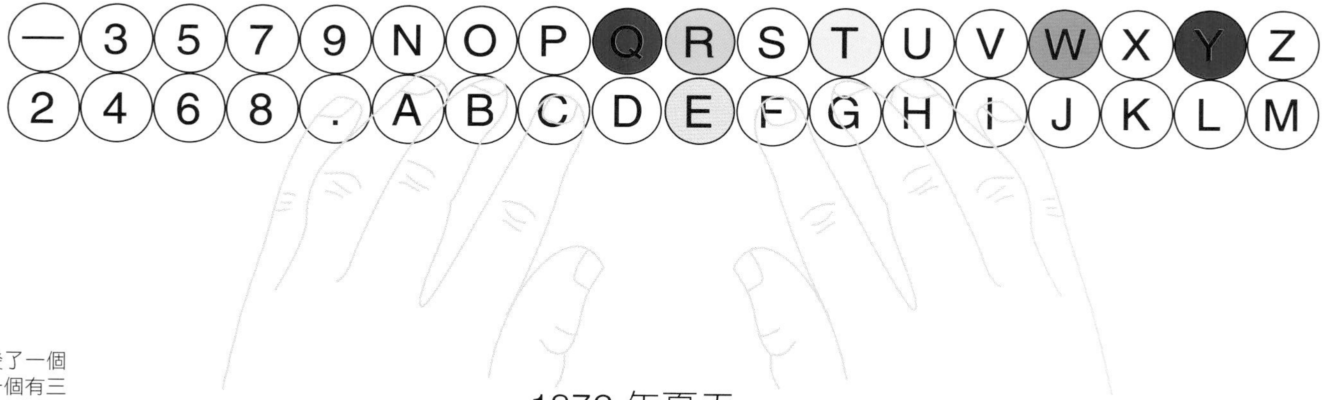

發明家舒爾斯所獲得第
一批「打字機器」專
利權。

| 一 | 3 | 5 | 7 | 9 | N | O | P | Q | R | S | T | U | V | W | X | Y | Z |
| 2 | 4 | 6 | 8 | . | A | B | C | D | E | F | G | H | I | J | K | L | M |

1872 年夏天
四排好，兩排糟

《科學美國人》有篇文章展示了一種新的鍵盤排法，
是 QWERTY 鍵盤的最早雛形

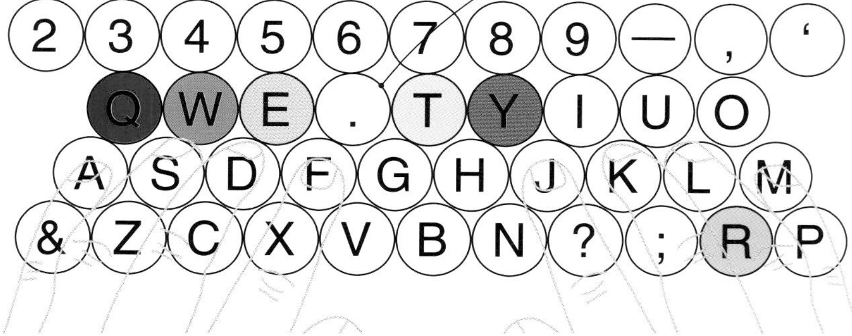

有個都市傳說是，
字母鍵之所以這樣
排列，是為了隔開
經常出現的字
母，以防機械卡
住。最常出現的字
母對是 TH。

2	3	4	5	6	7	8	9	—	.	,	'
Q	W	E	.	T	Y	I	U	O			
A	S	D	F	G	H	J	K	L	M		
&	Z	X	V	B	N	?	;	:	R	P	

沒有人知道為什麼
舒爾斯最初會把句
號放在這裡。沒過
多久，句號就移到
右下角了。

雷明頓想把 Y 放在上排最右側，但舒爾斯堅持它必須留在 T 的隔壁。

1873 年
早期 QWERTY 鍵盤

雷明頓公司買下專利權，生產出一台原型機，幾乎就是現代鍵盤的最初模樣

只用上面這排字母鍵，僅能打出少數英文單字。typewriter（打字機）是其中之一，這似乎不太可能是巧合。

1878 年
成熟的 QWERTY 鍵盤

配置再次做了調整，原因顯然沒別的，就只是為了迴避舒爾斯的專利權

QWERTY 鍵盤是在盲打法出現之前發明的，現在普遍被視為最不適合快速盲打的設計之一。

我們如何利用電子學做數學運算？

如果你在 70 年前對某人說 computer 這個字，他不會想到放在桌上的機器，而是手拿紙筆坐在桌前的一個人。在那個時代，這個字指計算員，通常是女性，專門從事耗時費力的計算工作，以滿足這世界想把數字預先處理好的需求。

他們的辛苦成果是一冊冊的數學表，這在當時是不可或缺的工具。每當科學家、工程師、領航員、銀行業者或精算師需要做複雜的計算，就會翻開他們的數學表。

這些工具書大概是有史以來出版過最繁瑣的書籍，相較之下電話簿讀起來還比較有意思，但這對一位名叫巴貝奇（Charles Babbage）的數學家並沒造成困擾。他衣食無憂，參與許多科學事務，其中一件就是收集已出版的數學表，並且毫不留情地抓出當中的錯誤。

這些表雖然有用，但充滿了錯誤。和巴貝奇同時代的一個人，發現隨機挑選出的 40 冊數學表裡面就有 3,700 個已知錯誤。由於這些表對於正在迅速發展的工業革命實在很重要，巴貝奇為此大感憂心。

1821 年，巴貝奇有天晚上與朋友赫歇爾（John Herschel）一起抓錯，以此為樂。他們找出一大堆。巴貝奇後來寫道：「錯誤如此之多，我不禁喊著『我真希望這些計算當初是靠蒸汽來做』。」那一刻，巴貝奇腦子裡閃過一個念頭：他想打造一個自動的計算機器。

他很快就想出了他稱之為差分機（difference engine）的機器設計，這個機器可以自動執行計算人員所做的那些計算工作，但不會犯愚蠢的錯。

差分機的名稱源自它所根據的數學原理，也就是「有限差分」法。這個方法是在把長的方程式縮短，用來解帶有兩個或多個未知數的數學式，如 $x = y^2 + yz - 1$。執行這個方法的時候，只需重複做加法就行了。

巴貝奇在 1837 年打造原型差分機時，就開始思考一種更多用途的計算機器。差分機只能做加法，但巴貝奇意識到，應該可以做出能夠執行加、減、乘、除的通用機器，而且還能讓操作員隨意編制運算順序。他稱之為分析機（Analytical Engine）。

有問必答

分析機往往被視為世界第一台電腦，這並非言過其實：它具有現代電腦的許多主要特點，包括中央處理器和記憶體。更重要的是，它可以計算任何一個理論上可計算的數學函數，若套用計算機科學的說法，它是「圖靈完備的」（Turing complete）。

如果巴貝奇真的打造出來的話，就能這麼說了。他後半生都花在設計上，但在 1871 年去世時，只完成了一部分。這也許並不奇怪：原物尺寸的分析機大小應該會有火車頭那麼大。

後來將這些想法化為現實的，是另一位高見遠視的數學家：圖靈（Alan Turing）。1936 年，當時 24 歲的圖靈寫了一篇論文，為現代計算奠定基礎。

他並沒打算、也沒興趣做出實際的機器，而只是在著手解決一個棘手但很少人懂的數學難題，稱為「判定性問題」，是希爾伯特（David Hilbert）在 1928 年提出來的。

希爾伯特想知道，是不是所有的數學命題

1871 年製作的巴貝奇機械計算機的局部。

（譬如 2 + 2 = 4）都可以解，或者是不是有些命題是「不可判定的」。對於像 2 + 2 = 4 這樣的命題，這很容易解決，但比較複雜的命題就棘手了。

若數學是可判定的，就能造出一部對任何數學命題都能明確回答「是」或「否」的機器，數學上所有的重要問題也都有辦法解決了。

為了回答這個問題，圖靈必須先構想出哪種機器有可能執行這樣的工作。他想像一部機器，可以讀取印在一條無限長的紙帶上的符號，這可算是有史以來最具影響力的想像實驗之一。讀取符號之後，機器就會根據一組事先寫入的規則，決定下一步要做什麼，而這組規則是這樣的：擦掉這個符號且／或寫個新的符號；把紙帶左或右移一格；或者終止。根據這組規則，這種「圖靈機」應該可以解數學問題。然而，由於每台機器都有固定的內部規則，所以無法用來測試希爾伯特所提的一般問題。

通用機器

接著圖靈靈光一閃：他意識到可以把內部規則定義在紙帶上。可以對這樣一個裝置進行編寫，來執行可想像到的任何一個圖靈機的指令——這是個可執行任何數學及邏輯運算的「通用的圖靈機」，換句話說就是一台計算機。

在這之後，就很容易找出哪些是、哪些不是「可計算的」，也解決了希爾伯特的問題。圖靈還證明，有些問題甚至連通用圖靈機都解決不了。

這並不完全是壞消息。不到五年，圖靈的理論裝置真的實現了；1941 年，第一台具有圖靈完備性的計算機 Z3 在柏林做出來了。德國政府不知為何沒能看出計算機的軍事潛力，不過英國並沒犯同樣的錯誤。圖靈在布萊切利莊園（Bletchley Park）繼續研發「巨像」（Colossus）計算機，它們在破解納粹密碼方面發揮了關鍵作用。

如今，計算機已不再是塞滿整個房間的龐然大物，但在從本質上來說，他們只是由巴貝奇與圖靈開創出來的概念的有形實現。

電腦也說不

自我指涉的停機問題（self-referential halting problem），是圖靈證明出永遠無法用電腦解決的數學問題之一，這個問題是在問：「這個程式會結束嗎？」沒有哪部電腦可以在並未實際執行程式的情況下預先說出結果。此外，即使運算了一兆年都沒有得出結論，它仍然不能打包票。根據這一結果，圖靈證明，沒有哪個程序可以判定任何一個數學命題到底為真還是假。如此一來，想要解決所有數學問題的希望就隨著邏輯化為泡影了。

快點，再快一點

1965 年，英特爾共同創辦人摩爾（Gordon Moore）注意到，一個積體電路上的電晶體數每兩年就會增加一倍。他預言，這種指數增長還會繼續至少 10 年。後來大家把他的預言稱為「摩爾定律」，至今依然準確。

積體電路是電晶體與蝕刻在矽晶片上的其他微電子元件的集合體

電晶體是現代電腦的基本構成要件

摩爾定律不是自然律，而是個會應驗的預言，這個預言帶動了計算產業的進展

1971
Intel 4004

2016
Intel Core i7-5960X

實際大小

第一個單晶片上的中央處理器（CPU）

現代桌上型電腦裡面的高階晶片

每秒百萬指令

2,300 個
電晶體

0.092 MIPS｜200 美元｜0.43 美元
處理速度｜成本｜每個電晶體的成本

260 億個
電晶體

238,310 MIPS｜999 美元｜0.000000038 美元
處理速度｜成本｜每個電晶體的成本

1971 年，一個包含 260 億個電晶體的晶片可能會有一座網球場那麼大

假使其他技術也遵守摩爾定

律，那麼汽車可能會飆到每小

1971 年的 Merceded-Benz 280 SE
最高時數 200 公里｜油耗 7.27 公里/公升｜成本 6,485 美元

時 5 億公里，每公升汽油能跑

321 萬公里，成本不到 1 美

分；飛機每小時能飛 20 億公

1971 年的波音 727
時速 870 公里｜成本 425 萬美元

里，成本只要 2 美元；一張黑

膠唱片應該能收錄長達 44 年

的音樂

1971 年的 12 吋黑膠唱片
音樂長度 90 分鐘

第一個擁有 X 光 透視力的是誰？

對於像倫琴（Wilhelm Röntgen）這樣嚴肅、不喜歡拋頭露面的人來說，1895 年的冬天想必是一段令他深感困惑的時節。起初他懷疑自己是不是發瘋了，最後他卻成了全世界最知名的科學家。

11 年來，倫琴一直在德國符茲堡的一所地方大學工作，在同事眼中他是個勤奮的物理學家，但稱不上傑出。倫琴也不是個喜歡出風頭的人，但在 1895 年 11 月的某個晚上，他在實驗室看到一種神祕異樣的閃光，讓他不得不成為鎂光燈的焦點。

不尋常的閃光

當時倫琴正在使用一種叫做克魯克斯管（Crookes tube）的裝置做實驗，這是陰極射線管（CRT）的前身，舊式電視螢幕就是靠陰極射線管來投射畫面的。

克魯克斯管是個抽成半真空的玻璃腔，兩端置有電極。在電極上施加夠大的電壓，負極對面的玻璃就會發出螢光。我們現在知道，這種效應源於受電場加速的高能電子（即陰極射線）撞擊玻璃上的原子。

但倫琴看到的光離他的克魯克斯管遠得很。那道光打在隔著幾公尺的實驗室另一頭一塊塗了螢光物質的紙板上。陰極射線行進不了這麼遠。

倫琴於是開始做實驗，他用一塊黑色紙板遮住真空管以阻擋可見光，但屏幕仍然發出亮光。接下來幾星期他幾乎沒離開實驗室，試著找出螢光的來源。他後來寫道：「我沒跟任何人說起我的工作，只告訴了我妻子。別人要是聽聞此事，會說倫琴發瘋了。」

到了聖誕節時，倫琴確信自己沒瘋。他的克魯克斯管裡面產生了某種過去不知道的輻射。倫琴不清楚它到底是什麼，於是稱之為 X 射線（X-ray，俗稱 X 光）。他只曉得這些射線不僅能穿透紙板，還能穿透木頭和人體。但骨頭除外：有一次倫琴把手放在管子與屏幕中間，結果瞥見自己的骨骼。

1895 年 12 月 28 日，倫琴將自己的發現發表在當地科學協會的期刊上，沒有獲得任何熱烈反應。但他知道這是個重大發現，於是在 1896 年的第一天，他將那篇期刊文章複印本寄給全歐洲的物理學家。其中 12 份裡夾了一張照片：倫琴妻子安娜（Anna Bertha Röntgen）的手掌 X 光片，她的骨頭和結婚戒指在這張照片中清晰可見——這個舉動也許暴露出倫琴潛藏的自我宣傳天賦。

此後事情迅速發展。倫琴學生時期的朋友，維也納大學的物理教授艾克斯納（Franz Exner）是收到世界上最早的 X 光片的人之一。艾克斯納善於交際，維也納銷路最好的報紙《新聞報》（Die Presse）的總編輯是他的好朋友。

頭版新聞

「Eine sensationelle Entdeckung」（一件轟動大發現）是 1896 年 1 月 5 日該報頭版標題。雖然可能還處於聖誕節過後沒什麼新聞好報導的時節，但他們一看到就知道這是獨家新聞——即使滿腔熱忱，但他們還是把倫琴的名字拼錯了。

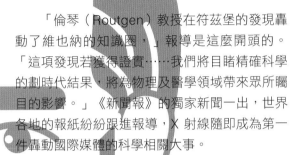

「倫琴（Routgen）教授在符茲堡的發現轟動了維也納的知識圈，」報導是這麼開頭的。「這項發現若獲得證實……我們將目睹精確科學的劃時代結果，將為物理及醫學領域帶來眾所矚目的影響。」《新聞報》的獨家新聞一出，世界各地的報紙紛紛跟進報導，X 射線隨即成為第一件轟動國際媒體的科學相關大事。

X 光出售

最初的報導正確指出 X 射線日後最重要的應用：能夠用來研究人體。不用多久，X 射線就達到了期待，而這也多虧了倫琴的謙虛：他拒絕靠自己的發現賺錢，他說這是「屬於整個世界的，不應透過專利權、許可證等做法讓單獨一家企業把持」。最初那篇報導之後 20 天，柏林的一家公司就開始向醫生開價兜售「倫琴管」。

要弄清楚 X 射線是什麼東西，則還需要一段時間。在 1910 年，才有人發現 X 射線會偏振，而發現 X 射線會折射則是在 1912 年，這兩種性質都表示，X 射線就像光一樣，只是另一種電磁輻射——但能量極高，波長非常短，因此能暢行無阻地穿透許多物質。

那時倫琴已是第一屆諾貝爾物理獎得主（頒布於 1901 年），但他一如平常，沒出席頒獎典禮，還把獎金捐給他任職的大學。

倫琴在 1923 年因癌症病逝，但不太可能是受累於他的科學研究，因為他一直很小心不讓自己接觸射線太久。在他死後，他個人的科學論文都遵照遺囑中的吩咐銷毀了。

如今，一輩子沒接觸過 X 射線的人很少，不

不情願的 X 教授

倫琴是迫於無奈的科學明星，但他家鄉的學術團體符茲堡物理醫學協會，決意要推銷倫琴本人和他發現的 X 射線。協會在發表發現之後一個月，舉辦了一場熱鬧歡樂的慶祝會，協會主席在如雷掌聲中提議 X 射線應該更名為倫琴射線。倫琴以一貫的謙虛態度，堅持用原來的命名，英語世界也是如此。但在德語和歐洲其他大多數語言中，卻採納了這個提議。現在 Google 會把「Herr Röntgen」翻譯成英文「Mr. X」（X 先生）。

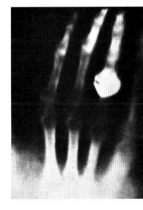

史上第一張 X 光片，拍的是「X 夫人」的手掌。

管是在醫院裡、牙科診療椅上，還是機場安檢。特製望遠鏡會收集 X 射線，用來製作出宇宙中最猛烈的過程的影像，如星系碰撞、黑洞造成的破壞等。有了 X 射線，我們就能看得更遠。

內部情報

X 光讓機場安檢人員看到行李的內容物，但大多數的機場系統
不會顯現出每樣東西。

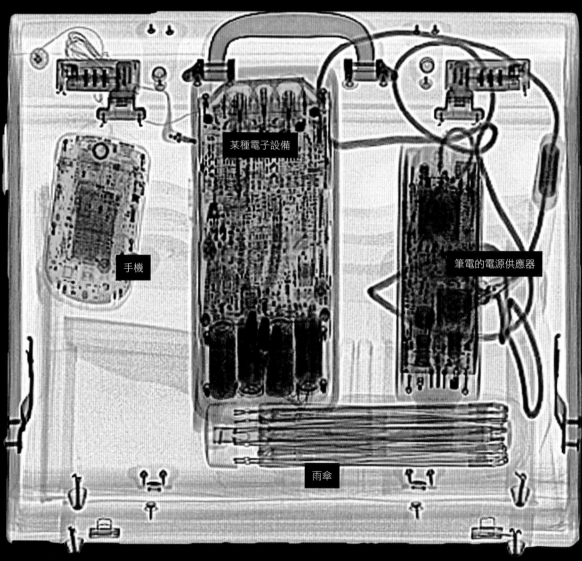

某種電子設備

手機

筆電的電源供應器

雨傘

掃描儀內的光源發出的 X 光（X 射
線）可以穿過大部分的物料，但無法
穿透密度較大的，如金屬。這些密度
較大的東西可以擋住其他物品。

像紙、木頭、衣服、食
品、塑膠等密度較小的
物料，會呈 橘色

像金屬或玻璃這類密度較
大的物料，會根據密度而
呈現 綠色 、 藍色
或 黑色

第二種類型的偵測提供更高的安全保障：回散射 X 光。這項技術是在接收朝光源反射回來的 X 光，可以顯現出標準技術未能偵測出的物品。

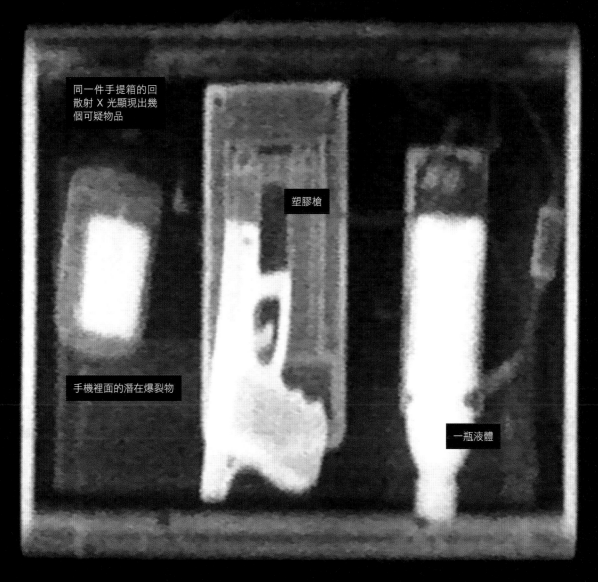

同一件手提箱的回散射 X 光顯現出幾個可疑物品

塑膠槍

手機裡面的潛在爆裂物

一瓶液體

回散射 X 光掃描儀在 2008 年引進時，是用來掃描人體的，但許多人抱怨影像太過暴露，而在 2013 年撤除。

運氣？！

經常有人說，需要乃發明之母，但有時候完全不是這麼回事。

1968 年，美國化學公司 3M 的席爾佛（Spencer Silver）試圖研發一種超級黏膠，結果他失敗了，做出一種很不黏的黏膠。但席爾佛注意到，這種黏膠有一些好玩的性質：它的黏性夠讓它把東西黏住，但把黏在一起的東西撕開來後又不會留下殘膠，同時仍然保持黏性。

席爾佛把這稱為「缺問題的解決方法」。他在 3M 上上下下推銷，看看有沒有人可以想出用途。在 1974 年，有位同事弗萊（Arthur Fry）參加了席爾佛的研討會。平時弗萊在教堂唱詩班，為了紙書籤經常掉出歌本感到惱火。他意識到可以用席爾佛的黏膠暫時黏住書籤，又不會傷紙面，於是可重複使用的黏貼式便條紙的構想就誕生了。

膠著狀態

3M 在 1977 年推出了「好貼好撕」（Press 'n Peel），一開始市場反應冷淡，但他們在 1980 年把它改名為「利貼便條紙」（Post-it notes），立即大賣。那個鮮明的顏色也是個偶然的選擇，一切只因弗萊的實驗室有一大堆黃色廢紙可以拿來做實驗。

不時會有人拿利貼便條紙當作典型的例子，說明敗部復活的發明，不過這絕對不是唯一的例子。瞬間膠同樣是偶然發明出來的黏著劑，是伊士曼柯達公司設在紐約州羅徹斯特的化學部門的一群化學家，在 1942 年無意間發現的，當時他們正在找可以做成瞄準器的透明塑膠。有一天，他們試了一類叫做氰基丙烯酸酯的化學物質，這種物質一遇到水就會自動聚合。他們開始試驗，發現這些化學物質會迅速黏住他們所碰觸的東西，所以很快就放棄了。

團隊放棄研究氰基丙烯酸酯，但在 1951 年又重新找出來，並且意識到這種化學物質可以做成黏膠。當時的黏膠通常需要壓力、溫度或時間才能黏合，但氰基丙烯酸酯只需和空氣中（或你的手指上）的溼氣接觸即可。柯達公司在 1958 年開始銷售這種黏膠，卻因取了「Eastman #910」這個不怎麼樣的名字而錯失市場良機，後來柯達把這個品牌產品賣給樂泰（Loctite），樂泰改名為「Loctite Quick Set 404」，銷售得稍微好一點。「Superglue」（強力膠）是後來創造的新名字。

另一個歪打正著的化學物質是四氟乙烯。1938 年 4 月的某個週六早上，化學家普朗克特

意外終會發生

有許多發現都出乎原本的計畫意料之外，其中最著名的例子就是利貼便條紙、強力膠、微波爐和鐵氟龍，但類似的例子還有很多很多。以色列埃瑞森商學院（Arison School of Business）的創新研究員戈登伯格（Jacob Goldenberg）分析了 200 個重要發明的源頭，發現差不多半數是先有發明，隨後才發展出應用。一般來說，發明是需要之母。

（Roy Plunkett）在紐澤西州杜邦公司的實驗室裡試圖開發新的冷凍劑，結果失敗了。一開始他是用一種由碳和氟組成的特殊氣體四氟乙烯做實驗。他有一瓶四氟乙烯，卻怎麼樣也取不出氣體，檢查後發現氣瓶閥並未阻塞，但仍然沒有氣體跑出來。於是他把氣瓶鋸成兩半，結果發現一種像蠟般的白色固體，這下他明白了，鋼瓶裡的四氟乙烯分子由於瓶身鋼塗層的催化，彼此發生反應而形成聚合物。

變成煎鍋

結果發現，聚四氟乙烯（PTFE）有一些有用的性質。首先，它的碳氟鍵結非常強，讓聚合物極不容易起反應，因而有了第一個用途。參與曼哈坦計畫（Manhattan Project）的科學家要利用氟來提高鈾的濃度，就需要找到盛裝氟的辦法。氟的活性非常大，但後來證明聚四氟乙烯很不活潑，就連氟也引不起反應，因此管子和控制閥都塗上了這種聚合物。

化學家沒多久就發現聚四氟乙烯（這時已註冊為鐵氟龍這個商標）對水與油也會產生排斥，這又讓它成了不沾煎鍋的絕佳塗層。另外，它還可以保護太空人所穿的太空衣，如今也用來塗覆在心瓣膜上，因為免疫系統不會產生排斥。

戰時的偶然發現也促成了另外一件廚房法寶：微波爐。1945 年，美國國防公司雷神（Raytheon）的工程師史賓賽（Percy Spencer）在研究雷達的時候，注意到自己口袋裡的巧克力棒融化了——雷達是繼曼哈坦計畫之

凡士林是從結在抽油桿上的蠟萃取出來的，這些蠟是石油鑽探的黏糊廢料

蔗糖素是在開發潛在殺蟲劑的過程中發現的

威而鋼最初是心臟藥物，但有些意想不到的「副作用」

後第二重要的軍事硬體計畫。

史賓賽猜測，雷達核心要件、即產生微波的空腔磁控管，所產生的電磁輻射，是讓巧克力融化的罪魁禍首。於是他拼裝了一台實驗烤爐開始烹飪。起先他弄了一些爆米花，接著煮一顆蛋，結果這顆蛋爆開，炸得他同事滿臉。

原來，雷達空腔磁控管產生的微波波長剛好能讓水分子劇烈振動因而加熱。兩年後，雷神公司開始銷售微波爐，所用的動力正是用在旗下雷達發射機內的空腔磁控管。他們把這個產品命名為雷達爐（Radarange），它比現代的微波爐火力強大得多，兩分鐘就能烤好馬鈴薯。史賓賽的孫子羅德（Rod Spencer）後來解釋說：「他們花了很多年才明白，加熱食物不需要用到雷達等級的磁控管。」

塑膠年代

最有影響力的意外好運，大概就是住在紐約的比利時裔化學家貝克蘭（Leo Baekeland）了。全球在 1907 年陷入蟲膠短缺，蟲膠是昆蟲分泌的一種樹脂，用來當作木材防腐劑。貝克蘭試著結合苯酚和甲醛，想做出人造樹脂，但最後只弄出像麵團似的棕色東西。貝克蘭始終是樂觀的人，他發現這團黏糊糊的東西可以塑形，然後加熱凝固成耐用的材料。他發明了世上第一個熱固型塑膠。他謙虛地把它命名為「電木」（Bakelite，取自他的姓氏），並靠這個發了財。需要也許不是發明之母，但好運會眷顧有準備的人。

叮！

微波爐是第二次世界大戰期間雷達發展過程中的
偶然衍生產物

美國物理學家史賓賽
是同盟國主要的雷達
研發者之一。1945
年，他在國防公司雷
神研究雷達技術。

某天他在口袋裡放了
一條巧克力，等拿出
來時，發現巧克力已
經融掉了。

雷達的原理是透過發射出去的
無線電波和微波

波長：
100 公尺

電磁波譜

兆分之一
公尺

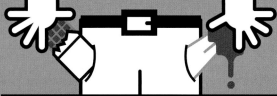

無線電波與微波　　　　　　　　　其他波長

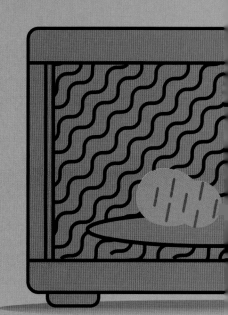

史賓賽注意到自己
一直站在微波磁控
管前面，這是雷達
產生射束的部件。

他請助理拿來還沒爆過的爆米花，撒在磁控管旁邊。

它開始爆了

接著，
他煮了顆蛋。

微波當中的能量促使
食物裡的水分子振動
得更快——這基本上
就是烹調所做的事。

水分子

雷神公司需要為平時的經濟來源開發新產品，史賓賽就說服公司把資金用來讓雷達變成烹飪家電。

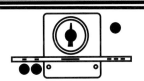

就像「800 磅大猩猩」這句美式俚語所形容，雷神做出的微波爐原型將近 200 公分高，重量超過四分之一噸。 ⟶

它的火力是現代微波爐的五倍，兩分鐘就能烤好一個馬鈴薯。雷神稱之為「碼錶烹飪」。

1:59

雷神在 1947 年推出了一款產品，叫做雷達爐，售價 3,000 美元，相當於今天的 30,000 美元。

它砸鍋了

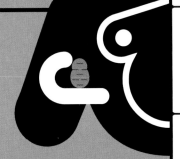

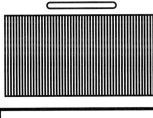

雷神所犯的錯誤，是使用了昂貴的雷達等級微波發生器。

1965 年，雷神再試了一次。這次他們採用較便宜的磁控管，推出了比較小的微波爐，售價 500 美元。到 1970 年代末，微波爐銷售量已經超越了傳統烤爐。

我們是如何成為
世界毀滅者？

西拉德（Leo Szilard）在倫敦羅素廣場附近等著過馬路的時候，腦中閃過了這個念頭。那天是 1933 年 9 月 12 日。約莫 12 年後，美軍在日本廣島投下一枚原子彈，約 135,000 人死亡。

從西拉德動念，到最後實現並造成死傷，這段歷程是科技史上最驚人的篇章之一。其中有不平凡的人物陣容，許多人逃離了法西斯主義，在道德上反對原子彈，但又擔憂納粹德國搶先一步研製成功。

西拉德是出生於匈牙利的猶太人，在希特勒成為總理後兩個月從德國逃亡到英國。他抵達的時候，英國正是核物理研究的第一線，查兌克（James Chadwick）才剛發現中子，而劍橋的物理學家不久後就要「讓原子分裂」。他們用許多質子轟擊一個鋰原子核，把鋰核打成兩半，這也證實了愛因斯坦獨到的見地：質量與能量是同一回事，可由 $E = mc^2$ 這個方程式來表示。

西拉德的靈光乍現就是靠這個開創性的實驗。他推斷，如果能找到一種元素的原子，在被中子撞擊而分裂的同時會釋放出兩個或更多個中子，那麼只要有大量的這種元素，應該就會在自我持續的連鎖反應中釋放出巨大能量。

西拉德繼續探究，但沒什麼成果。直到 1938 年才出現進展──諷刺的是，此進展是在納粹首都柏林做出來的，德國物理學家哈恩（Otto Hahn）與史特拉斯曼（Fritz Strassman）用中子撞擊了鈾原子。他們分析撞擊碎片時，驚訝地發現極微量的鋇，比鈾輕得多的元素。

連鎖反應

幸好，哈恩與史特拉斯曼是反對納粹政權的，哈恩寫信給奧地利化學家邁特納（Lise Meitner），她曾和哈恩在柏林共事，直到 1938 年納粹占領維也納後逃亡到瑞典為止。邁特納回信解釋說，鈾核會分裂成差不多相等的兩塊，她把這個反應過程稱為核分裂（fission）。

拼圖的下一片，是逃離法西斯主義而跑到紐約哥倫比亞大學工作的義大利物理學家費米（Enrico Fermi）所得到的發現：鈾核分裂會釋放出引發連鎖反應所需的二次中子。西拉德很快

爆炸性的時刻

擔心納粹搶先製造出原子彈促使曼哈頓計畫加快腳步。如今我們知道，納粹永遠都造不出核子彈。德國在 1945 年投降之後，10 位主要核科學家被拘禁在劍橋附近的一座鄉間莊園內。屋內裝了竊聽器，錄音記錄清楚表明，德國人距離造出原子彈還早得很，而且他們也不相信有可能做得出來。

就到紐約和費米會合。

他們一起計算出，一公斤的鈾會產生大約相當於兩萬噸黃色炸藥的能量。西拉德已經預見核戰發生的可能性。後來他回憶說：「我認為世界無疑地正走向不幸。」

然而其他人則表示懷疑。積極協助德國科學家取道哥本哈根逃亡的丹麥物理學家波耳（Niels Bohr），在 1939 年對這個想法潑了冷水。他指出，鈾 238（占天然鈾 99.3%的同位素）不會釋放出二次中子，只有含量非常稀少的同位素鈾 235，才會以這種方式分裂。

不過，西拉德仍然確信連鎖反應有可能發生，還擔心納粹也知道此事。他去請教了同樣流亡海外的匈牙利同胞維格納（Eugene Wigner）及泰勒（Edward Teller），他們一致認為，愛因斯坦是能讓羅斯福總統警覺到危險的最佳人選。愛因斯坦在歐洲戰事爆發後不久，就致信羅斯福總統，但影響不大。

情勢在 1940 年急轉直下，有消息說，兩位在英國工作的德國物理學家已經證明波耳錯了。派爾斯（Rudolf Peierls）和弗里希（Otto Frisch）研究出如何大量製造鈾 235、如何用來製造原子彈，以及投下原子彈可能會有什麼慘不忍睹的後果。派爾斯與弗里希對納粹有可能做出原子彈也深感驚恐（當初是波耳協助他們兩位逃亡），於是在三月間寫信給英國政府，促請他們當即行動。他們的〈放射性「超級炸彈」性質備忘錄〉比愛因斯坦寫給羅斯福的信函成功，結果促成了代號「合金管」（Tube Alloys）的英國原子彈計畫。

這封信也讓美國有所行動。1940 年 4 月，美國政府任命資深物理學家康普頓（Arthur Compton）帶領一個核武器計畫，這就是後來的「曼哈頓計畫」。他把各個連鎖反應研究團隊齊聚在芝加哥的同一個屋簷下，於那年夏天展開了一系列實驗，設法讓連鎖反應發生。

1941 年 12 月，日軍偷襲珍珠港為計畫增添了一股推力。一年後，曼哈頓計畫小組嘗試用一個以鈾及石墨組成的反應堆來實現連鎖反應，他們把這個反應堆設置在芝加哥大學足球場看台下方的一個壁球場上。在 1942 年 12 月 2 日星期三，他們成功了。

黑色的一天

慶賀的方式很低調。一證實有連鎖反應發生，西拉德握著費米的手說：「這將是人類史上黑色的一天。」

接下來四年間，美國、英國及加拿大在曼哈頓計畫上投入大量資源。「合金管」持續了一段時間，但最終還是併入美國的計畫中。納粹也啟動了核武計畫，但沒什麼進展。

1945 年 7 月 16 日，美國在新墨西哥州的沙漠裡引爆了世界第一枚核彈。這次試爆是可怕的證據，說明核能可以發展成武器，也促使歐本海默（Robert Oppenheimer）聯想到印度教聖典《薄伽梵歌》當中的一段話：「如今我成為死神，世界的毀滅者。」

對日本的兩次原子彈襲擊，開啟了全球軍備競賽。1945 年之後，美國又發展出有巨大破壞力的氫彈，利用的是核融合，而不是核分裂。蘇聯則在 1949 年發展並試爆自己的核彈。目前全世界的核武兵工廠有 27,000 個原子彈。

距午夜只剩 3 分鐘

《原子科學家公報》（*Bulletin of the Atomic Scientists*）的科學與安全委員會（由曼哈頓計畫的退役成員所成立），在 1947 年設置了一個象徵性的時鐘，顯示世界離核子災難有多接近。越接近午夜，威脅就越緊迫。

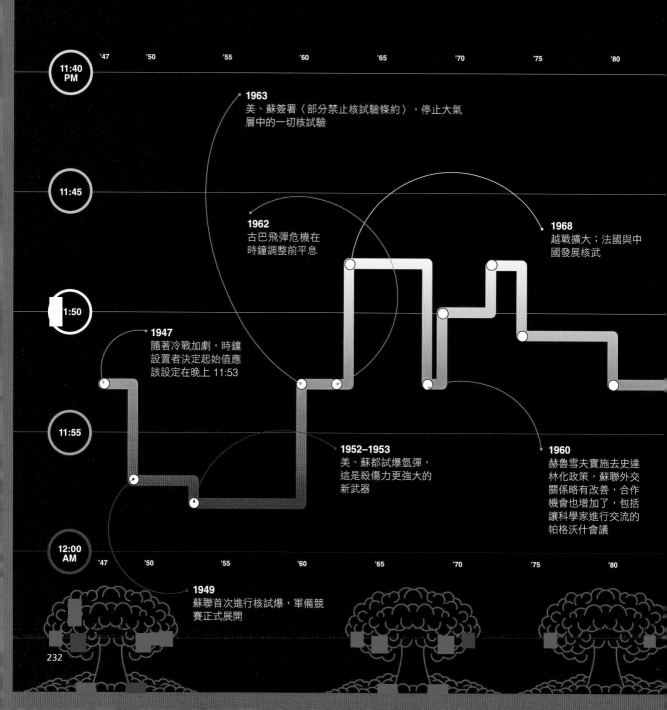

1963
美、蘇簽署〈部分禁止核試驗條約〉，停止大氣層中的一切核試驗

1962
古巴飛彈危機在時鐘調整前平息

1968
越戰擴大；法國與中國發展核武

1947
隨著冷戰加劇，時鐘設置者決定起始值應該設定在晚上 11:53

1952–1953
美、蘇都試爆氫彈，這是殺傷力更強大的新武器

1960
赫魯雪夫實施去史達林化政策，蘇聯外交關係略有改善，合作機會也增加了，包括讓科學家進行交流的帕格沃什會議

1949
蘇聯首次進行核試爆，軍備競賽正式展開

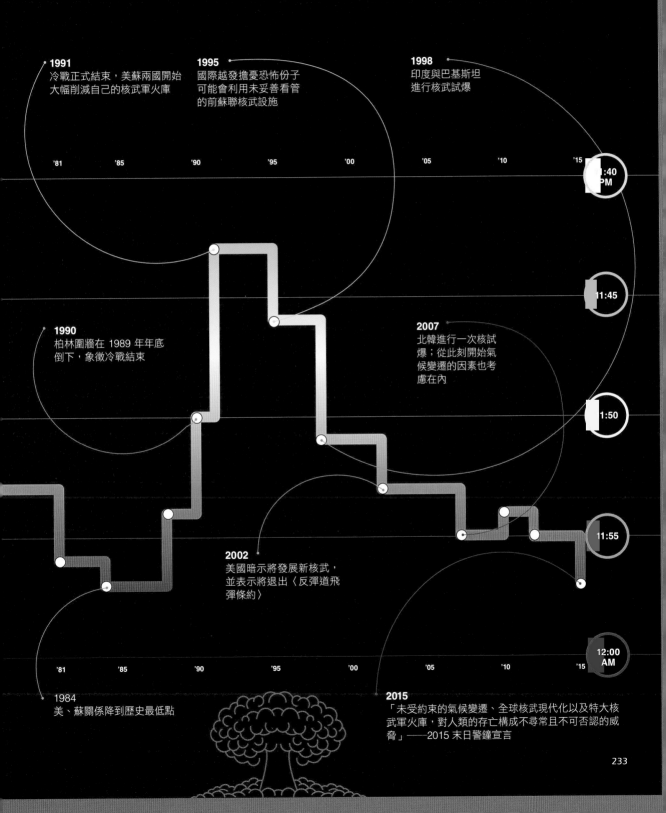

1991
冷戰正式結束，美蘇兩國開始
大幅削減自己的核武軍火庫

1995
國際越發擔憂恐怖份子
可能會利用未妥善看管
的前蘇聯核武設施

1998
印度與巴基斯坦
進行核武試爆

'81　　'85　　　'90　　　'95　　　'00　　　'05　　　'10　　　'15

11:40 PM

11:45

1990
柏林圍牆在 1989 年年底
倒下，象徵冷戰結束

2007
北韓進行一次核試
爆；從此刻開始氣
候變遷的因素也考
慮在內

11:50

2002
美國暗示將發展新核武，
並表示將退出〈反彈道飛
彈條約〉

11:55

'81　　'85　　　'90　　　'95　　　'00　　　'05　　　'10　　　'15

12:00 AM

1984
美、蘇關係降到歷史最低點

2015
「未受約束的氣候變遷、全球核武現代化以及特大核
武軍火庫，對人類的存亡構成不尋常且不可否認的威
脅」──2015 末日警鐘宣言

233

我們如何（暫時）擊退細菌？

「1928 年 9 月 28 日早上，我醒來的時候當然還沒打算徹底革新整個醫學……不過我想那正是我做到的事。」弗萊明（Alexander Fleming）如此形容自己發現盤尼西林的過程，這項發現是生物醫學上數一數二的偉大進展。

事情的官方版描述已眾所周知。弗萊明是倫敦聖瑪麗醫院的微生物學家，當時正在探究一類叫做葡萄球菌（staphylococcus）的致病細菌。他提前結束度假回來，發覺其中一個培養皿受到一種黴菌污染，讓葡萄球菌停止生長。事後他推測，黴菌孢子可能是從一扇沒關的窗子吹進來的。

黴菌濃湯

弗萊明在培養液裡培養這種黴菌，結果發現一種萃取物殺死了一些致病細菌，尤其是引發白喉的細菌——不過它對許多其他的病菌沒有作用，包括傷寒及霍亂。起初他把這個黴菌培養液叫做濾液，但後來改用這種黴菌的拉丁文學名 Penicillium（即青黴菌）來命名，而稱為青黴素（penicillin，直譯為盤尼西林）。他也證明青黴素對動物無毒性，即使在高劑量的情況下也是。

弗萊明在 1929 年的一篇論文中發表成果，並提到青黴素或許可以用來治療細菌感染。接下來十年間，他持續不懈地為了實現青黴素的潛力而奔走。最重要的是，他找了化學家幫忙大量萃取及純化——這是弗萊明自己一直沒能成功做到的事。

最後，由澳洲人弗洛里（Howard Florey）帶領的牛津大學團隊終於解決了這個問題，而到了 1944 年，青黴素開始量產。在二戰時期諾曼第登陸期間，青黴素大量使用於傷亡官兵身上，更鞏固了它在醫學史上的地位。

青黴素毫無疑問是 20 世紀的重大醫學進展。20 世紀之前，因葡萄球菌感染而引發毒血症的死亡率是 80%；20 世紀之後，幾乎是零。它挽救的生命無數，保守估計有數千萬，而它所開啟的抗生素時代則拯救了好幾億人。然而，發現青黴素的真實故事，並不像表面看起來的那麼意氣風發。

真是無聊極了

首先，青黴菌的抗菌作用在弗萊明之前已廣為人知。此外，雖然他比以往的任何一個人更進一步利用這個性質，但他差一點就搞砸了。

弗萊明那篇 1929 年的論文普遍未受重視，弗萊明也做了一些簡報，

葡萄球菌菌血症死亡率

年份	說明	
1937	抗生素發明之前	
1943	青黴素上市	
1944	用青黴素治療	
1954	葡萄球菌對青黴素有抗藥性之後	
1960	二甲氧苯青黴素上市	
1961	用二甲氧苯青黴素治療	

0%　10%　20%　30%　40%　50%　60%　70%　80%　90%　100%

資料來源：美國疾病管制與預防中心（CDC）

234

但因為他講得很乏味，所以沒有引起任何反應。他繼續研究青黴素，但不是他優先進行的事項，且研究並不順利。有個實驗顯示，一旦把青黴素注射到小鼠體內，30 分鐘後就會從血液裡消失，但在培養皿中卻需要 4 小時才能殺死細菌，而這似乎讓弗萊明相信青黴素可能沒效。

如果發明是靠 1% 的靈感加上 99% 的努力，那麼大部分的功勞應該歸給弗洛里的團隊。許多研究團隊不約而同接續了弗萊明的研究工作，想要把青黴素應用到治療用途上，而弗洛里的團隊是其中之一。但除了提供他們青黴菌種去做研究外，弗萊明並此並不關心。等到 1942 年團隊取得成功，他才開始感興趣。

喔，美好的戰爭

弗洛里自己也經歷了一番奮鬥。他從 1938 年開始研究，但一直經費不足。他的團隊最後終於成功分離出青黴素，證實它可以用來治療細菌感染，但即使用上用所有的容器，包括垃圾桶和便盆，他們能夠製造出來的數量還是不夠多，無法說服政府或私人企業開始大規模生產。

就在備受煎熬的時候，他們的運氣來了：第二次世界大戰爆發。美、英兩國政府在這項計畫上投入資金，最後安排在美國量產青黴素。

那麼，最後為什麼會是弗萊明獲得最多聲譽？答案是，他有更好的公關。炒作出這股浪潮的是報業大亨畢佛布魯克勛爵（Lord Beaverbrook），同時也是聖瑪麗醫院的贊助人，他替弗萊明的發現安排了充滿讚美之詞的報導。弗萊明在聖瑪麗醫院的上司萊特

放蕩的五〇年代

性革命通常歸功於避孕藥的發明，美國在 1960 年就買得到避孕藥。但更早讓派對開始的，可能是另一種藥物：青黴素。在 1939 年，美國有兩萬人死於梅毒，淋病在當時也很盛行。到 1950 年代中期，青黴素幾乎把這些性病全消滅了——這與大眾對濫交的態度突然轉變，在時間上非常吻合。

（Almroth Wright）還寫信到《泰晤士報》為弗萊明邀功，繼續推波助瀾。萊特的動機是公關價值：就像當時英國所有的教學醫院，聖瑪麗要仰賴慈善捐款。

附帶一提，弗洛里後來收到聖瑪麗醫院寄來的募款信，開頭寫著：「你也許聽過弗萊明醫生發明青黴素的故事」。弗洛里把這封信裱起來掛在牆上。英國文宣部（Ministry of Information）還為了宣傳目的，讓弗萊明神話延續下去。

弗萊明、弗洛里及弗洛里的得力助手錢恩（Ernst Chain）在 1945 年共同獲得諾貝爾獎，但是弗萊明享得到大部分的光環。從獲獎到 1955 年去世前，他又獲得其他 140 項重要獎項。他過世後，他那亂得出名的實驗室還變成博物館。

說句公道話，弗萊明在接受記者訪問的時候，總是告訴他們要去牛津取得弗洛里對此事的說法。但弗洛里拒絕對媒體發言，也不許他的團隊這麼做。比較吸引記者的故事，是弗萊明在無意間發現青黴素，而不是弗洛里有條理的賣力工作——儘管用到了便盆和垃圾桶。就這樣，青黴素神話有了自己的生命。

這就是戰爭！

抗生素如何攻擊細菌，細菌又是如何反擊。

武器 ⟶

○ 頭孢菌素

○ 醣肽類抗生素

○ 青黴素

細胞壁

抗生素阻止新的構成要素合成，以此方法**圍攻**這道防護外壁，逐漸把它擊破

○ 環脂肽類抗生素

○ 多黏菌素

細胞膜

抗生素會像**破城槌**般攻打這層薄膜，一直打到擊潰為止

○ 閏年黴素

○ 喹啉

○ 磺醯胺

○ 利福黴素

DNA 及 RNA

細胞的遺傳物質。容易受到**特洛伊木馬式攻擊**——抗生素潛入細胞，從內部發動攻擊

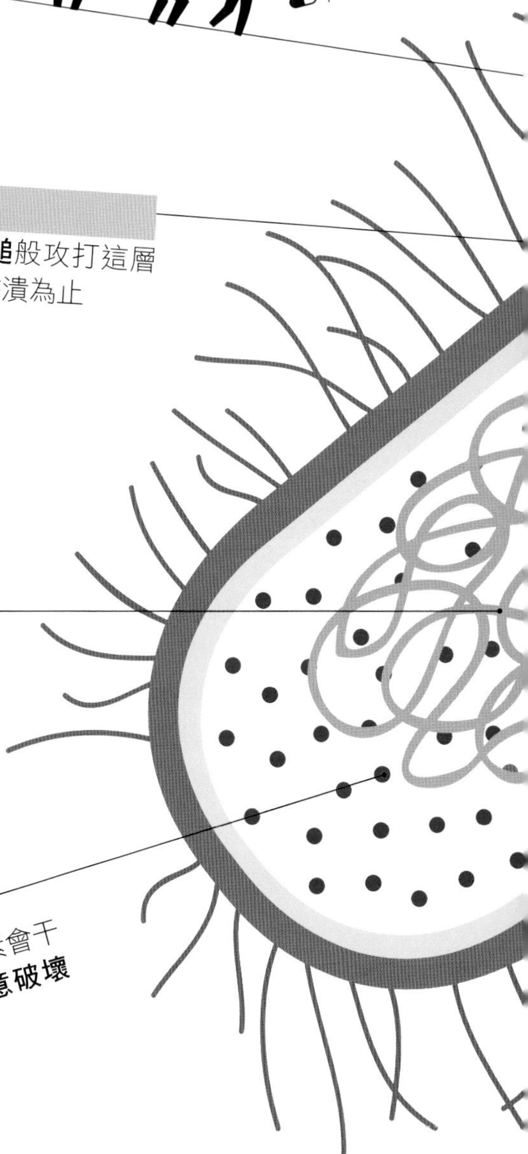

○ 胺基糖苷類

○ 林克醯胺類

○ 巨環內酯類

核糖體

製造蛋白質的分子機制。抗生素會干擾它們的內部機制來進行**蓄意破壞**——就像在從中搗亂般

○ 四環黴素

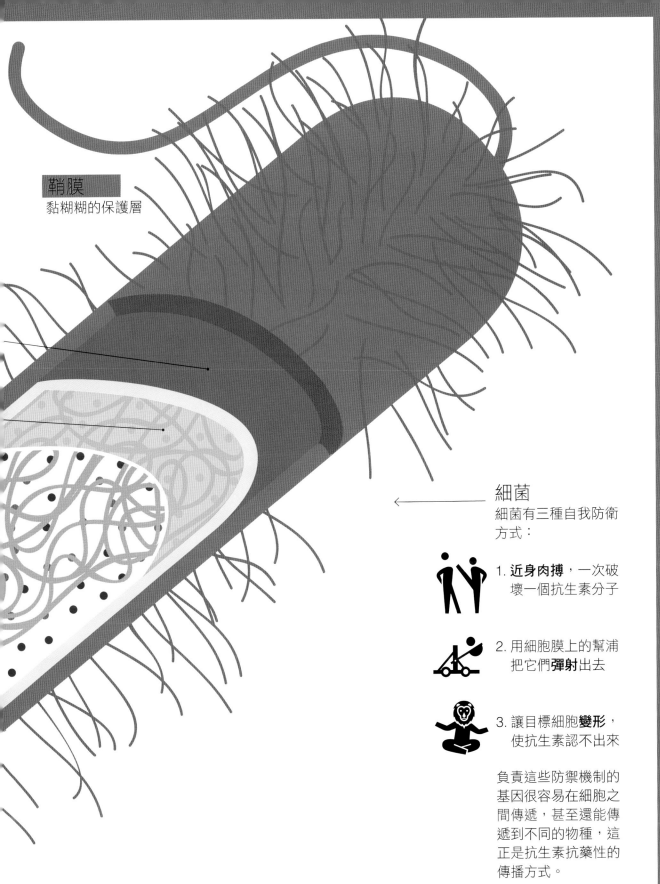

鞘膜
黏糊糊的保護層

細菌
細菌有三種自我防衛
方式：

1. **近身肉搏**，一次破
   壞一個抗生素分子

2. 用細胞膜上的幫浦
   把它們**彈射**出去

3. 讓目標細胞**變形**，
   使抗生素認不出來

負責這些防禦機制的
基因很容易在細胞之
間傳遞，甚至還能傳
遞到不同的物種，這
正是抗生素抗藥性的
傳播方式。

科技宅真的接手地球了嗎？

想像一下沒有網際網路的生活。沒有智慧型手機，沒有社群媒體，沒有 Google，沒有 Netflix、Amazon、Uber 或 Airbnb。甚至連電子郵件也沒有。以前如果想看新聞，就得買報紙，想聽音樂，就要買 CD，想跟離你有段距離、聽不見你聲音的人交談，就要打電話。

回首 1990 年甚至更早的黑暗時代，那些年我們是怎麼活過來的？

如今網際網路無所不在，很容易忘記它仍是很新近的發明。二十年前，只有大約半數的美國人聽過網際網路；儘管如此，它本質上仍是只有少數人懂、很專門的電腦科學計畫，那些開路先鋒們大概不知道網際網路最後會有什麼用途，或是會帶來怎樣的變革。

更好的連結方式

如果有網際網路起始年，那大概是 1961 年。當時，通訊系統是兩地之間的直達通信，打電話要靠兩方之間的實體電話線，無線電通訊是從一點傳送到另一點，但直接連線是非常沒效率的。電腦能以更好的連結方式彼此連線，是實現網際網路的關鍵。而這正是麻省理工學院工程師克蘭洛克（Leonard Kleinrock）的研究成果，他在 1961 年開始思考資料如何才能最有效率地在大型電腦主機網路中流通。

克蘭洛克提出的獨到見解，並不是讓整個訊息直接從一點傳到另一點，而是把訊息切割成許多塊或稱封包（packet），讓每個封包都能找到自己流過網路的路徑。等到所有的封包一抵達目的地，位於目的地的電腦主機就會將訊息重組。

結果證明，「封包交換」比使用專屬線更有效率、更有彈性得多。如果兩部主機之間的線路故障，封包有辦法找出另一條路徑。不過，這就需要重新思考通訊網路的運作方式。網路中需要一些裝置，來讀取各個封包並選出路徑將其送到目的地，此外每個封包還需要附加一個特殊代碼，讓路由器知道訊息是什麼及如何重組，而這個代碼後來就演變成一組規則，叫做網際網路協定（internet protocol），包括網路上每部主機的專屬位址——IP 位址。

1966 年，這項成果引起美國國防部高級研究計畫署（ARPA）的注意，他們請克蘭洛克架構一個大規模的電腦網路，讓高級研究計畫署的研究人員彼此連線。那時克蘭洛克已經轉到加州大學洛杉磯分校（UCLA），他在 UCLA 的實驗室架設了第一個節點，把第二個設在舊金山附近的史丹佛研究所（Stanford Research Institute），後續又添增了更多節點，這個網路就越來越大，後來稱為 ARPA 網路（ARPANET）。

感到挫敗

第一次傳輸並不順利。克蘭洛克的電腦主機在送出「login」（登入）這個詞的時候當機了，所以第一個訊息就只有「lo」，整個詞差不多一個小時之後才成功送出去。那天是 1969 年 10 月 29 日。

到 1973 年，ARPA 網路從夏威夷跨越美國抵達倫敦。隨著網路不斷增長，控制軟體漸漸勝任不了工作，於是瑟夫（Vint Cerf）及坎恩（Robert Khan）兩位電腦科學家就製造了更好的版本。他們把網際網路協定升級，創立了一組

世界上第一個滑鼠，手工製作於 1968 年

叫做 TCP/IP（傳輸控制協定／網際網路協定）的規則，把電腦該如何彼此識別、如何偵測傳輸錯誤等大小事情都詳細描述出來。

1975 年，他們在史丹佛大學與倫敦大學學院之間的鏈接上成功測試了 TCP/IP，這是網際網路史上的重大時刻，但也暗藏著麻煩。電腦網路在世界各地湧現，但大多數都採用自己的通訊規則，這些網路無法彼此交談，網際網路有可能變成一座巴別塔，每個人都說著不同的語言。

慢慢的，情況改變了。美國國防部所有的網路在 1982 年都採用了 TCP/IP，ARPA 網路也在隔年跟進。同時，電信公司 AT&T 開始開發用 UNIX 電腦語言編寫的 TCP/IP，最重要的是，AT&T 把這個程式碼放在公用域，供大家使用。

這種開明的慷慨之舉對網際網路的傳播有重大影響，因為凡是執行 UNIX 作業系統的電腦都可以上網了。那是在 1989 年；不久之後網際網路就開始急速成長，這並非巧合。

同年還出現了另一個重大發展。當時歐洲最大的網際網路節點，是位於日內瓦附近的粒子物理實驗室，歐洲核子研究組織（CERN）。在那裡，有位年輕的電腦科學家柏納－李（Tim Berners-Lee）正因網際網路缺乏一個可查閱、分享、連結到文件的系統而感到沮喪。為了解決這些問題，柏納－李建立了一套名為全球資訊網（World Wide Web）的軟體系統，裡面包含史上第一個網頁瀏覽器。這套系統還包括了一個用於建立超連結的功能，叫做超文件傳送協定（hypertext transfer protocol，簡寫為 HTTP），他用這個協定架設了第一個網站，然後放在網路，網址為 info.cern.ch。

資訊革命

全球資訊網是網際網路（硬體）逃出實驗室所需的軟體，趁著基礎建設不斷擴展的機會，網際網路像野火般迅速傳播開來。在 1993 年，網路僅僅攜載了全球資訊流量的 1%，如今則接近 100%，這項技術革命在規模和速度上都是前所未見。倘若你還記得網際網路還沒出現的時代，應該會覺得自己是幸運兒：你親眼目睹了正在創造的歷史。

網際網路，1968 年的風格

網際網路革命史上的另一件大事，後來稱為原型機之母（Mother of all Demos）。1968 年 12 月 8 日，加州史丹佛研究所的一群工程師齊聚在舊金山的一場電腦技術會議上，示範計算的未來。他們展示了很多創新技術，包括視訊會議、協作編輯、超文件和電腦滑鼠。這場具前瞻性的發表會，讓我們窺見了將在大約 30 年後成為常態的生活方式，但一切都要等一個名為網際網路的全新通訊系統迅速發展起來之後，才得以實現。

全球資訊網大事紀

在 1969 年，UCLA 和史丹佛的電腦彼此連線而創造出的網路，後來發展成印刷機發明以來引發最大變革的技術

全球資訊網之前的網際網路

網際網路工程任務編組（IETF）成立，提供技術指引

計算從學術界轉向商業界

數值網路位址換成名稱

'69 '70 '71 '72 '73 '74 '75 '76 '77 '78 '79 '80 '81 '82 '83 '84 '85 '86 '87 '88 '89 '90

硬體

ARPA 網路
4 部電腦連線的電信網路

第一個商用封包交換網路

ARPA 網路退役

第一個無線網路
ALOHAnet

第二代蘋果電腦

第一個商業網際網路服務提供者(ISP)

TCP/IP

IBM 個人電腦

第一個網域名稱

任務編組

電子郵件及通訊

第一封電子郵件

第一封垃圾信
兩場在加州舉辦的
產品展示的公開邀
請函

第一個表情符號
:-)

LISTSERV
郵遞串列應用程式

瀏覽器

社群媒體

第一個多人遊戲
MUD（多人地下城堡，
以文字方式進行的角色扮演遊戲）

第一個檔案分享及討論系統
「在這裡〔Usenet〕你可以討論上千個話題當中的任何
一個。」坦伯頓（Brad Templeton），共同創設人

第一個網路社群

多媒體

讓網路彼此連線的軟體。
「TCP 是讓網際網路之所
以為網際網路的東西。」瑟
夫，共同創設人

新聞及資訊

第一個發布網路版的報紙
俄亥俄州的《哥倫布電訊報》
（Columbus Dispatch）

IMDB
起初是發布在
Usenet 上的演員及
導演名單

搜尋

第一個搜尋引擎
Archie

購物

政府

英國女王發出她的第一封電子郵件

網路犯罪

第一個電腦病毒
感染到 Creeper 病毒的電腦會跳
出一行訊息：「I'm the creeper:
catch me if you can.」

MORRIS WORM
第一個帶來嚴重影響的惡意程式，
網際網路上有大約 1/10 的電腦中毒

受病毒式傳播而爆紅的人事物

GODWIN'S LAW 高德溫法則
「當網路討論串變得越長，把納粹或希特勒拿出來
比較的機率就會趨近 1。」高德溫（Mike Godwin），
律師兼作家

'69 '70 '71 '72 '73 '74 '75 '76 '77 '78 '79 '80 '81 '82 '83 '84 '85 '86 '87 '88 '89 '90

共同創設人布萊恩（Larry Brilliant）對原型社群網站 The Well 的描述：「除商業主義外，能在網際網路上找到的其他一切事物」

根據發明人柏納－李的說法，全球資訊網是讓網路對一般人有用的原因，因為它讓大家不必弄懂電腦硬體也能讀取資訊

CERN 把全球資訊網軟體放在公用域

為管理網域名稱與 IP 位址而設的非營利組織

全球資訊網之後的網際網路

'91 '92 '93 '94 '95 '96 '97 '98 '99 '00 '01 '02 '03 '04 '05 '06 '07 '08 '09 '10 '11 '12 '13 '14 '15

自由！

BIT TORRENT

全球資訊網
第一個網站
第一個超文件

提議 IPV6
增加 IP 位址的供應

ICANN

RSS 訂閱

寬頻
在美國超越了撥接

與國際太空站連線

HOTMAIL　MSN MESSENGER　SKYPE　IPHONE　SNAPCHAT

GMAIL　SLACK

MOSAIC　TOR　CHROME　MICROSOFT EDGE
NETSCAPE　SAFARI
IE 瀏覽器　FIREFOX
NEXUS 瀏覽器

第一個部落格　WORDPRESS　FACEBOOK　INSTAGRAM
Justin's Links From The Underground　LINKEDIN　DIGG　PINTEREST
MATCH.COM　「WEBLOG 網　MYSPACE　FLICKR　TWITTER　GOOGLE+
CLASSMATES.COM　誌」一詞首次使用　SECOND LIFE　REDDIT　YIK YAK

第一個網路攝影機　TRIPADVISOR　YOUTUBE
提供一台咖啡壺的現場直播　AUDIOGALAXY　LAST.FM　PODCAST　BBC IPLAYER
第一張上傳圖片　NAPSTER　發明出來　NETFLIX 串流
CERN 樂團照的 Gif 圖檔　ITUNES　SPOTIFY

ARXIV　第一個上線的歐洲報紙　維基百科　維基解密
科學論文　每日電訊報（Daily Telegraph）　GOOGLE 地圖　BUZZFEED
SALON　SLATE　BABEL FISH　赫芬頓郵報　GOOGLE 街景服務
DRUDGE REPORT　GOOGLE 地球

WEBCRAWLER 第一個全文搜尋引擎　BING　SIRI
YAHOO　GOOGLE
ALTA VISTA
ASK JEEVES

一個橫幅廣告　第一個網路銀行　GOOGLE 關鍵字廣告　AMAZON PRIME　INSTACART
NETMARKET　CRAIGSLIST　阿里巴巴　AIRBNB
第一個線上　AMAZON　PAYPAL　比特幣
交易　EBAY　EXPEDIA　APPSTORE

白宮　愛沙尼亞選舉線上投票　禁止網路盜版法案
推出網站及　大規模抗議之後
電子郵件地址　垃圾郵件管制法案　撤回

英國間諜名單在網路洩露　風暴殭屍網路　史諾登洩密
駭客 Mafiaboy 對網站發動攻擊　線上黑市「絲路」停機
「匿名者」成立　CRYPTOLOCKER
NAPSTER 當機　索尼（SONY）影業遭駭

DANCING BABY　BADGER BADGER BADGER　CHATROULETTE　FLAPPY BIRD
HAMSTER DANCE　查克羅禮士的真相　REBECCA BLACK　#JESUISCHARLIE
ALL YOUR BASE ARE BELONG TO US　LOLCATS　江南 STYLE
瑞克搖擺　哈林搖

'91 '92 '93 '94 '95 '96 '97 '98 '99 '00 '01 '02 '03 '04 '05 '06 '07 '08 '09 '10 '11 '12 '13 '14 '15

我們如何征服太空？

1944 年 9 月 8 日，世界見識到一個可怕的新武器。巴黎和倫敦先後遭到從天而降的巨大飛彈猛烈襲擊。V-2 彈道飛彈是德國納粹的最後一搏，希特勒相信轟炸會扭轉頹勢。他錯了，不過這仍然改變了歷史的進展。

V-2 並不是第一枚火箭彈，以火藥為燃料的飛彈在拿破崙戰爭期間就發明了。但 V-2 確實是第一枚有動力飛進大氣層、接近太空邊緣的火箭。為此我們必須感謝 1882 年出生的美國工程師哥達德（Robert Goddard）。童年時患病休養期間，他自修空氣動力學，後來十分確信太空飛行是有可能實現的。

哥達德在 1914 年申請兩項專利，他認為只有多節式、以液體燃料為動力的火箭，才能產生足夠強大動力脫離地球引力。1919 年，他在《到達極高空的方法》（*A Method of Reaching Extreme Altitudes*）這部開創性著作中詳細說明自己的構想。

火箭人

哥達德並非唯一對太空有企圖心的工程師。1922 年，有個德國人歐伯特（Hermann Oberth）提交一篇談火箭科學的博士論文到海德堡大學，但被退稿了。隔年他自費出版《飛進行星空間的火箭》（*Die Rakete zu den Planetenräumen*），這本書激發一群志同道合的德國人組成太空旅行協會（Society for Space Travel）。

同時，蘇聯成立了行星際旅行研究協會（Society for Studies of Interplanetary Travel），這是從莫斯科軍事學院分出來的官方機構。1924 年 10 月，該協會舉辦一場公開辯論，主題是發射火箭到月球是否可行。競賽開始了，看誰先製造出液體燃料火箭，最終能脫離地球引力的束縛。

美國人拿下了首勝。1926 年 3 月 16 日，哥達德監督第一枚液體燃料火箭在麻薩諸塞州的奧本（Auburn）發射升空。它並未飛向月球：這枚火箭飛行了 2.5 秒，到達 12 公尺的高度，就迫降在一片甘藍菜園裡。哥達德意識到，他需要某種操控火箭的方法，於是增添了可移動式的操縱片和迴轉控制。

此時，哥達德大幅領先，但他的競爭對手們正在努力追上。1929

現實模仿科幻小說

太空一直強烈激發著人們的想像力，但直到 1860 年代凡爾納（Jules Verne）的小說《從地球到月球》（*From Earth to the Moon*）和《環繞月球》（*Around the Moon*）出版後，實際前往太空的夢想才開始萌生。美國火箭科學之父哥達德與德國火箭科學先驅歐伯特，童年時都從這些科幻小說作品中找到靈感，而在小說出版後一個世紀後，他們在廣受質疑的情況下幫助人類實現了夢想。

早期的火箭科學家受到了
凡爾納小説作品的啟發

年，歐伯特在一次靜態測試中成功地示範了一個火箭發動機。他的團隊包括一位 18 歲的學生馮布朗（Wernher von Braun），他很快就超越歐伯特，成為德國火箭研究的實質領袖。

1933 年，蘇聯在另一位火箭科學未來巨擘柯羅列夫（Sergei Korolev）的帶領下，進行了試射。柯羅列夫將會成為蘇聯太空計畫的指路人，直到加加林（Yuri Gagarin）於 1961 年成為第一位進入地球軌道的太空人時，他仍然是蘇聯太空計畫的負責人。

在世界仍持續備戰之際，各國政府及其武裝部隊也開始對火箭更感興趣。想像一下，要是按個鈕就能夠朝敵國發射炸藥該有多好！結果，大家都把太空飛行的崇高理想暫時擱置一邊。

投彈完畢

德國很快就領先了。1933 年開始研發 V-2 的原型，1934 年第一次成功試射。然而在初期進展之後，馮布朗的團隊遇到一連串的困境，特別是希特勒對此反應冷淡。但隨著盟軍在戰爭中得勢，計畫又加快了。

從某些方面來看，V-2 是很大的成就。它是世上第一枚彈道飛彈，更重要的是，它在 1944 年 6 月 20 日的試飛中，成了第一個到達太空的人造物體。到了此刻，工程師堅信大型液體推進劑火箭能把人類送上太空了。

納粹戰敗使德國退出太空競賽，但德國的火箭科學家被美、蘇挖角之後，繼續研究這個問題。起先，雙方都想用閒置的 V-2 與技術來製造出更多火箭，後來他們更想製造用於發射核彈頭的洲際彈道飛彈，到最後，他們展開了登月競賽。這一切都以德國的火箭技術為基礎。

競爭很激烈，結果進展飛快。1946 年，一枚 V-2 火箭在美國新墨西哥州白沙飛彈試驗場發射升空，上面搭載的照相機捕捉到地球的弧度及遠方的虛空太空，這是第一張太空的照片。差不多就在這個時候，「it's not rocket science」（這沒有火箭科學那麼難，意指這不難理解）這個慣用語出現在英語中。

美蘇都對 V-2 做了改良，建造出更大、表現更好的火箭。其中一方將人造物送上軌道是遲早的事。1957 年 10 月 4 日，那天終於到來。

現在我們很難理解，蘇聯發射全世界第一枚人造衛星所造成的驚恐。西方國家惴惴不安地看著史波尼克一號（Sputnik 1）把一個微弱的訊號傳回地球，這顆小小的金屬球狀物體在軌道上待了十週，才點火重返大氣層。考慮到它直徑只有 58 公分大，內部只有一台無線電發射機，所引起的焦慮似乎太大。儘管如此，美國已被徹底打敗。四年後，柯羅列夫把加加林送上軌道，蘇聯的優勢看似又提升了一倍。

漫步月球

但美國取得最後的勝利。1969 年 8 月，NASA 利用火箭農神五號（Saturn V）把人類送上月球。起初德國為贏得戰爭孤注一擲，結果送給美國一次宣傳上的勝利——還促成了一項太空研究計畫，對於研究我們從哪裡來、未來要往哪裡去的種種一切，具有莫大價值。

這雖然是火箭科學……

……可是沒那麼複雜。1969 到 1972 年間把 24 名太空人送上月球的火箭,是工程技術上的不朽事蹟,不過火箭背後的原理,跟我們在花園放的爆竹所用的原理是一樣的。

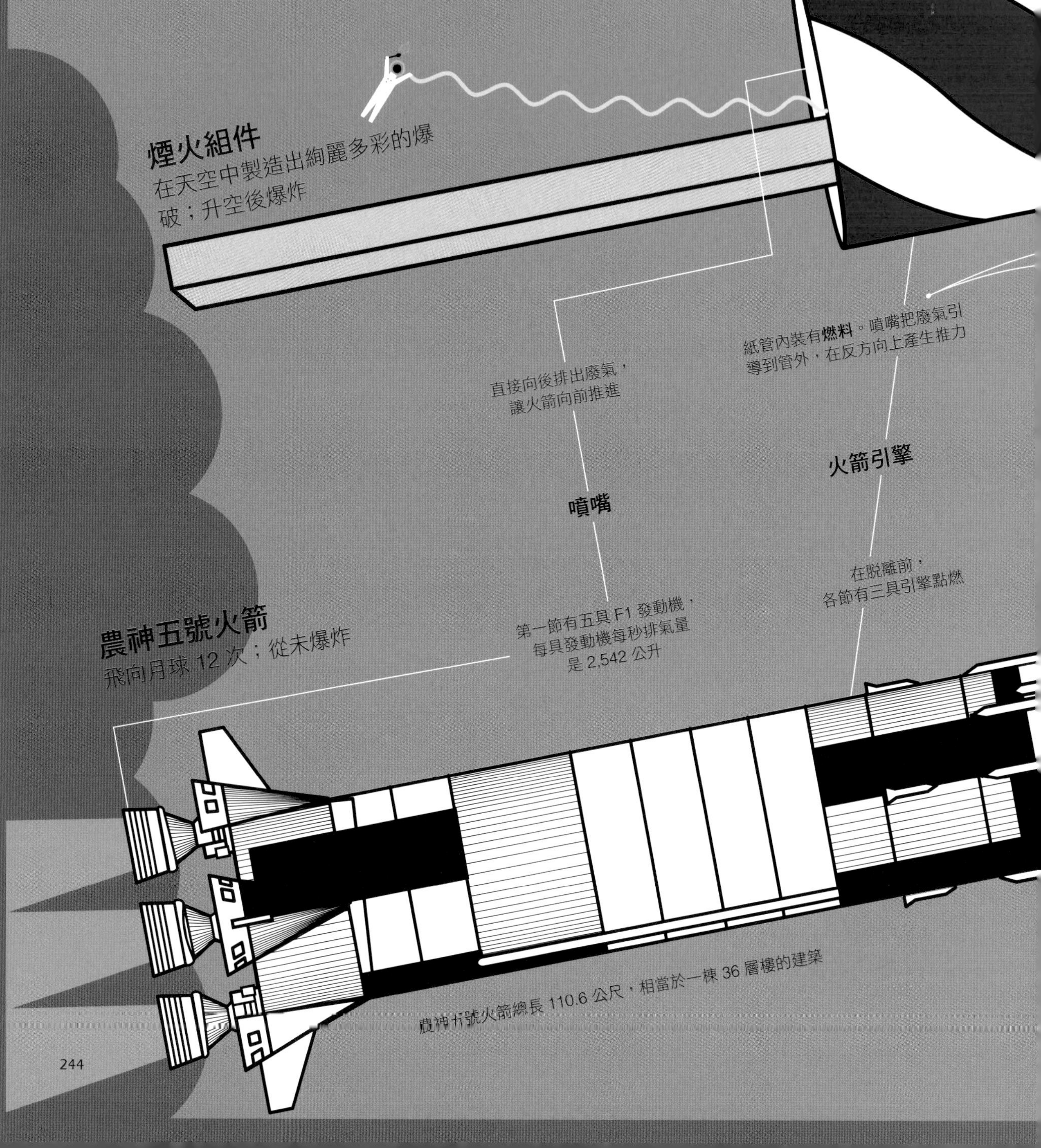

煙火組件
在天空中製造出絢麗多彩的爆破;升空後爆炸

直接向後排出廢氣,讓火箭向前推進

紙管內裝有燃料。噴嘴把廢氣引導到管外,在反方向上產生推力

噴嘴

火箭引擎

在脫離前,各節有三具引擎點燃

農神五號火箭
飛向月球 12 次;從未爆炸

第一節有五具 F1 發動機,每具發動機每秒排氣量是 2,542 公升

農神五號火箭總長 110.6 公尺,相當於一棟 36 層樓的建築

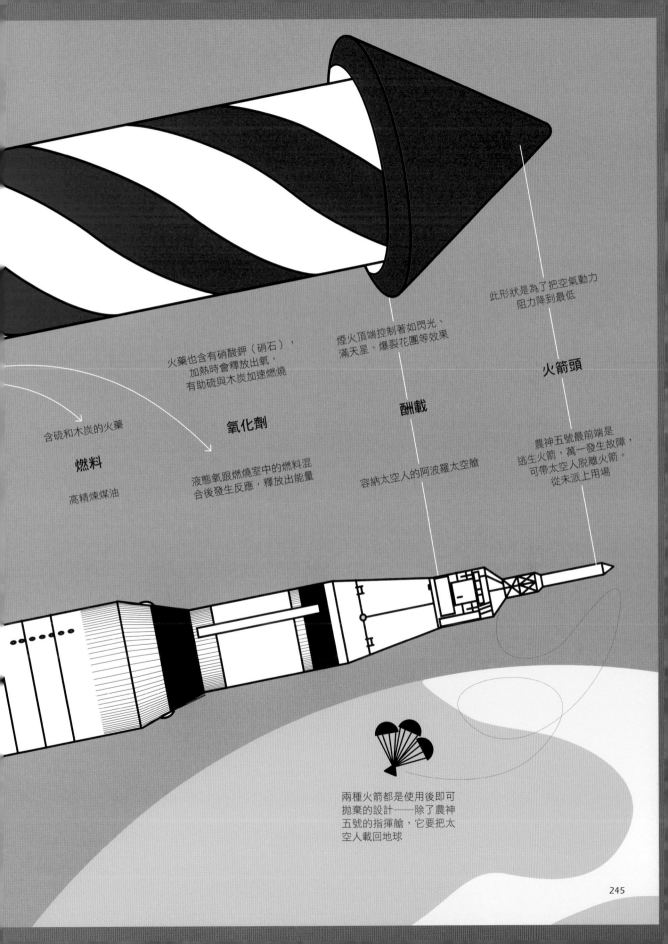

此形狀是為了把空氣動力
阻力降到最低

煙火頂端控制著如閃光、
滿天星、爆裂花團等效果

火箭頭

火藥也含有硝酸鉀（硝石），
加熱時會釋放出氧，
有助硫與木炭加速燃燒

含硫和木炭的火藥

氧化劑

燃料

液態氧跟燃燒室中的燃料混
合後發生反應，釋放出能量

酬載

容納太空人的阿波羅太空艙

農神五號最前端是
逃生火箭，萬一發生故障，
可帶太空人脫離火箭。
從未派上用場

高精煉煤油

兩種火箭都是使用後即可
拋棄的設計──除了農神
五號的指揮艙，它要把太
空人載回地球

延伸閱讀

第 1 章：宇宙

物質、宇宙及時間
A Brief History of Time: From the Big Bang to Black Holes by Stephen Hawking (Bantam Dell, 1988)（中譯本：《時間簡史》）

恆星與星系

Galaxies: A Very Short Introduction by John Gribbin (Oxford University Press, 2008)

化學元素
The Elements: A Visual Exploration of Every Known Atom in the Universe by Nick Mann and Theodore Gray (Black Dog & Leventhal, 2011)（中譯本：《看得到的化學》）

隕石
Atlas of Meteorites by Monica M. Grady, Giovanni Pratesi and Vanni Moggi Cecchi (Cambridge University Press, 2013)

暗物質與暗能量
The 4% Universe: Dark Matter, Dark Energy, and the Race to Discover the Rest of Reality by Richard Panek (Oneworld, 2012)

黑洞
Black Holes: The Reith Lectures by Stephen Hawking (Bantam, 2016)

第 2 章：地球

太陽系
Wonders of the Solar System by Brian Cox and Andrew Cohen (Collins, 2010)

月球
The Moon, a Biography by David Whitehouse (Orion, 2002)

大陸與海洋
Ocean Worlds: The Story of Seas on Earth and Other Planets by Jan Zalasiewicz and Mark Williams (Oxford University Press, 2014)

天氣
The Cloudspotter's Guide by Gavin Pretor-Pinney (Sceptre, 2006)

土壤
Earth Matters: How Soil Underlies Civilization by Richard Bardgett (Oxford University Press, 2016)

空氣
Out of Thin Air: Dinosaurs, Birds, and Earth's Ancient Atmosphere by Peter Ward (National Academies Press, 2006)

石油
The Prize: The Epic Quest for Oil, Money and Power by Daniel Yergin (Simon & Schuster, 1991)（中譯本：《石油世紀》）

第 3 章：生命

生命
Creation: The Origin of Life / The Future of Life by Adam Rutherford (Penguin, 2014)

複雜的細胞
The Vital Question: Why is Life The Way It Is? by Nick Lane (Profile Books, 2015)（中譯本：《生命之源》）

性
Power, Sex, Suicide: Mitochondria and the Meaning of Life by Nick Lane (Oxford University Press, 2005)（中譯本：《能量、性、死亡》）

昆蟲
Planet of the Bugs: Evolution and the Rise of Insects by Scott Shaw (University of Chicago Press, 2014)

恐龍
Dinosaurs by Michael Benton and Steve Brusatte (Quercus, 2008)

眼睛
Climbing Mount Improbable by Richard Dawkins (W. W. Norton,

1996)

睡眠

Sleep: A Very Short Introduction by Steven W. Lockley and Russell G. Foster (Oxford University Press, 2012)

人類

The Strange Case of the Rickety Cossack and Other Cautionary Tales from Human Evolution by Ian Tattersall (Palgrave Macmillan, 2015)

語言

The Evolution of Language by W. Tecumseh Fitch (Cambridge University Press, 2010)

友誼

How Many Friends does One Person Need?: Dunbar's Number and Other Evolutionary Quirks by Robin Dunbar (Faber & Faber, 2010)

肚臍絨毛

Elephants on Acid: And Other Bizarre Experiments by Alex Boese (Mariner Books, 2007)（中譯本：《一夜七次貓》）

第 4 章：文明

城市

Mesopotamia: The Invention of the City by Gwendolyn Leick (Penguin, 2002)

金錢

Money Changes Everything: How Finance Made Civilization Possible by William N. Goetzmann (Princeton University Press, 2016)

下葬

The Palaeolithic Origins of Human Burial by Paul Pettitt (Routledge, 2010)

烹飪

Catching Fire: How Cooking Made us Human by Richard Wrangham (Profile Books, 2010)

馴化動物

The Covenant of the Wild: Why Animals Chose Domestication by Stephen Budiansky (Orion, 1994)

有組織的宗教

Big Gods: How Religion Transformed Cooperation and Conflict by Ara Norenzayan (Princeton University Press, 2015)

酒精

Uncorking the Past: The Quest for Wine, Beer, and Other Alcoholic Beverages by Patrick E. McGovern (University of California Press, 2009)

所有物

Paraphernalia: The Curious Lives of Magical Things by Steven Connor (Profile Books, 2011)

服裝

The Wild Life of our Bodies: Predators, Parasites, and Partners that Shape Who We Are Today by Rob Dunn (HarperCollins, 2011)（中譯本：《我們的身體，想念野蠻的自然》）

音樂

The Singing Neanderthals: The Origins of Music, Language, Mind and Body by Steven Mithen (Harvard University Press, 2006)

個人衛生

Bum Fodder: An Absorbing History of Toilet Paper by Richard Smyth (Souvenir Press, 2012)（中譯本：《擦擦史》）

第 5 章：知識

書寫文字

Writing Lost Languages: The Enigma of the World's Undeciphered Scripts by Andrew Robinson (McGraw-Hill, 2002)

零

Nothing: From Absolute Zero to Cosmic Oblivion – Amazing Insights into Nothingness by New Scientist (Profile Books, 2013)

度量衡

The Measure of All Things: The Seven-Year Odyssey and Hidden Error that Transformed the World by Ken Alder (Little, Brown, 2002)

計時

The Mastery of Time: A History of Timekeeping, from the Sundial to the Wristwatch, Discoveries, Inventions, and Advances in Master Watchmaking by Dominique Fléchon and Franco Cologni (Flammarion, 2011)

政治

The Righteous Mind: Why Good People are Divided by Politics and Religion by Jonathan Haidt (Penguin, 2013)（中譯本：《好人總是自以為是》）

190 化學

The Disappearing Spoon: And Other True Tales of Madness, Love, and the History of the World from the Periodic Table of Elements by Sam Kean (Little, Brown, 2010)（中譯本：《消失的湯匙》）

量子力學

Quantum Theory Cannot Hurt You: Understanding the Mind-Blowing Building Blocks of the Universe by Marcus Chown (Faber & Faber, 2014)

第 6 章：發明

輪子

The Wheel: Inventions and Reinventions by Richard W. Bulliet (Columbia University Press, 2016)

無線電

Marconi: The Man who Networked the World by Marc Raboy (Oxford University Press, 2016)

飛行

First Flight: The Wright Brothers and the Invention of the Airplane by T. A. Heppenheimer (John Wiley, 2003)（中譯本：《飛行簡史》）

Qwerty 鍵盤

Quirky Qwerty: A Biography of the Typewriter & its Many Characters by Torbjorn Lundmark (Penguin, 2003)

電腦

Alan Turing: The Enigma by Andrew Hodges (Princeton University Press, 2014)（中譯本：《艾倫·圖靈傳》）

X 射線

Röntgen Rays: Memoirs by Wilhelm Conrad Röntgen, Sir George Gabriel Stokes and Sir Joseph John Thomson (Sagwan Press, 2015)

偶然的發現

Chance: The Science and Secrets of Luck, Randomness and Probability by New Scientist (Profile Books, 2015)

核武器

Inside the Centre: The Life of J. Robert Oppenheimer by Ray Monk (Jonathan Cape, 2012)

抗生素

Alexander Fleming: The Man and the Myth by Gwyn Macfarlane (Chatto & Windus, 1984)

網際網路

Tubes: Behind the Scenes at the Internet by Andrew Blum (Ecco Press, 2012)（中譯本：《網路到底在哪裡》）

火箭科學

Rockets into Space by Frank H. Winter (Harvard University Press, 1993)

致謝

如果沒有《新科學人》雜誌許多人的協助，特別是 Sumit Paul-Choudhury 和 John MacFarlane 兩位，這本書就不會誕生。感謝 Catherine Brahic、Daniel Cossins、Liz Else、Dave Johnston、Will Heaven、Valerie Jamieson、Frank Swain 和 Jeremy Webb 提供點子與建議，並感謝《新科學人》其他人的聰明才智。

還要謝謝 John Murray 出版社同樣優秀的團隊：編輯部的 Nick Davies、Georgina Laycock 和 Kate Miles，後製部門的 Amanda Jones，公關部門的 Rosie Gailer，行銷部門的 Ross Fraser，美編部門的 Al Oliver，以及銷售部門的 Ben Gutcher。

同時也要感謝舊金山的 Alan McLean 的批評指正，Derek Watkins 提供測繪專長，以及 Brian X. Chen 貢獻出自己的耳垢。如果沒有 JavaScript 資料視覺化程式庫（D3），本書中有許多插圖是無法完成的。

本書中的部分題材，是改寫自《新科學人》已刊登過的文章。

我們已盡了最大努力尋找相關版權持有人，若有任何錯誤或遺漏，**John Murray** 出版社很樂意在加印或再版時將其加入致謝名單。

圖片授權

英中對照索引

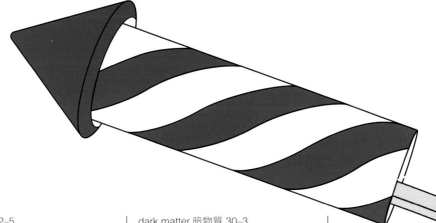

萬物的起源 二版
從大霹靂到文明的圖文史
NEW SCIENTIST
THE ORIGIN OF (ALMOST) EVERYTHING

本書為新版書，前版書名為：《萬物視覺化：收藏大霹靂到小宇宙——人類與物質的科學資訊圖》

Copyright © New Scientist 2016
Illustrations Jennie Daniel 2016
First published in Great Britain in 2016 by John Murray(Publishers), an Hachette UK Company
Published by arrangement with John Murray, through The Peony Literary Agency.
Traditional Chinese edition copyright © 2024 by Briefing Press, a division of And Publishing Ltd

書系｜知道的書Catch on!　書號｜HC0085R

著　　　者　《新科學人》（New Scientist）雜誌、格雷恩・羅騰（Graham Lawton）
插　　　畫　珍妮佛・丹尼爾（Jennifer Daniel）
譯　　　者　畢馨云
行 銷 企 畫　廖倚萱
業 務 發 行　王綬晨、邱紹溢、劉文雅
總　編　輯　鄭俊平
發　行　人　蘇拾平

出　　　版　大寫出版
發　　　行　大雁出版基地
　　　　　　www.andbooks.com.tw
　　　　　　地址：新北市新店區北新路三段207-3號5樓
　　　　　　電話：(02)8913-1005　傳真：(02)8913-1056
　　　　　　劃撥帳號：19983379　戶名：大雁文化事業股份有限公司

二 版 一 刷　2024 年 7 月
定　　　價　800 元
版權所有・翻印必究
ISBN 978-626-7293-66-9
Printed in Taiwan・All Rights Reserved
本書如遇缺頁、購買時即破損等瑕疵，請寄回本社更換

國家圖書館出版品預行編目（CIP）資料

萬物的起源：從大霹靂到文明的圖文史 /《新科學人》（New Scientist）雜誌、
格雷恩・羅騰（Graham Lawton）著；畢馨云譯｜二版｜新北市｜大寫出版｜
大雁出版基地發行｜2024.07
256面；19*25公分（知道的書Catch on!；HC0085R）
譯自：NEW SCIENTIST：THE ORIGIN OF (ALMOST) EVERYTHING
ISBN 978-626-7293-66-9（平裝）

1.CST: 科學　2.CST: 文集

307　　　　　　　　　　　　　　　　　　　　　　　　　113006562